Gustav Greve

Organizational Burnout

Gustav Greve

Organizational Burnout

Das versteckte Phänomen
ausgebrannter Organisationen

GABLER

Bibliografische Information der Deutschen Nationalbibliothek
Die Deutsche Nationalbibliothek verzeichnet diese Publikation in der
Deutschen Nationalbibliografie; detaillierte bibliografische Daten sind im Internet über
<http://dnb.d-nb.de> abrufbar.

1. Auflage 2010

Alle Rechte vorbehalten
© Gabler Verlag | Springer Fachmedien Wiesbaden GmbH 2010

Lektorat: Ulrike Lörcher

Gabler Verlag ist eine Marke von Springer Fachmedien.
Springer Fachmedien ist Teil der Fachverlagsgruppe Springer Science+Business Media.
www.gabler.de

Umschlaggestaltung: KünkelLopka Medienentwicklung, Heidelberg
Druck und buchbinderische Verarbeitung: MercedesDruck, Berlin
Gedruckt auf säurefreiem und chlorfrei gebleichtem Papier
Printed in Germany

ISBN 978-3-8349-2291-5

Vorwort

Ein Buch aus der Praxis für die Praxis; geschrieben aus den Erfahrungen als Unternehmer, CEO und Unternehmensberater, für Eigentümer, Unternehmer, Führungskräfte, Mitarbeiter und Berater.

Es ist kein Werk der Wissenschaft, aber geschrieben unter Berücksichtigung der einschlägigen Literatur. Vielleicht stellt das Buch eine Anregung für die Wissenschaft dar, hier weiter vertieft zu forschen, wo der Praktiker nur induktive Schlussfolgerungen ziehen kann. Tatsächlich zeigte selbst intensivste Quellenforschung einen weißen Fleck auf der Wissenschaftslandkarte zum Thema des Organizational Burnout (im Weiteren auch OBO).

Bei den Arbeiten zu diesem Buch war ich immer wieder überrascht, wie häufig offenbar das Phänomen des Organizational Burnout erlebt wurde, ohne als solches erkannt worden zu sein. In diesen Momenten kamen mir Zweifel. Kann es wirklich sein, dass viele es in ihrem eigenen Unternehmen oder ihrer Institution erleben, aber keiner bislang die Ursachen richtig zugeordnet hat? Ist möglicherweise das, was hier Organizational Burnout genannt wird, eine der vielen Ausprägungen „normaler" Unternehmenskrisen? Dieser nützliche Zweifel ließ mich jedes Kapitel besonders sorgfältig daraufhin untersuchen, wie sehr ein Burnout einer Organisation als kollektives Phänomen einer bekannten Organisationskrise gleicht. Das Ergebnis ist eindeutig: Das Organizational Burnout ist ein Phänomen sui generis!

Nicht jedes neue und schwierige Problem im Alltag eines Unternehmens oder einer Non-Profit-Organisation wird ein Symptom für das latente oder akute Organizational Burnout sein. Viele Organisationen oder Institutionen sind vermutlich resistent gegen diese schleichende Erkrankung. Wenn aber die ersten Symptome spürbar werden, wenn gar das Organizational Burnout bereits erste Zerstörungen verursacht hat, dann wird es gefährlich. Die Gefährlichkeit des Organizational Burnout beruht darauf, dass die Symptomträger die Schwächung durch das beginnende OBO leugnen. Die heroische Sozialisierung unserer Führungskräfte lässt Schwäche oder gar

Versagen nicht zu. Genau die aber müsste man sich eingestehen, wenn man auch nur in Erwägung ziehen wollte, dass die eigene Organisation oder Institution von dem „Virus" erfasst sein könnte. Sie, als Leserin oder Leser dieses Buches, gehören offenbar zu den starken Persönlichkeiten, die über solchen vordergründigen Vorwänden stehen.

Vielen ist Dank zu sagen. Zuerst meinen Klienten, die durch ihre Aufgabenstellungen und Herausforderungen – unbewusst – dazu beigetragen haben, mir die Augen über das Phänomen des Organizational Burnout zu öffnen.

Nicht oft trifft man einen Vordenker, der nachdenklich macht. Als ich Prof. Dr. Gunter Dueck, Chief Technologist der IBM, sprach, gab es einen Sturzbach der Ideen, Kommentare und philosophischen Hinweise zu den Parallelwelten in großen Organisationen: sei es die Parallelwelt der technisch oder kaufmännisch geprägten Kultursysteme in einem Unternehmen, sei es die Parallelwelt von offiziell gelebten Leitbildern und den wahren emotionalen Motivlandschaften Einzelner.

Über viele Jahre war Volker Hädrich der Leiter der Konzernorganisation der Deutschen Bahn AG. Ich bin ihm dankbar für seine hemmungslos ketzerischen Hinterfragungen nahezu jeder Behauptung in diesem Buch. Es ist nicht immer einfach, einen sehr erfahrenen Praktiker zu überzeugen, danke!

Ein weiterer erfahrener und angenehmer Gesprächspartner war mir Peter Jumpertz, Vorstand der Theron Management Advisors AG, Köln. Seine Hinweise zur Selbstorganisation von Systemen und seine Erfahrungen aus unzähligen Consultingprojekten in deutschen und internationalen Konzernen haben meine Gedanken in erweiterte Dimensionen geführt.

Ohne meinen früheren Mentor bei Arthur D. Little, Prof. Dr. Tom Sommerlatte, nach seinen Erfahrungen zu fragen, wäre das Buch für mich mit einer gefühlten Restunsicherheit behaftet geblieben. Es gibt wohl niemanden, der mehr Unternehmen – im In- wie Ausland – von innen gesehen hat und sehr wohl die Fehler von Systemen und Managern richtig einordnen kann. Er konnte viele Beispiele benennen, wo das Organizational Burnout eine Rolle gespielt haben muss und es hilfreich gewesen wäre, die Herausforderungen unter diesem Licht zu beurteilen. Danke Tom!

In Holger Groß fand ich einen erfahrungsreichen Kenner des Interim Managements. Nicht nur weil er mit seiner Groß Interim Management GmbH selber Anbieter dieser speziellen Dienstleistung ist, sondern weil er als Herausgeber des wichtigsten Buches zum Thema „Interim Management. Den Unternehmenswandel erfolgreich gestalten – mit Managern auf Zeit" (2007) das Thema von allen Seiten durchdrungen hat.

Wenn der Leser feststellt, dass die Zusammenhänge wirklich im Zusammenhang beschrieben werden und die Kapitel konsequent eine gewisse Struktur haben, dann liegt es nicht am Autor. Das liegt an meiner Frau Monika und meiner Tochter Juliane, die unabhängig voneinander das Manuskript durchgearbeitet haben und selten freiwillig meine Argumente akzeptierten, dass es eben genau so sein müsse und nicht anders. Ich danke Euch sehr!

Basel, im Juni 2010   Gustav Greve
                                                   www.organizational-burnout.de

Inhaltsverzeichnis

1 Organizational Burnout?

Sie hätten das Buch vermutlich nicht zur Hand genommen, wenn Sie nicht eine eigene, zumindest gefühlte, Vorstellung davon hätten, was das Burnout einer Organisation sein könnte. Vielleicht haben Sie sogar bereits die Erfahrung gemacht, dass in Ihrem Unternehmen oder in Ihrer Institution zwar eigentlich alles perfekt geregelt ist, dennoch im Tagesgeschäft vieles nicht geordnet läuft, manches einfach nervt und Sie persönlich schon oft gedacht haben, dass es so wohl auf Dauer nicht weitergehen kann. Vermutlich erinnern Sie sich fast wehmütig daran, wie es früher war; damals hatte man gemeinsam Erfolg und es machte einfach Spaß in diesem Unternehmen zu arbeiten.

Sie persönlich allerdings wissen genau, woran es in Ihrer Firma oder Institution liegt. In jeder Besprechung gibt es zahlreiche Hinweise darauf, was man tun sollte, um wirklich wieder optimal zu funktionieren. Man braucht ja eigentlich nur einmal durch das Haus zu gehen, dann sieht man an jeder Ecke die Mängel der Organisation und der Abläufe. Da ist sehr viel zu tun, aber man kommt ja zu nichts. Und Sie selbst? Leiden Sie unter dem Burnout-Syndrom? Liegt es vielleicht an Ihnen, dass es nicht mehr so vorangeht? Nein, auf keinen Fall! Ja, natürlich ist man auch mal erschöpft, oder man hat auch mal Tage, an denen es besser läuft als an anderen, aber Burnout, das nun wirklich nicht.

Seit 1990 begleite ich als Business Consultant Unternehmen und Institutionen bei der Lösung ungewöhnlicher Fragestellungen. Die Klienten hatten entweder Fragen zur Zukunftsstrategie oder es ging um einen schnellen Turnaround, nie aber waren es einfache Situationen. In diesen zwei Jahrzehnten habe ich schätzungsweise mehr als zweihundert Organisationskulturen intensiv erlebt und jede der Organisationen hatte einen ganz individuellen Corporate Spirit. Keine Unternehmenskultur glich einer anderen. Oft wurde unser Team zu Beginn eines Projektes gefragt: „Haben Sie so etwas schon einmal gemacht?" Ehrlicherweise mussten wir zugestehen, dass wir eine solche Herausforderung noch nicht zu lösen hatten. Bei aller Vielfalt der Erfahrungen und trotz vieler tatsächlicher Projektreferenzen war eben gerade dies jeweils eine spezielle Unternehmenssituation und die individuelle Unternehmenskultur ganz unterschiedlich zu anderen.

Und dennoch: Es gab fünf auffallende Gemeinsamkeiten.

Erstens: Immer führten wir die ersten Gespräche vor dem Hintergrund einer expliziten Problemlandschaft. Der Bedarf nach professioneller Beratung war da, er musste nicht erst geweckt werden. Gelegentlich gelang es auch, mit einer neuen Optimierungsmethode aus dem Werkzeugkasten des Beraters das Interesse der Klienten zu wecken und aus einem impliziten Verbesserungsbedarf eine explizite Beratungsnachfrage zu generieren, aber das war leider die Ausnahme. In den meisten Fällen wusste der Klient, was er wollte, in den seltensten Fällen allerdings lag er damit richtig. Erst im Verlauf der Zusammenarbeit im Projekt stellten sich die wahren Probleme heraus, nicht selten lagen sie auch in der Person des Auftraggebers selbst begründet.

Zweitens: Immer hatte das Management die Anzeichen der Problemlage zunächst verdrängt, dann unterschätzt und schließlich anerkennen müssen. Es waren Fehler passiert und diese Fehler waren nun offensichtlich geworden. Der gewohnte Zustand der Selbstsicherheit hatte somit beim Management bereits gelitten. Das Management wünschte nichts mehr, als dass es wieder so sei wie früher, und die Führungskräfte waren ratlos, allerdings versuchten sie noch den Eindruck aufrechtzuerhalten, die Lage fest im Griff zu haben.

Drittens: Die akuten Probleme waren nicht erst gestern aufgetreten, sondern man hatte bereits über eine zu lange Zeit versucht, die Situation mit Bordmitteln zu klären. Das Engagement des Unternehmensberaters war oft dann eine Art Ultima Ratio.

Viertens: Die wichtige Ebene unterhalb der Unternehmensspitze, im Mittelstand oft die Leistungsträger und die – soweit vorhanden – Arbeitnehmervertreter, waren voller Misstrauen gegenüber uns Beratern und manche gefielen sich im Zynismus. Sie trauten weder dem Management noch den externen Beratern zu, einen wirklichen Wandel herbeizuführen; sie erwarteten allenfalls, dass wieder einmal an den Symptomen kuriert, nicht aber die Ursachen wirksam angepackt würden. Oft hatte es auch bereits interne Verbesserungsprojekte gegeben, die aber letztlich regelmäßig im Sande verlaufen waren.

Fünftens: Die zeitlichen Vorgaben und das geplante finanzielle Budget für die notwendigen Aufgaben waren ausnahmslos unzureichend. Das Management glaubte, mit wenigen singulären Maßnahmen in kurzer Zeit das Schiff wieder in ruhiges Fahrwasser steuern zu können, um dann dort weiterzumachen, wo – wie man sich erinnerte – es doch immer so erfolgreich gewesen sei.

Waren diese Übereinstimmungen Zufall? Lange suchte ich einen gemeinsamen Nenner, schon um den eigenen Akquisitionserfolg im Wettbewerb zu vergrößern; aber auch, um schneller und effizienter zu Lösungsansätzen zu gelangen. Zunächst hoffte ich, Situationsmuster vor dem Hintergrund von Branchen, Marktlebenszyklen oder Unternehmensgrößen auszumachen. Ohne Erfolg, denn die vergleichbar problematischen Ausgangssituationen traten unabhängig von Marktlage, Größe oder Branche auf.

Dann entdeckte ich nach langen Überlegungen und wiederholten Analysen einen trivialen gemeinsamen Nenner: Menschen sind im professionellen Umfeld eben einfach so. Wie bitte? Hallo? Das kann doch nicht die Antwort sein! Doch, es ist eine Antwort, denn alle Führungskräfte, Manager, Unternehmer, Entscheider in den Strukturen einer Unternehmung oder einer Institution sind in Wahrheit und im Kern (wie uns die Neuroökonomie lehrt) emotionale, unvernünftige und eitle Menschen mit einer extrem wenig variablen, identischen Motivationslandschaft, die sich aus einer jahrtausendlangen Evolutionsgeschichte geformt hat. Also ganz normale Menschen wie du und ich.

Damit hatte ich zwar einen Schlüssel zu einem umfassenden Erklärungsgebäude individueller Managementfehler, und das Beraterleben wurde sehr viel angenehmer und erfolgreicher, weil berechenbarer. Es war mir nun möglich, aus einer endlichen Zahl von Individualmerkmalen, dem Unternehmer oder Manager unter vier Augen zu sagen, welche Problemursachen in seiner eigenen Person und seiner Wirkung auf die Organisation lagen und was hier zu tun sei. Das war aber nur ein Teil des Weges.

Seit meinem Einstieg in das Beraterleben hat sich im Wirtschaftsalltag viel verändert. Unendlich viele Managementtheorien und -methoden wurden und werden weiter formuliert, die Informationstechnologie erlaubt neue, globale Arbeitsformen und der Managementnachwuchs ist heute ungleich besser ausgebildet als vor zwanzig Jahren. Die Produktivität ist erheblich gestiegen, der Maßstab für Exzellenz hat sich internationalisiert, die Prozesse wurden schneller und die Berichtszyklen kürzer. Jeder ist jederzeit erreichbar, alle arbeiten härter und es wird auch mehr Geld verdient. Wirklich vieles wurde besser.

Dennoch – trotz dieser unbestrittenen Fortschritte in Wachstum und Wohlstand – blieb ein Phänomen konstant: Unabhängig davon, ob es große, mittlere oder kleine Organisationen waren, unabhängig davon, ob es sich um marktnahe oder marktferne Systeme handelte, und unabhängig davon, ob es sich um Organisationen mit jahrzehntelanger Tradition oder um relativ neue Unternehmen handelte, immer waren die Organisationen und Institutionen zeitweise sehr erfolgreich und phasenweise schienen sie haltlos einem Abgrund entgegen zu torkeln.

Es liegt in der Natur der Profession des Business Consultant, dass er es eher mit Unternehmen in einer – sagen wir es vorsichtig – herausfordernden Situation zu tun hat. Vielleicht wird der Blick für die Defizite einer Organisation dadurch schärfer, vielleicht entwickelt man sogar einen Instinkt für die minimalsten Anzeichen kommender Problemphasen. Wenn ich mit erfahrenen Kollegen aus anderen Beratungshäusern spreche, dann sind wir uns schnell einig: Nach zwei Stunden in einem Unternehmen wissen wir, wo auf der Lebenszykluskurve das Unternehmen oder die Institution steht und wo die Kernursachen und die Schlüsselprobleme liegen.

Nur Gründungsberater und Seed-Capital-Investoren treffen überwiegend auf Unternehmensorganisationen in der euphorischen Gründungs- und Aufbauphase, wenn noch alles möglich ist und die Fantasie der Unternehmerenergie Flügel verleiht. Alle anderen Berater oder Banker, die ein Unternehmen oder eine Institution zu beurteilen haben, treffen auf eine mehr oder weniger erfolgreiche Vorgeschichte. Die internationale Erfahrung zeigt, dass die Zeitspanne der erfolgreichen Tätigkeit von Unternehmen endlich ist. Zwar gibt es viele Unternehmen, die auf 50 und mehr Jahre Geschäftstätigkeit zurückblicken. Doch die Anzahl an Unternehmen – gleich welcher Größe –, die bereits seit 100 Jahren oder länger bestehen, ist bereits deutlich geringer.

Nehmen wir den Dax. Seit der Einführung am 1. Juli 1988 mussten zahlreiche Anpassungen an seiner Zusammensetzung vorgenommen werden. Von den ursprünglichen Werten sind folgende heute nicht mehr dabei: Bayerische Hypotheken- und Wechselbank, Bayerische Vereinsbank, Continental, Degussa, Deutsche Babcock, Dresdner Bank, Feldmühle Nobel, Hoechst, Karstadt, Mannesmann, Nixdorf und Schering. Uns fallen weitere, wichtige Namen ein, die eine dominante Rolle in der Wirtschaft gespielt haben und untergingen: Telefunken, Grundig, Schiesser, Krupp, AEG, DKW, Borgward, Walter Bau, Holzmann, Magirus Deutz, Rosenthal, Nordmende, Photo Porst, Zündapp, LTU, Swiss Air, Rollei. Manche Marken existieren noch, aber nur noch als Erinnerungshülle.

Viele Namen, viele Gründe! Man könnte als Vertreter des evolutionstheoretischen Ansatzes[1] diese Entwicklung neutral und leidenschaftslos als die Selektion der Stärkeren durch Einflüsse der Umwelt sehen. Wer zu schwach ist, der muss eben untergehen. Zu dieser Sicht konnte ich mich nie bekennen. Ich fühlte und fühle mich stets emotional berührt, wenn ich von dem Untergang eines Unternehmens erfahren musste. Hier waren Hoffnungen, Arbeitsplätze und persönliche Schicksale untergegangen. Und es stellte sich mir immer die Frage: Hätte man es verhindern können? Natürlich kann man von außen nur selten hinter die Kulissen schauen und oft werden alle Umstände des Untergangs erst Jahre später, wenn überhaupt, bekannt. Dennoch hat mich diese Frage stets intensiv beschäftigt.

Zunächst sollte man auf die einschlägigen Untersuchungen zu den wichtigsten Insolvenzursachen schauen. Hierzu gab es vor wenigen Jahren eine Untersuchung[2] mit folgenden Resultaten:

---

[1] Ansatz der Betriebswirtschaftslehre, der auf der allgemeinen Evolutionstheorie aufbauend die bisher als konstant betrachteten Prämissen von Entscheidungen durch Parameteränderungen i. S. eines laufenden, evolutionären Prozesses betrachtet.

[2] „Wirtschaft Konkret", Nov. 2006, Zeitschrift der Euler Hermes Kreditversicherungs-AG, Hamburg

Tabelle 1.1   Insolvenzursachen

Sachebene	Kulturelle Ebene
1. Fehlendes Controlling	4. Autoritäre, rigide Führung
2. Finanzierungslücken	5. Ungenügende Kommunikation
3. Unzureichendes Debitorenmanagement	8. Dominanz persönlicher über sachlicher Motivation
6. Investitionsfehler	10. Egozentrik, fehlende Außenorientierung
7. Falsche Produktionsplanung	11. Mangel an strategischer Reflexion
9. Ungenügende Marktanpassung	12. Personalprobleme
13. Unkontrollierte Investition und Expansion	14. Zu viel Wechsel im Management

(die Zahlen in der Tabelle weisen auf die Reihenfolge ihrer Bedeutung hin)

Damit kennen wir die Gründe, die von den Insolvenzverwaltern genannt werden. Insolvenzverwalter erscheinen bekanntlich erst, wenn die Grube bereits geschaufelt wurde, in die dann die Reste des Unternehmens versenkt werden. Extrem selten werden Unternehmen aus dem Insolvenzverfahren (etwa durch ein Insolvenzplanverfahren) noch revitalisiert. Tatsächlich kann man zu diesem Zeitpunkt die monetären Fehler immer noch gut in den Büchern nachvollziehen, die Fehler in Führung und Kultur bilden sich in den Unternehmensdokumenten nur unzureichend ab.

Ich konnte mich mit diesen postumen Erklärungen nicht zufriedengeben, denn hinterher sind immer alle schlauer. Was war es, was die Unternehmen auf dem Weg vom großen Erfolg bis zu einer finalen Abwicklung durchgemacht haben? Und gab es möglicherweise auf diesem Weg des

Leidens einen Point of Return, quasi eine entscheidende Weggabelung, die verpasst wurde?

Vor zehn Jahren bekam ich ein sehr ungewöhnliches Projekt angetragen. Damals kam ich erstmals auf die Idee, dass es ein Burnout einer Organisation, ähnlich wie das Burnout-Syndrom bei einem Menschen, geben könne. In diesem Fall hatte bereits das Management aufgegeben, der Eigentümer hatte bereits gewechselt und mir wurde vom neuen Eigentümer, einem hanseatischen Kaufmann, dargelegt, dass man hier machen könne, was man wolle: Die Organisation sei entschlossen, sich allen nützlichen und hoffnungsvollen Maßnahmen zu verweigern, obwohl der Käufer in den Einzelgesprächen mit den Führungskräften und den Betriebsräten während der Due Diligence nicht nur auf große Offenheit getroffen sei, sondern ausdrücklich die Unterstützung bei einem Wechsel des Eigentümers zugesagt bekam. Nun, ich übernahm den Auftrag.

Die Marke stimmte, die Positionierung im Markt war klar und die Produkte überzeugten. Allerdings war das Unternehmen seit nunmehr acht Jahren ohne operativen Ertrag gefahren worden, stets gesponsert vom früheren Eigentümer, der offenbar dieses Unternehmen nutzte, um in seiner Konzernkonsolidierung Unternehmensgewinne steuertechnisch zu reduzieren und gleichzeitig mit einer anerkannten Marke sein Portfolio zu schmücken. Das ist durchaus ein Möglichkeit, ist nur wenig erfreulich für das Management und die Beschäftigten, wenn das Konzernmanagement dabei den Eindruck kolportiert, dass die Tochterfirma nicht in der Lage sei, ihre Kosten zu verdienen, und somit immer strengere Sparmaßnahmen zwingend seien. Seit vielen Jahren hatten die Kollegen hart gearbeitet, ohne dass es tatsächlich zu einer ausgeglichenen G+V gereicht hätte.

Die ersten Analysen zeigten erstens ganz klar ein Defizit an Führung – die beiden Geschäftsführer hatten sich nichts zu sagen und boten den Mitarbeitern keine motivierende Vision –, zweitens einen nachhaltigen Brain Drain – wobei die abwandernden Beschäftigten den verweilenden ihr Bedauern aussprachen, dass sie bleiben müssten –, drittens eine abnehmende Marktakzeptanz – das Preis-Leistungs-Verhältnis schien nicht mehr wettbewerbsfähig, und viertens nicht zuletzt ein zynisches Klima – jeder konstruktive Vorschlag wurde maliziös belächelt. Die Frage war: Gibt es für all diese Indizien eine Ursache? Wo soll man ansetzen? Vor allem stellte sich die Frage, ob diese Organisation in der Lage wäre, aus eigener Kraft wieder in den ehemals überragenden Zustand prominenter Marktpositionierung zu gelangen?

Vor diesem Hintergrund zeigte sich mir erstmals das Bild einer paralysierten, erschöpften und ausgebrannten Organisation. Nicht die Geschäftsführer, nicht die Bereichsleiter, schon gar nicht die Post- oder IT-Abteilung waren schuld, sondern die Organisation hatte nach vielen Jahren überragender Erfolge keine Chance zur Erholung und Repositionierung gehabt. Nicht Ruhe und Konsequenz wurden gelebt, sondern Hektik und Besserwisserei. Hier hatte ich mein erstes und augenöffnendes Beispiel für das Phänomen des Organizational Burnout.

Was geschah dann? Dazu werden Sie in Kapitel 8 (Therapie des Organizational Burnout) die Antworten lesen. Damals lag die verpasste Weggabelung bereits Jahre zurück. Der Alleingesellschafter hätte gemeinsam mit den Leistungsträgern frühzeitig das Unternehmen auf die Veränderungen der Umwelt ausrichten können und die Beschäftigten daran beteiligen sollen, den neuen Weg dann gemeinsam und konsequent zu gehen. Das war aber viele Jahre zuvor versäumt worden, weil das Kernproblem in der Arroganz des Gesellschafters lag. Dort wusste man immer einfach sehr genau, was zu tun sei, und gab das klar vor. Tatsächlich war das aber eine falsche Sicht, der sich die Geschäftsführung und die Beschäftigten mit wachsendem Ingrimm und innerem Widerstand gebeugt hatten. Hier hätte allein die zeitgerechte Erkenntnis, dass es so etwas wie ein Organizational Burnout überhaupt und in dieser Firma konkret gibt, vermutlich alle wahrgenommenen Tatsachen in einem anderen Blickwinkel erscheinen lassen. Ein Paradigmenwechsel wäre möglich geworden und das Unternehmen hätte sich innerhalb von ein oder zwei Jahren vollständig erholt.

> Das Organizational Burnout liegt dann vor, wenn sich ein aktives Organisationssystem, unabhängig davon, ob der Organisationszweck marktnah oder marktfern ist, in einem erschöpften und paralysierten Zustand befindet und mit eigenen Ressourcen diesen, als unerwünscht erkannten, Zustand nicht mehr positiv verändern kann.

Bewusst spreche ich von einem Organisationssystem, also von einer Organisation mit einer endlichen Anzahl von Organisationselementen, die aus einem bestimmten Zweck errichtet worden ist, die mit angemessenen Ressourcen, vor allem mit Personal ausgestattet wurde und die bereits in einem eingeschwungenen Ablauf ihre Funktionen wahrgenommen hat. Ich spreche also weder von einem Privathaushalt, einem Freizeitverein, noch von einem Zweckverband, somit nicht von Organisationen, die gegebenenfalls wirtschaftlich schadlos aufgelöst werden könnten.

Tatsächlich spielt es zunächst keine Rolle, ob der Zweck des Organisationssystems marktnah und auf Erwerb gerichtet ist. Eine Sonderstellung nehmen die Non-Profit-Organisationen ein, die zwar nicht demokratisch legitimierte oder gesetzlich mandatierte Einrichtungen des öffentlichen Sektors sind, aber dennoch nicht an wirtschaftlichen Erfolgsgrößen gemessen werden. Wenn im weiteren Verlauf von Organisationen gesprochen wird, sind wirtschaftsnahe Organisationen gemeint; wenn von Institutionen die Rede ist, dann sind die marktfernen, öffentlichen Einrichtungen oder Non-Profit-Organisationen gemeint. Warum besteht hinsichtlich der Betrachtung des Organizational Burnout hier ein relevanter Unterschied? Wie wir später sehen werden, unterliegen marktferne Institutionen eher der Gefahr des Organizational Burnout, weil das zeitnahe „Frühwarnsystem des Marktes" fehlt.

Warum wird der Zustand als erschöpft und paralysiert beschrieben? Es kommt gelegentlich durchaus auch bei „gesunden" Organisationen und Institutionen vor, dass nach ganz besonderen Herausforderungen ein allgemeiner Erschöpfungszustand eintritt. Denken Sie an Messegesellschaften nach Abschluss einer großen Messe, Hilfsorganisationen nach dem Abschluss eines besonders anstrengenden Einsatzes, Vertriebsorganisationen nach der erfolgreichen Platzierung eines neuen Produktes, alles Beispiele, wo nach einer temporären, kollektiven Anstrengung eine positive und stolze Erschöpfung in einer Organisation eintritt.

Tiefe, anhaltende Erschöpfung ist, so könnte formuliert werden, eine notwendige, aber keine hinreichende Voraussetzung für ein Organizational-Burnout-Syndrom. Es muss die Unfähigkeit der Erholung aus eigener Kraft und mit eigenen Mitteln hinzutreten, um von einem Organizational Burnout zu sprechen. Wenn ein energieloser, paralysierter Zustand eingetreten ist, der nicht nur die Selbstheilungskräfte lähmt, sondern nachgerade alle Versuche der Reaktivierung reflexiv verhindert, ist das OBO ante portas.

Warum gehört nach der Definition zu einem Organizational Burnout auch
die Tatsache, dass der problematische Zustand als unerwünscht erkannt
wurde? Reicht es nicht aus, dass objektiv ein Zustand der Paralyse besteht?
Wenn der problematische Zustand zwar von der Organisation gespürt,
aber nicht bewusst wahrgenommen wird, dann ist die ausgepowerte Organisation zwar nicht mehr wirklich leistungsfähig und wird allenfalls
reaktiv mit einem „Business as usual" (muddling through) überleben, aber
sie ist noch in einem Zustand der Unschärfe. Es kann nämlich nur die Organisation selbst den Zustand des Organizational Burnout für sich erkennen und akzeptieren. Ein externer Analytiker oder Berater kann nicht mit
einer Ferndiagnose der Organisation oder Institution ein Organizational-
Burnout-Syndrom diagnostizieren. Dieser Externe könnte und würde nicht
ernst genommen werden. Aus einem unbewussten, vielleicht nur senso-
risch wahrgenommenen, kollektiven Missbehagen heraus muss ein ge-
meinsames, greifbares Problembewusstsein entstanden sein, dass die
Entwicklung so wirklich nicht mehr weitergehen kann.

1.1 Intelligente Organisationen sind prädestiniert für Organizational Burnout

Erste Frage: Wann kann man einen Menschen als intelligent bezeichnen?

Je tiefer man in dieses Thema einsteigt, desto unklarer wird es. Wenn wir
im Wörterbuch der Psychologie[3] nachlesen, so wird dort Intelligenz definiert als *„die generelle Fähigkeit neue Aufgaben zu lösen, oder neue Aufgaben
bewältigen zu können"*. Goleman[4] ergänzt die rationale Intelligenzkonzepti-
on um die emotionale Intelligenz als einen Maßstab für die soziale Anpas-
sungsfähigkeit eines Individuums. Dabei werden häufig intelligente Menschen mit Attributen wie selbstsicher, erfolgsgewohnt oder redegewandt
versehen. Man könnte also sagen, dass die Eigenschaften, die im sozialen

---

[3] Fröhlich, W. D. (1993): Wörterbuch der Psychologie, München

[4] Goleman, D. (1997) Emotionale Intelligenz, München

und beruflichen Leben als vorteilhaft gelten, als Intelligenz empfunden werden. Ein Mensch, der komplexe Informationen schnell erfassen und diese Informationen speichern und abrufen kann, dann in der Lage ist, auf diese Informationen angemessen zu reagieren, um aus den Informationen Erkenntnisse abzuleiten sowie rasch zu lernen und weitere Schlussfolgerungen zu ziehen, dürfte für sich in Anspruch nehmen, intelligent zu sein.

Woher die Unterschiede in der Ausprägung menschlicher Intelligenz kommen, ob durch die Erbanlagen genetisch determiniert oder durch das sozioökonomische Umfeld entscheidend geprägt, diese Diskussion dürfen wir getrost den Sozio- und Psychologen weiter überlassen, die seit Jahrzehnten darüber diskutieren. Tatsache ist: Die Menschen sind unterschiedlich begabt und entwickelt, wenn sie Teil einer Organisation oder Institution werden.

Zweite Frage: Sind Organisationen intelligent?

Zunächst wieder zur Begriffsklärung einige Definitionen: Organisationen oder Institutionen in unserem Verständnis sind marktnahe oder marktferne Gruppierungen von leistungsbereiten Menschen die, alle mit ihren unterschiedlichen Fähigkeiten auf den Zweck und die Ziele der Organisation oder Institution ausgerichtet sind.

In der Betriebswirtschaftslehre ist die Organisation ein zielgerichtetes Handlungssystem mit definierter Arbeitsteilung. Die Arbeitsteilung erfordert Einschränkungen des Handlungsspielraums der Organisationsmitglieder durch Verhaltenserwartungen. Diese haben zwei Dimensionen: Koordination und Motivation.

Es werden allgemein drei Organisationsbegriffe unterschieden: Organisation als Institution, als Funktion und als Instrument.

■ *Institution:* Unternehmen werden als soziotechnische Systeme aufgefasst, die dauerhaft ein Ziel verfolgen und eine formale Struktur aufweisen, um das Verhalten der Organisationsmitglieder auf die Unternehmensziele auszurichten.

(„Ein Unternehmen ist eine Organisation".)

■ *Funktion:* Organisation wird als Managementfunktion betrachtet, die auf die Gestaltung und Veränderung von Strukturen ausgelegt ist.

(„Eine Organisation ist organisiert".)

■ *Instrument:* Organisationsinstrumente wie beispielsweise Organigramme, welche die Struktur, klassisch die Aufbau- und Ablauforganisation, in neuerer Zeit auch die Prozessorganisation, beschreiben.

(„Ein Unternehmen hat eine Organisation".)

Oft werden Organisationen nach generellen Zielsystemen wie folgt klassifiziert:

■ Marktnahe Organisationen, deren Ziel darin besteht, Leistungen in Form von Sach- und Dienstleistungen zu vermarkten, oder

■ marktferne Organisationen, die bestimmte gemeinwirtschaftliche Leistungen erbringen oder entsprechende (politische) Außenwirkungen erzielen, oder

■ Non-Profit-Organisationen, deren Zielerreichung auf die Veränderung von Personen gerichtet ist (zum Beispiel Schulen, Universitäten, Krankenhäuser, Beratungsstellen, Haftanstalten etc.).

Dritte Frage: Können Organisationen selbst intelligent sein, oder ist es nur die Summe der Menschen in einer Organisation, die eine Organisation intelligent erscheinen lässt?

Für Matsuda[5] – den „Erfinder" der organisationalen Intelligenz – ist organisatorische Intelligenz gleichbedeutend mit der Problemlösungsfähigkeit des Unternehmens unter der optimalen Ausnutzung der Ressourcen. Er betrachtet die organisatorische Intelligenz als Prozess und als Produkt. Während die Prozessebene zur Analyse von Organisationen und organisatorischen Entscheidungsprozessen dient, erfolgt unter der Produktebene

---

[5] Matsuda, T. (1993) Organizational intelligence: theory of collectively intelligent behaviors and engineering of effective information systems in the complex organizations; Proceedings of the International Conference on Economics / Management and Information Technology; Tokyo

die Anleitung für die integrierende Verbindung des organisatorischen Informationssystems. Dem Prozess der organisatorischen Intelligenz weist Matsuda die Wahrnehmungs-, Speicherungs-, Lern-, Kommunikations- und Entscheidungsprozesse zu. Dabei bleiben individuelle Werte, Sozialisation und Kontexte als Treiber organisatorischer Intelligenz noch weitgehend unberücksichtigt.

Gälweiler[6] nennt als Messgröße für die organisatorische Intelligenz die Schnelligkeit und Qualität des Erkennens und Reagierens eines Systems auf Umweltentwicklungen. Das System ist danach umso intelligenter, je besser es laufend diese Aufgaben erfüllt.

Nach Simon[7] konkretisiert sich die organisatorische Intelligenz in der Fähigkeit überlebens- und entwicklungsgerechten Verhaltens.

Für Oberschulte[8] ist die organisatorische Intelligenz die Fähigkeit, neue Anforderungen oder Aufgaben zu bewältigen. Dazu gehören das Zusammenwirken von organisatorischer Lernfähigkeit, organisatorischem Wissen und organisatorischem Gedächtnis. Organisatorische Intelligenz äußert sich in der Geschwindigkeit und Qualität der Lösungsfindung. Das Verständnis von organisatorischer Intelligenz als Ressource impliziert, dass sich diese Fähigkeit auf die Effektivität oder Effizienz der Organisation auswirken kann, jedoch nicht zwangsläufig auswirken muss. Aufgabenstellungen, zu deren Lösung die organisatorische Intelligenz beiträgt, können sich gleichermaßen auf beliebige Aspekte der externen Umwelt oder organisationsinterner Gegebenheiten beziehen. Schließlich kann organisatorische Intelligenz sowohl im Rahmen reaktiver Anpassung an die Umwelt als auch im Rahmen aktiver Gestaltung der Umwelt einen Beitrag leisten. So ist denkbar, dass aktuelle oder zukünftig erwartete Umweltanforderungen als gegeben hingenommen und infolgedessen Antworten im Hinblick auf eine erfolgreiche Anpassung an die Umwelt gesucht werden. Gleichermaßen kann organisatorische Intelligenz zur Lösung von Frage-

---

6 Gälweiler, A. (1986) Unternehmensplanung – Grundlagen und Praxis, Frankfurt/M.

7 Simon, V. (1989) Soziale Unternehmensentwicklung, Wiesbaden

8 Oberschulte, H. (1996) Organisatorische Intelligenz, Berlin

stellungen beitragen, die sich mit der aktiven Beeinflussung gegebener oder zukünftiger Umstände befassen, um auf diese Weise Entwicklungen in eine für die Organisation günstige Richtung zu forcieren.

Es gibt keinen zwangsläufigen Zusammenhang zwischen der individuellen Intelligenz und der Intelligenz der Organisation, in der diese Menschen tätig sind. Natürlich sind letztlich die Menschen in einer Organisation die Träger der organisationalen Intelligenz. Allerdings sind ebenso die Software, die Prozesse und das kollektive Wissen einer Organisation die Träger der Intelligenz einer Organisation.

Man kann also durchaus als Messgröße für die Intelligenz von Organisationen die Schnelligkeit und Qualität des Erkennens und Reagierens des Organisationssystems auf Markt- und Umweltentwicklungen heranziehen. Das System ist umso intelligenter, je effizienter und effektiver es laufend diese Aufgaben erfüllt.

Fasst man die relevante Literatur zusammen, so werden für intelligente Organisationen vor allem folgende zehn Merkmale genannt:

- Nachhaltiges Zielsystem

- Ergebnisorientierte Führung

- Stolze und begeisterte Mitarbeiter

- Organisationsflexibilität, ausgerichtet an den Anforderungen der Kunden

- Schnelle Assimilation der Organisation bei Veränderungen der Umwelt

- Organisationale Lernfähigkeit bei angemessener Fehlertoleranz

- Eigenständige Vernetzung zur Entwicklung von Innovationen

- Organisationsgedächtnis, um Vergleiche zwischen früher und heute ziehen zu können

- Emotionale Intelligenz

- Kontinuierliche Kontrolle als anerkanntes Mittel des Qualitätsansporns

Vierte Frage: Sind Organisationen oder Institutionen unabhängig von ihren menschlichen Akteuren intelligent?

Empirische, induktive Betrachtung: Sind Kliniken oder Universitäten – fraglos Organisationen mit überdurchschnittlich vielen, überdurchschnittlich intelligenten Menschen – die empirisch intelligentesten Organisationen mit den oben definierten zehn Merkmalen? Eher nicht.

Was passiert, wenn erfolgreiche, intelligente Leistungsträger als Team eine Organisation oder Institution verlassen und das gleiche Team einer anderen Organisation beitritt, wie es beispielsweise immer wieder im Investment Banking oder im Consulting vorkommt? Wird dann die bisherige Organisation dümmer und die neue Organisation intelligenter? Nein, fast immer beobachtet man, dass von dem eben noch sehr erfolgreichen Team bei weitem nicht mehr die Ergebnisse gebracht werden, die sie eben noch – in der bisherigen Organisation – zu leisten in der Lage waren.

Logische oder deduktive Betrachtung: Ist die Voraussetzung einer intelligenten Organisation die Beschäftigung intelligenter Mitarbeiter? Nein, da eine intelligente Organisation ganz unabhängig von der Struktur der Beschäftigten erfolgreich oder nicht erfolgreich ist. Nehmen Sie als Beispiel die Organisationen von Kirchen, Armeen oder von Hilfsorganisationen, dort, wo die wesentliche Organisationsstruktur „Befehl und Gehorsam" ist. Hier ist die Spreizung der individuellen Intelligenz hoch, dennoch sind die Organisationen an sich intelligent und erfolgreich.

Insgesamt ist der Corporate Spirit die emotional erfahrbare Oberfläche, auf der sich die Ausprägung der organisationalen Intelligenz abbildet. Der Corporate Spirit ist nicht ohne Weiteres messbar. Gerade das Phänomen des Corporate Spirit ist sicherlich komplex, aber für die Entstehung eines OBO besonders wichtig.

Fünfte Frage: Wenn Organisationen in der Summe mehr oder weniger intelligent sind, unterliegen sie dann den gleichen sozialpsychologischen Phänomenen wie Menschen?

Das ist der Fall, denn Organisationen oder Institutionen unterliegen den gleichen sozialen Rollen und Normen wie menschliche Individuen. Sozialpsychologische Modelle gehen von der Annahme aus, dass soziale Rollen,

Normen und Einstellungen Gesundheit und Krankheit beeinflussen. Dabei geht es darum, welche soziale Rolle ein Mensch, oder in unserer Betrachtung eine Organisation oder Institution, einnimmt. Eine soziale Rolle ist die Summe der Verhaltenserwartungen an den Inhaber einer bestimmten Position im sozialen Netz, d. h. an den Rollenträger. Dank dieser sozialen Rolle wird das Verhalten des Individuums berechenbar, ohne den Raum für flexibles Verhalten gänzlich einzubüßen. Der Rolleninhaber – die Organisation oder Institution – kann verschiedene Haltungen gegenüber seiner Rolle einnehmen, nämlich eine Rollenidentifikation oder Rollendistanz. Dabei können auch zwischen unterschiedlichen Rollenerwartungen Konflikte auftreten, insbesondere die Konflikte zwischen der Markterwartung an die Organisation oder Institution und den Potenzialen, diese Erwartungen zu erfüllen. Besonders konfliktgeladen ist die Angst vor einem Rollenverlust (z. B. durch Arbeitsplatzverlust des Individuums oder Markt- bzw. Vertrauensverlust der Organisation). Hier entsteht ein gesundheitlicher Risikofaktor.

Für Organisationen oder Institutionen bedeutet das, wann immer sie ihrer Identifikation mit ihrer sozialen Norm nicht mehr gerecht werden können, kann sich ein Organizational Burnout entwickeln.

Sechste Frage: Sind informelle Organisationsstrukturen ein Katalysator für die Entstehung des Organizational Burnout?

Keine Organisation oder Institution könnte ihre Aufgaben erfüllen, würde nur nach den formalen Strukturen und Prozessen gearbeitet. Allein die Drohung der Arbeitnehmerseite in Streiksituationen, man würde ggf. „Dienst nach Vorschrift" machen, zeigt, welche Bedeutung einer informellen Organisationsstruktur zukommt. Die informellen Strukturen haben sich aus den zwischenmenschlichen Beziehungen in der Organisation oder Institution entwickelt, häufig auch aus dem kollegialen Verständnis heraus, dass Geben und Nehmen den Arbeitsalltag erleichtern oder, aus der Erfahrung, dass man durch gegenseitiges Vertrauen schneller und besser zu den gewünschten Ergebnissen kommt als allein durch formal korrekte Kooperation. Dabei ist zu beobachten, dass bei der informellen Zusammenarbeit auf gleicher Augenhöhe die Mitglieder einer Ebene auf dem „kleinen Dienstweg" zusammenwirken. Es ist in diesem Zusammenhang nicht ungewöhnlich, dass sich neben den formalen Führern einer Hierarchie auch noch informelle Führer herausbilden, die den Kollegen inhaltliche und mentale Orientierung geben. Diese „informellen Machtpromotoren" gilt es übrigens in der Diagnose und Therapie des OBO besonders zu beachten, denn sie können den Erfolg oder Misserfolg jeder Organisationsentwicklung beeinflussen.

Die formale Organisationsstruktur zeigt somit, wie es in der Organisation oder Institution eigentlich ablaufen soll, und die informelle Organisationsstruktur beschreibt, was tatsächlich geschieht.

Da also jede Organisation oder Institution eine informelle Organisationsstruktur hat, stellt sich die Frage nicht, ob eine informelle Organisationsstruktur das Organizational Burnout verhindern kann, sondern, ob sie ihn möglicherweise sogar fördert.

In Kapitel 2 werden wir uns mit den Voraussetzungen und Gründen des Organizational Burnout auseinandersetzen. Da die Ursachen des OBO in den meisten Fällen an einer zu späten Anpassung an die Veränderungen der Umwelt liegen, kann man die informellen Organisationsstrukturen als Auslöser des Organizational Burnout nicht in die Verantwortung nehmen. Sehr wohl aber können und werden die informellen Organisationsstrukturen einen Einfluss auf den Verlauf des Organizational Burnout haben.

Die Emotionalität einer Organisation oder Institution ist in der informellen Organisation verankert. In der informellen Kommunikation, also in den kollegialen Gerüchten, Kommentaren oder Kantinengesprächen werden die Entwicklungen des Unternehmens bewertet. Hier werden Anspruch und Wirklichkeit kritisch reflektiert und hier werden auch Leistungsträger durch informelle Machtpromotoren beeinflusst.

Entscheidend für die Schnelligkeit, mit der sich das OBO entwickelt, ist die Vertrauensbasis zwischen der formalen Hierarchie und der informellen Struktur. Luhmann[9] sagt, Vertrauen sei ein *„Mechanismus zur Reduktion sozialer Komplexität"* und sei zudem eine *„riskante Vorleistung"*.

---

[9] Luhmann, N. (2000) Vertrauen, 4. Auflage, Stuttgart

Tatsächlich ist fehlendes Vertrauen der Katalysator für gesteigerte Komplexität in bestehenden Strukturen einer Organisation oder Institution, denn wenn Misstrauen den Platz von Vertrauen einnimmt, müssen Kontrollmechanismen an die Stelle von Selbstverantwortung treten. Ist das Vertrauen in die Unfehlbarkeit des Managements und in die Richtigkeit der Führungsentscheidungen hoch, oder stellt sich diese Frage überhaupt nicht, dann kann ein Organizational Burnout erst gar nicht entstehen oder erste Symptome können bereits im Keim erkannt und erstickt werden. Ist das Vertrauen aber bereits gestört, so werden weitere Informationen unter einem anderen, einem misstrauischen Blickwinkel eingeordnet und das OBO wird sich beschleunigen.

Somit werden informelle Strukturen das Organizational Burnout nicht verursachen, aber dessen Progression beeinflussen. Allerdings – auch das ist zu beachten – kann dies die informelle Struktur nicht bewusst tun. Es handelt sich hier immer um einen – vielleicht in Kauf genommenen, aber nicht bewusst gewollten – unwillkürlichen Prozess. Die Katalysatorfunktion der informellen Organisationsstruktur auf den Verlauf des OBO kann von dieser nicht wirklich selbst gesteuert werden. In dieser Unwillkürlichkeit der Wirkung der informellen Organisation auf den Verlauf des Organizational Burnout liegt aber leider auch das Problem der Unbeeinflussbarkeit. Die Führung einer Organisation oder Institution kann das OBO nicht gegen die informelle Organisationsstruktur bekämpfen und wenn sie es versuchen wollte, kann sie nur verlieren.

1.2   Das Organizational Burnout ist nicht die Summe von vielen individuellen Burnouts

Ist das Phänomen des Organizational Burnout vielleicht nicht mehr, als nur die Summe der individuellen Burnout-Syndrome der Beschäftigten? Um die Antwort vorwegzunehmen: Nein, denn beim Organizational Burnout handelt es sich um einen emergenten Prozess in einer Organisation. Das OBO ist ein Syndrom sui generis in Bezug auf die Organisation oder Institution selbst. Es erschöpft sich die Organisation oder Institution selbst, nicht aber notwendigerweise ihre Elemente. Symptomträger ist die Organisation oder Institution selbst.

Die Herausbildung bestimmter Eigenschaften oder Strukturen auf der Metaebene eines Systems als Folge des (zufälligen) Zusammenwirkens seiner Elemente nennt man Emergenz. Bei einer emergenten Organisation lassen sich die übergreifenden Eigenschaften des Organisationssystems nicht auf die individuellen Eigenschaften der einzelnen Elemente zurückführen.

Beispiele aus der Natur: Vogel- oder Fischschwärme, die für uns als Betrachter eine geometrische Form annehmen, oder vom Wind verwehte Sandkörner am Strand, die für den Beobachter eine geometrische Wellenstruktur entwickeln. So ist umgekehrt ein einzelner Baum kein Wald. Obwohl der Baum viele Eigenschaften hat, die man auch mit einem Wald verbindet, so hat der Wald doch viele Eigenschaften, die man bei dem einzelnen Baum nicht findet. Sind drei Bäume ein Wald? Sind es dreißig? Sind es 300 Bäume? Es existiert also für jedes System – und nichts anderes ist eine Organisation – eine Mindestanzahl an interdependenten Elementen, die für die Entwicklung und Ausprägung einer emergenten Eigenschaft notwendig ist. Das rechte Auge hat alle Eigenschaften, die auch das linke Auge hat. Dennoch ist räumliches Sehen nur mit beiden Augen möglich, nicht aber mit nur einem Auge. Räumliches Sehen ist also eine emergente Eigenschaft der Augen. Ebenso können wir nur mit zwei funktionsfähigen Ohren räumlich hören, ein Ohr würde dafür nicht genügen, obwohl es alle Eigenschaften für räumliches Hören hat.

So kann der eine oder andere Mitarbeiter unter einer mehr oder weniger starken Ausprägung des individuellen Burnout-Syndroms leiden, aber es überträgt sich diese Eigenschaft nicht notwendigerweise auf die Organisation. Ebenso wenig überträgt sich das OBO auf die Mitarbeiter der Organisation oder Institution als persönliches Burnout-Syndrom.

Was wäre aber, wenn alle Beschäftigten unter einem Burnout-Syndrom leiden würden? Wie könnte man diesen Tatbestand in der Realität feststellen? Es liegt in der Natur des persönlichen Burnouts, dass sich die Betroffenen lange Zeit nicht dazu bekennen, weil sie den Zustand zunächst als ganz persönliche Schwäche einordnen, den an sie gerichteten Ansprüchen nicht mehr gerecht zu werden. Somit wird man zwar theoretisch, nicht aber praktisch ein „Burnout-Barometer" in einem Unternehmen einrichten können, auf dem man die individuelle Betroffenheit ablesen könnte. Entsprechende, anonyme, Mitarbeiterbefragungen würden aufgrund der Selbstverleugnung des Burnout-Syndroms zu keinem Ergebnis führen.

Ob bestimmte Eigenschaften einzelner Beschäftigter in einer Organisation tatsächlich Einfluss auf die Wirkzusammenhänge einer Gesamtorganisation haben, hängt davon ab, wie essenziell die Ausprägung der Eigenschaft ist und wie bedeutend der Einfluss des Individuums auf die Organisation ist. Beispiel: Wenn der Eigentümer eines mittelständischen Unternehmens unter fortgeschrittenem Alkoholismus leidet, wird dies auf die Organisation einen stärkeren Einfluss haben, als wenn ein Lagerarbeiter unter dieser Krankheit leidet. In keinem der beiden Fälle aber wird man davon sprechen können, dass die Organisation alkoholkrank sei.

Somit leidet eine Organisation oder Institution unter einem Organizational Burnout, nicht aber die einzelnen Beschäftigten. Andererseits wird zu untersuchen sein, ob durch ein fortgeschrittenes Organizational Burnout die Gefahr besteht, die Mitarbeiter in ein persönliches Burnout-Syndrom zu treiben?

1.3 Analogie von persönlichem Burnout-Syndrom vs. Burnout von Organisationen

Seit 1973 kennen wir den Begriff des „Burnout". Der Psychoanalytiker Herbert Freudenberger hat den Begriff geprägt. Das Burnout-Syndrom ist keine anerkannte Krankheit, sondern nur ein Symptom[10]. Das Burnout-Syndrom ist bislang nicht als anerkannte Krankheit im Leistungskatalog der Krankenkassen verankert und somit in den Gesundheitsberichten der

---

[10] Die Nummer Z00-Z99 in ICD-10 des International Classification of Diseases, „Systematisches Verzeichnis Internationale statistische Klassifikation der Krankheiten und verwandter Gesundheitsprobleme" gibt nur „Faktoren" wider, die den Gesundheitszustand beeinflussen und zur Inanspruchnahme des Gesundheitswesens führen.

Krankenkassen auch nicht gesondert aufgeführt. Selbst wenn es sich heute um ein häufiges und gesellschaftlich anerkanntes Phänomen handelt, so bleibt doch bei den Patienten eine gewisse Zurückhaltung bestehen, sich dazu zu bekennen. Ebenso scheinen Arbeitgeber damit ein Problem zu haben, den betroffenen Beschäftigten ebenso entgegenzutreten wie einem anderen Kranken, ist doch ein diagnostiziertes Burnout-Syndrom auch eine potenzielle Anklage gegen die Vorgesetzten und deren Organisationsfähigkeit.

Die charakteristischen Merkmale sind körperliche und emotionale Erschöpfung, anhaltende physische und psychische Leistungs- und Antriebsschwäche sowie der Verlust der Fähigkeit, sich zu erholen. Ebenso ist eine zynische, abweisende Grundstimmung gegenüber Kollegen, Kunden und gegenüber der eigenen Arbeit festzustellen. Bis zu zehn Prozent der Deutschen, schätzen Experten, sind oder waren vom Burnout-Syndrom betroffen. Genau kann das jedoch niemand sagen, da eine exakte Diagnose schwierig ist und der Begriff im allgemeinen Sprachgebrauch mittlerweile relativ inflationär genutzt wird.

Rund 21 Prozent der deutschen Bevölkerung besuchen wegen psychischer Probleme einen Arzt oder Psychotherapeuten, zeigt der aktuelle Gesundheitsmonitor der Bertelsmann Stiftung.[11] Die Ursachen lägen meistens in einer Kombination aus beruflichen und privaten Problemen, teilt die Stiftung mit. Aber nur bei 8,4 Prozent der Patienten, die wegen psychischer Beschwerden ihren Hausarzt aufsuchten, wurde eine psychische Erkrankung auch diagnostiziert. Ein wichtiger Grund für diese Differenz scheint in der mangelnden Offenheit der Patienten zu liegen: Nur die Hälfte thematisiert ihre psychischen Beschwerden im Gespräch mit ihrem Hausarzt. 2007 kamen bundesweit 48 Millionen Fehltage wegen psychischer Erkrankungen zusammen; im Durchschnitt 34 Tage pro Fall. Dazu kommen all jene Tage, an denen sich die Betroffenen noch zur Arbeit quälen, obwohl sie längst eine Therapie benötigen; Tage, an denen auch ihre Arbeitgeber nichts von ihnen haben. Viele halten das nicht durch: Inzwischen ist jeder dritte Fall von

---

[11] Pressemeldung der Bertelsmann Stiftung, Gütersloh, 12.11.2009

Berufsunfähigkeit auf psychische Erkrankungen zurückzuführen; 2008 gingen rund 60 000 Beschäftigte deswegen vorzeitig in den Ruhestand.[12]

Die folgende verbreitete Darstellung des Burnout-Syndroms zeigt den sich steigernden Ablauf des persönlichen Burnout in zwölf Stadien:[13]

Stadium 1: Der Zwang, sich zu beweisen

Hier wird aus individuellem Interesse, aus Tatendrang und Leistungswunsch sowie aus überhöhten Erwartungen an sich selbst Leistungszwang. Die Bereitschaft, die eigenen Möglichkeiten und Grenzen anzuerkennen und Rückschläge hinzunehmen, sinkt. In diesem sehr häufig anzutreffenden Stadium kommt es darauf an, den Punkt zu erkennen, an dem Leistungsstreben in Leistungszwang umschlägt, das individuelle Tempo zu finden und beides aufeinander abzustimmen.

Stadium 2: Verstärkter Einsatz

Das Gefühl, alles selbst machen zu müssen, um sich zu beweisen, wird stärker. Delegieren wird als zu umständlich, zeitaufwändig und unangebracht erlebt, weil es die eigene Unentbehrlichkeit bedrohen könnte. In diesem Stadium sollte das Delegieren unbedingt geübt werden, auch wenn es schwer fällt. Wenn mangelndes Delegieren der Angst vor Konkurrenz entspringt, ist es empfehlenswert abzuklären, inwieweit diese Konkurrenz in der Realität tatsächlich besteht oder nur befürchtet wird.

Stadium 3: Vernachlässigung eigener Bedürfnisse

Der Wunsch nach Ruhe, Entspannung oder angenehmen Sozialkontakten tritt immer mehr in den Hintergrund. Das Gefühl, diese Bedürfnisse gar nicht mehr zu haben, wird deutlicher. Das bezieht sich nicht zuletzt auch auf sexuelle Bedürfnisse. In diesem Stadium kommt es häufig zu Alkohol-, Nikotin-, Kaffee-, aber auch Schlafmittelkonsum, da spätestens in diesem Stadium auch Schlafstörungen auftreten. Bis zu diesem Stadium fühlt man sich zumeist nicht nur wohl, sondern sogar besonders wohl! Deshalb wird eine Unterbrechung der Burnout-Entwicklung zu diesem Zeitpunkt mit Unbehagen (und mit mangelnder Tüchtigkeit) assoziiert.

---

[12] Jens Tönnesmann, „Die Scham-Spirale, Depressionen im Büro; WirtschaftsWoche, 7.12.2009

[13] ärztemagazin 44/2004, Burnout-Syndrom

Stadium 4: Verdrängung von Konflikten und Bedürfnissen
In diesem Stadium werden erstmals Missbefinden und Energiemangel manifest als Ausdruck eines Missverhältnisses zwischen inneren Bedürfnissen und äußeren Anforderungen. Um sich arbeitsfähig zu halten, beginnt man, Konflikte und Bedürfnisse zu verdrängen. Dabei kommt es typischerweise zu Fehlleistungen wie Unpünktlichkeit, Verwechslung von Terminen und dergleichen. Derartige Fehlleistungen sollten nicht nur als Überlastung verstanden werden, sondern als Hinweis auf das zugrunde liegende Problem, das sich entwickelnde Burnout-Syndrom.

Stadium 5: Umdeutung von Werten
In diesem Stadium beginnt sich die Wahrnehmungsfähigkeit zu verändern. Prioritäten verschieben sich, soziale Kontakte werden als inadäquat und belastend erlebt, wichtige Ziele im Leben entwertet und umgewertet. In diesem Stadium findet auch das charakteristische Beziehungs-Burnout statt, das nicht nur Partnerbeziehungen, sondern auch die Betreuung von Patienten oder Klienten betrifft. So ist etwa das „Intensitäts-Burnout", das mit dem Abflauen anfangs sehr heftiger Gefühle füreinander einhergeht, nicht nur in Partnerbeziehungen (die oft in Form heftiger, leidenschaftlicher, aber kurzlebiger Affären ablaufen), sondern auch in therapeutischen Beziehungen („therapeutische Flitterwochen") von Bedeutung. Als Gegenmaßnahme wären in (und ab) diesem Stadium die Grundwerte zu überprüfen und frühere Freunde und Kontakte zu reaktivieren, um eine Wertekorrektur zu erreichen.

Stadium 6: Verstärkte Verleugnung der aufgetretenen Probleme
Aus den bisherigen Reaktionen, dem Verdrängen eigener Bedürfnisse und auftretender Konflikte, ergeben sich zwangsläufig Probleme, die nunmehr wiederum verdrängt werden müssen. Die Verdrängung wird in diesem Stadium bereits lebenswichtig, um zu funktionieren. Es kommt zu Abkapselung von der Umwelt, die entwertet wird, des Weiteren zu Zynismus, aggressiver Abwertung, Ungeduld und Intoleranz. Kunden bzw. Kollegen werden als böse, dumm, fordernd, uneinsichtig und undiszipliniert erlebt. Erstmals treten in diesem Stadium auch deutliche Leistungseinbußen und körperliche Beschwerden auf. Der Umgang mit anderen Menschen, sofern er unvermeidlich ist, ist durch Ratlosigkeit, mangelnde Hilfsbereitschaft und fehlendes Einfühlungsvermögen charakterisiert. Wenn in diesem Stadium keine professionelle Hilfe einsetzt, folgt der endgültige Rückzug.

Stadium 7: Endgültiger Rückzug
Das soziale Netz wird als feindlich und überfordernd erlebt. Orientie-
rungs- und Hoffnungslosigkeit sowie Entfremdung prägen nun das Bild.
Alkohol, Medikamente, Drogen, Essen, Sexualität und anderes treten als
Ersatzbefriedigung in den Vordergrund. Die Betroffenen fühlen sich einge-
engt und wirken automatisiert.

Stadium 8: Deutliche Verhaltensänderung
Die Person zieht sich immer weiter zurück. Jede Aufmerksamkeit und
Zuwendung der Umwelt wird als Angriff verstanden. Es kann zu paranoi-
den Reaktionen kommen.

Stadium 9: Verlust des Gefühls für die eigene Persönlichkeit
Ein Gefühl, nicht mehr man selbst zu sein, sondern nur noch zu funktionieren, stellt sich ein. Wer erst in diesem Stadium professionelle Hilfe sucht
bzw. erhält, wird wahrscheinlich eine Zeit lang von seinen täglichen Ver-
pflichtungen Abstand nehmen müssen, um anschließend Alternativen der
Lebensgestaltung zu suchen.

Stadium 10: Innere Leere
Die Betroffenen fühlen sich ausgehöhlt, ausgezehrt, mutlos und leer. Gelegentlich treten Panikattacken und überängstlich Zustände auf, auch Furcht
vor Menschenansammlungen ist für dieses Stadium typisch. Manches Mal
werden exzessive Ersatzbefriedigungen beobachtet.

Stadium 11: Depression
Depression und Verzweiflung herrschen vor. Erschöpfung, gedrückte
Stimmungen und schmerzhafte Gefühle wechseln mit einem Zustand des
Abgestorbenseins. Jetzt treten auch Suizidgedanken auf. In diesem Stadium bedarf es suizidpräventiver Maßnahmen, die vor allem auf dem Aufbau einer Beziehung und dem vorurteilslosen Gespräch über Suizidgedanken und–wünsche basieren. Allerdings lässt sich aus der bisherigen Entwicklung ablesen, wie schwierig beziehungsfördernde Maßnahmen in
diesem Stadium greifen.

Stadium 12: Völlige Burnout-Erschöpfung
Im Vordergrund steht die völlige geistige, körperliche und emotionale
Erschöpfung des Betroffenen mit Infektanfälligkeit und der Gefahr von
Herz-, Kreislauf- sowie Darmerkrankungen. Es handelt sich hier um das

Vollbild der klassischen Veränderungskrise. Rasche Kriseninterventions-maßnahmen mit hoher Aktivität des Helfers, Methodenvielfalt, Einbeziehung der Umwelt, multiprofessioneller Zusammenarbeit und Fokus auf das aktuelle Problem stehen hier im Vordergrund.

Seitdem das Burnout-Phänomen medizinisch beobachtet wird, zeigt sich eine besondere Anfälligkeit für diese Krankheit bei helfenden Berufen. Zunächst bei Ärzten, Pflegeberufen, Rettungsdiensten, Polizei, Feuerwehr und Sozialarbeitern beobachtet, dann auch bei Lehrern und Erziehern, trifft das Symptom auch weiter auf Berufsgruppen zu, die mit hoher persönlicher Identifikation arbeiten, wie Manager, Journalisten, Unternehmens- und Personalberater, hier insbesondere im Outplacement.

Was sind die Ursachen des persönlichen Burnouts?

Es gibt die in der Person selbst liegende intrinsische Veranlagung aber eben auch die Ursachen aus der Organisation und die Ursachen aus dem sozialen Umfeld. Die persönlichen Gründe, für Burnout anfällig zu sein, können sein:

- persönliches Streben nach Perfektion,

- ausgeprägtes Helfersyndrom,

- übersteigerter Ehrgeiz,

- der intensive Wunsch, subjektiv empfundene Defizite auszugleichen,

- die Unfähigkeit der Abgrenzung gegenüber den Wünschen und Bitten anderer

- und ein mangelndes Selbstbewusstsein.

Neben der intrinsischen Veranlagung sind die Umweltbedingungen entscheidend. Dauerhafte Arbeitsüberforderung, aber auch Unterforderung am Arbeitsplatz sind zuerst zu nennen. Belastbar erscheinende Mitarbeiter werden von ihren Vorgesetzten mit zusätzlichen Anforderungen überlastet oder gar überfordert. Unklare Aufgaben und verschwommene Zielsetzungen führen zu einer Orientierungslosigkeit, zu dem Gefühl, die Zeit zu vertun, oder zu einer Dissonanz zwischen den eigenen Wertvorstellungen und der auszuführenden Aufgabe. Typischerweise werden diese Situationen besonders stark zu Beginn einer neuen Berufsposition oder nach einem erfüllten Urlaub empfunden. Der Betroffene sieht sich in seiner Situation mit einem ungewohnten Selbstabstand und er empfindet die an ihn gestellten Erwartungen befremdlich und sinnlos. Nach der Einarbeitung verliert sich dieser Selbstabstand und man wird Teil seiner Aufgabe.

Fehlende Rückmeldungen durch Kollegen, mangelnde Anerkennung durch die Kunden – aber vor allem durch die Vorgesetzten – begünstigen den Weg in das persönliche Burnout. Dazu kommt das öffentliche Bild der Medien oder der Gesellschaft von den Erwartungen an diesen Beruf und das individuelle Gefühl, diesem überhöhten Ansprüchen nicht gewachsen zu sein, ein bekanntes Problem vor allem im medizinischen Bereich, aber sehr wohl auch im Journalismus oder in den kreativen Berufen.

Die gesellschaftlichen Ursachen des Wertewandels, der zerfallenden Familienstrukturen, des medial vermittelten Anspruchs der Überperfektion und drohende Arbeitslosigkeit, wenn man nicht in allen Facetten den Ansprüchen des Arbeitsplatzes gerecht wird, erhöhen ständig den Druck im Inneren eines vom Burnout gefährdeten Menschen.

Lassen Sie uns im Folgenden eine Analogie zwischen den Ursachen des persönlichen Burnout-Syndroms und des Burnout einer Organisation ziehen, nicht zuletzt um nochmals zu hinterfragen, ob es das OBO überhaupt geben kann:

Tabelle 1.2   Ursachenvergleich

Typische Ursachen des individuellen Burnout	Analoge Ursachen des organisationalen Burnout
Labiles Selbstbewusstsein	Unsicherheit in der Marktakzeptanz durch Umsatzrückgang
Persönliches Perfektionsstreben	Übersteigerter Qualitätsanspruch
Beruflicher oder gesellschaftlicher Ehrgeiz	Unrealistische Leistungsvorgaben
Der Wunsch, persönliche Defizite auszugleichen	Unqualifizierter Vergleich mit nachhaltig überlegenem Wettbewerber
Ziel- und Aufgabenunsicherheit	Unspezifische Ziele und fehlende Konkretisierung
Differenz zwischen den persönlichen Werten und der Wertigkeit der Aufgabenstellung	Wertearmut des Unternehmensleitbildes, Sinn des Unternehmens allein materiell orientiert
Soziale Instabilität und fehlendes Feedback	Hohe Fluktuation und wenig aktive Bewerbungen
Verantwortungseinsamkeit	Isolation der mittleren Führungsebene zwischen den Hierarchien
Gesellschaftlicher Druck den Erwartungen genügen zu müssen	Ergebnisdruck von den Kunden, den Eigentümern oder der Öffentlichkeit
Angst vor den negativen Konsequenzen eigenen Versagens	Angst vor Verlust des Vertrauens des Kapital- und Absatzmarktes

Die zehn analogen Ursachen des organisationalen Burnout der Tabelle 1.2 – also die wichtigsten Tatbestände die einen OBO auslösen – werden zu Beginn des Kapitels 2.2 „Gründe" genauer beschrieben.

Fazit der bisherigen Erkenntnisse: Wenn Menschen in eine Burnout-Spirale geraten können, weil sie soziale, intelligente und emotionale Wesen sind, dann kann es einer Organisation ebenso ergehen, da sie in sich die emergenten Eigenschaften von organisationaler Intelligenz und Emotionalität entwickelt hat und beherbergt.

2 Voraussetzungen und Gründe für das Organizational Burnout

In diesem Kapitel werden die allgemeinen Voraussetzungen für das Auftreten ein Organizational Burnout und die typischen Gründe, also die typischen betriebswirtschaftlichen Situationen, aus denen heraus das Organizational Burnout entstehen kann, betrachtet.

Lassen Sie mich hier grundsätzlich betonen: Nicht jede Organisation oder Institution, in der die leistungs- oder finanzwirtschaftliche Performance unter Plan verläuft, unterliegt dem Organizational Burnout. Viele Ursachen und Gründe können zu temporären Problemen führen und der Instrumentenkasten des Managements ist voll einschlägiger Werkzeuge und Methoden, um die notwendigen Maßnahmen zu ergreifen. Nicht jede Unternehmenskrise hat ihre Ursachen in einem OBO, dagegen entwickelt sich ein Organizational Burnout nicht ohne Symptome üblicher Unternehmenskrisen.

Erst wenn sichtbar problematische Outputs bei unveränderten Throughputs aber stark erhöhten Inputs nicht besser werden, sollte man dem Anfangsverdacht auf ein Organizational Burnout nachgehen. Anders ausgedrückt: Wenn die Ergebnisse nicht besser werden, obwohl man alles richtig macht und sogar noch mehr Ressourcen eingesetzt wurden, wenn im Grunde das Management oder die oberste Führung einer Organisation oder Institution nicht mehr weiter weiß, dann muss die Frage untersucht werden: Sind wir in einer Spirale des Organizational Burnout und wenn ja in welcher Phase?

2.1   Voraussetzungen für die Anfälligkeit für das OBO

Organisationen sind soziale Systeme

Wären Organisationen oder Institutionen keine sozialen Systeme, wären sie immun gegen ein Organizational Burnout. Nur soziale Systeme erfüllen die Voraussetzung, sich selbst zu steuern, zu lernen und zu entwickeln, sich zu engagieren und eben auch ggf. auszubrennen.

Rupert Lay[14] definiert den Begriff „Soziales System": *„Ein soziales System besteht aus mindestens zwei Personen; d. h. ein soziales System kann eine Familie, eine Paarbeziehung, ein Verein, eine Partei etc. und eben auch ein Unternehmen sein. Wesentlich für die Existenz ist, dass die Systemstrukturen, die Corporate Identity, die Identität des Systems bestimmen. Man unterscheidet zwei Struktur-elemente: die inneren und die äußeren. Zu den inneren Elementen gehören das Corporate Behaviour (das systemtypische miteinander umgehen) und die Basic Beliefs (die systemtypischen gemeinsamen Grundüberzeugungen, wie Werte, Ziele, Interessen.) Die Basic Beliefs und das Corporate Behaviour sind sehr eng aufeinander bezogen und nicht voneinander zu trennen"*.

Lay weist auch darauf hin, dass soziale Systeme autopoetisch, d. h. sich selbst erneuernd sind. Allerdings ist die kommunikative Interaktion der Beteiligten die Voraussetzung dafür, dass tatsächlich diese fortwährende Erneuerung – hoffentlich zum Besseren – erfolgen kann.

Organisationen sind soziale Systeme, die bestimmten Gesetzmäßigkeiten folgen. Eine Organisation oder Institution besteht aus den koordinierten Handlungen von Menschen. (Auch wenn in Produktions- oder Serviceprozessen die menschlichen Handlungen mittlerweile von der Informationstechnologie ausgeführt werden, sind Menschen für deren Planung, Berechnung und Betrieb nach wie vor unerlässlich.) Menschen bilden miteinander in einer Organisation oder Institution soziale Systeme, die sich selbst beobachten und ihre Tätigkeiten über Kommunikation koordinieren

---

[14] Lay, R. Das soziale System „Unternehmen, Kultur und Performance" Manuskript ohne Datum auf www.a-m-t.de

und beschreiben. Soziale Systeme sind somit kommunikative Systeme. Kommunikative Systeme funktionieren anders, als wir es aus der Alltagslogik kennen. Wenn Manager scheitern, dann eigentlich immer deshalb, weil sie nicht wissen, nach welchen Prinzipien soziale Systeme ihre Strukturen entwickeln und aufrechterhalten. Welche sind das?

Organisationen entwickeln und verändern ihre Strukturen als Reaktion auf die Veränderungen der Umwelt, also im Wesentlichen durch Veränderungen des unmittelbaren Marktes. Aber nicht direkt die Veränderungen der Umwelt des sozialen Systems veranlassen die reaktiven Handlungen oder Veränderungen, sondern die Struktur des Systems bestimmt, welche Anregungen aus der Umwelt überhaupt als solche wahrgenommen werden und zu welchem Wandel es daraufhin in der Folge kommen kann. Mit anderen Worten, soziale Systeme sind blind und taub für alles, was nicht schon durch die Struktur des Systems vorgegeben und zu sehen erlaubt ist. Es bleibt eine immer wieder erstaunliche Erfahrung aus meinem Alltag als Berater, wie lange das soziale System (des Unternehmens oder der Institution) nicht auf geradezu alarmierende Markt- oder Umweltentwicklungen reagiert. Der Grund liegt in den selbst angelegten Scheuklappen erlaubter Sichtweisen. Aber dazu später mehr in Kapitel 4.

Organisationen oder Institutionen verändern sich ständig, nahezu unbemerkt und in Anpassung an bestehende sich wandelnde Umwelten. Anders sieht es bei Veränderungen innerhalb sozialer Systeme selbst aus. Diese können nicht einfach angeordnet und kontrolliert werden, sie entziehen sich einer linearen oder kybernetischen Steuerung und Regelung. Anstatt gelernte Kontroll- und Planungssysteme immer weiter zu verfeinern, muss deshalb das Augenmerk des Managements darauf liegen, günstige Bedingungen für die Selbstorganisation des eigenen sozialen Systems anzubieten.

Soziale Systeme sind komplex! Wer sie führen will, muss über die Fähigkeit zur intellektuellen Durchdringung der Komplexität verfügen und darüber hinaus die Befähigung haben, mit den verfügbaren Instrumenten die Komplexität zu steuern.

Das Maß der Komplexität eines Systems ist seine Varietät, das heißt die Anzahl der Endzustände, die das System annehmen kann. Für die Führung von Organisationen oder Institutionen bedeutet dies, dass erstens eine große Anzahl von Elementen (Menschen, Software, Abläufe, Sachmittel, Strukturen etc.), zweitens ein hohes Maß an Vernetzung zwischen den Elementen als auch drittens eine hohe Anzahl an möglichen Zuständen und Entscheidungs- und Handlungsmöglichkeiten zu koordinieren sind.

Ashbys[15] Gesetz der Varietät sagt aus, dass Varietät nur durch Varietät bewältigt oder absorbiert werden kann. Das bedeutet, ein komplexes System können wir nur unter Kontrolle bringen, wenn wir der Komplexität des Systems eine gleich hohe Komplexität an Prozessen und Methoden entgegensetzen können. Wenn somit Veränderungen in einer Organisationen oder Institutionen vorgenommen werden sollen, müssen wir akzeptieren, dass wir aufgrund eines „unscharfen" Bildes der Situation in der Organisation gezwungen sind unter Unsicherheit zu handeln und zu entscheiden.

Management ist immer das Entscheiden unter Unsicherheit, da komplexe Systeme eine vollständige Transparenz aller Entscheidungsvariablen und deren Folgen nicht zulassen. In der Praxis treten häufig folgende multidimensionale Entscheidungsunsicherheiten auf:

- amorphe Zielsysteme
- Annahme linearer Trends
- flache oder statische Situationsanalyse
- Unterschätzung der Wirkungsverzögerung
- fehlende Fokussierung
- oberflächliche Planung
- mangelhafte Analyse der Nebenwirkungen
- Tendenz zur Überreaktion
- direktive Lösungsversuche

---

[15] Ashby, W. R. (1956) An introduction to Cybernetics. New York. Das Gesetz besagt, dass ein System, welches ein anderes steuert, desto mehr Störungen in dem Steuerungsprozess ausgleichen kann, je größer seine Handlungsvarietät ist. Eine andere Formulierung lautet: Je größer die Varietät eines Systems ist, desto mehr kann es die Varietät seiner Umwelt durch Steuerung vermindern.

Unsicherheit in der Managemententscheidung ist durchaus normal. Allerdings werden Entscheidungsunsicherheiten völlig anders wahrgenommen, wenn sich eine Organisation oder Institution in einem fortgeschrittenen Stadium des Organizational Burnout befinden sollte. Sie sind dann nicht „Zukunftsvariablen", sondern „Zukunftsbedrohungen" und oft der Ausdruck für das Unvermögen, „die Dinge zu Ende zu denken".

Soziale Systeme haben Grenzen! Gegenüber einer komplexen Umwelt müssen soziale Systeme ihre Aufmerksamkeit, ihre Zeit und Energie auf das systemrelevant Sinnvolle begrenzen. Die Grenze stellt eine symbolische Trennung zwischen der Komplexität dessen, was als zum System zugehörig betrachtet wird, und der ausgegrenzten Komplexität der Umwelt dar. Dabei ist die Grenze strukturell an ihre Umwelt gekoppelt und könnte ohne ihre Umwelt nicht bestehen. *„Grenzerhaltung ist Systemerhaltung"* (Luhmann, 1984[16]).

Soziale Systeme entwickeln sich! In einer sich kontinuierlich ändernden Umwelt haben offene Systeme viele Möglichkeiten – nur nicht den Stillstand. Fähigkeit zur Veränderung ist die Existenzgrundlage von Organisationen. Von Peter Drucker[17] stammt der Hinweis, dass Unternehmen sich ständig ändern müssten, um (mit sich) identisch bleiben zu können.

Die Organisation als soziales System kann für ein OBO präkonditioniert sein. Dies noch mehr, wenn eine Organisation oder Institution nicht allein ein soziales System ist, sondern auch einen Organisationscharakter entwickeln kann. Wir haben es William Bridges[18] zu verdanken, eine Organisation oder Institution ebenso wie einen Mensch nach dem Theoriemodell von C. G. Jung in die Myers-Briggs Typenlehre einordnen zu können. Danach bewegen sich auch Organisationen zwischen den folgenden acht Polen:

---

[16] Luhmann, N. (1984) Soziale Systeme: Grundriss einer allgemeinen Theorie, Frankfurt

[17] Drucker, P.(1983) "Propheten für unsere Zeit: Schumpeter und Keynes?" www.peterdrucker.at

[18] Bridges, W. (1998) Der Charakter von Organisationen, Göttingen

■ extravertiert oder introvertiert

■ objektiv oder intuitiv

■ rational oder emotional

■ strukturiert oder flexibel

Daraus werden von Bridges 16 verschiedene Organisationscharaktere gebildet, die sich während des Lebenszyklus einer Organisation durchaus verändern können. Das für uns Spannende an dieser Theorie sind die Prämissen für die Entstehung eines organisationalen Charakters und die Konsequenzen für die Rezeptivität einer Organisation oder Institution hinsichtlich eines potenziellen OBO.

Nach Bridges entsteht der Charakter einer Organisation oder Institution aus:

■ der Geschichte der Organisation,

■ der Art des Geschäftes,

■ dem geschäftsmäßigen Verhalten,

■ dem kollektiven Charakter der Belegschaft,

■ der Einstellung der Führungskräfte,

■ der Position im Lebenszyklus einer Organisation.

Wenn eine Organisation oder Institution unwillkürlich einen ganz eigenen Charakter, also eine individuelle Organisationspersönlichkeit herausbildet, dann wird sich diese Organisationspersönlichkeit entsprechend ihrer Präkonditionierung stärker oder weniger stark für ein OBO anfällig zeigen.

Rezeptivität von Organisationen für ein Organizational Burnout

Organisationen oder Institutionen sind unterschiedlich vordisponiert, in eine Spirale des Organizational Burnout zu geraten. Es sind drei Dimensionen, die bei der Frage, ob eine Organisation oder Institution für das Organizational Burnout empfänglich ist, untersucht werden müssen: *Alter, Größe und Marktbezug.*

Tabelle 2.1 Resistenz gegen das OBO

	Hohe Resistenz	Mittlere Resistenz	Geringe Resistenz
Alter der Organisation oder Institution	Erste 10 Jahre nach Gründung oder Errichtung	Ca. 10 bis 25 Jahre nach Gründung oder Errichtung	Ca. 25 Jahre oder länger nach Gründung oder Errichtung
Größe der Organisation oder Institution	Unter ca. 20 Beschäftigten je Einheit	Bis zu ca. 100 Beschäftigten je Einheit	Über ca. 100 Beschäftigten je Einheit
Marktbezug der Organisation oder Institution	Sehr schnelle und direkte Reaktionen des Marktes (z. B.: unternehmensnahe Services, Einzelhandel)	Verzögerte oder indirekte Reaktion des Marktes (z. B.: Versicherungen, Industriezulieferer)	Keine Identität zwischen den Leistungsempfängern und denen, die dafür zahlen (z. B.: Non-Profit-Organisationen)

Alter:

Junge Organisationen oder Institutionen sind weniger anfällig als alte Strukturen. Zunächst: Was ist alt und was ist jung? Eine junge Organisation oder Institution wird noch vom Gründungs- oder Errichtungsmanagement geführt, die Beschäftigten sind im Wesentlichen ungefähr ähnlich lange im Unternehmen beschäftigt und der Zweck der Organisation oder Institution stimmt noch mit den Anforderungen der Umwelt bzw. des Marktes überein. Große Erfolge wurden noch nicht erreicht, aber tiefe Enttäuschungen blieben der Organisation bislang auch noch erspart. Es herrschen identische Basic Beliefs und ein gemeinsamer Corporate Spirit. Das gegenseitige Vertrauen von Führung und Mitarbeitern wurde bislang nicht auf den Prüfstand gestellt. Somit mussten die typischen Vorgeschichten des Organizational Burnout noch nicht erlebt werden und die Gefahr eines Ausbrennens ist in den ersten fünf bis zehn Jahren normalerweise nicht gegeben.

Dagegen wird die Rezeptivität ab dem 20. bis 25. Jahr des operativen Wirkens höher, denn dann wurden mehrere Managementzyklen durchlaufen, „alles war schon mal da" und die Beschäftigten stammen aus unterschiedlichen Generationen, sowohl hinsichtlich der Ausbildung als auch in Bezug auf die Zugehörigkeit. Insbesondere fand dann bereits ein Wechsel in der Führung statt und ein Vergleich von der aktuellen Führung mit der früheren Leitung wird von den älteren Mitarbeitern gerne angestellt. Zunehmend werden die Unzulänglichkeiten auf interne Fehler zurück geführt, die vor allem dadurch entstehen, weil die jungen Mitarbeiter angeblich noch zu unerfahren seien.

Abbildung 2.1 illustriert das Thema Lebenszyklus einer Organisation oder Institution. Danach werden sich die Kultur, die Organisationssituation, die Kundenbeziehungen, die Kommunikationspolitik und somit die Anfälligkeit für ein OBO im Lebenszyklus verändern.

Tatsächlich ist die Gefahr groß, dass Organisationen unter der Last eines Organizational Burnout vorzeitig altern. Gerade die Phase der Kontinuität wird früher in die „Altersstarre" überwechseln. Detailliertere Betrachtungen werden dazu in Kapitel 5 vorgenommen.

Größe:
Große Systeme sind stärker gefährdet als kleine Einheiten. Vorsichtig möchte ich hier meine übliche Begriffspaarung: „Organisation oder Institution" verwenden, da sich auch große, globale Konzerne in der Regel aus kleineren Einheiten zusammensetzen. Es ist entscheidend, wie viele Menschen in einem Subsystem sich eine gemeinsame Organisationskultur teilen. Es liegt auf der Hand, dass es in einem Weltkonzern extrem schwierig ist, über alle weltweit kulturellen Unterschiede hinweg einen gemeinsamen Corporate Spirit zu schaffen. Hingegen kann ein regionales Team – von beispielsweise 50 Mitarbeitern – selbst im Rahmen eines Großunternehmens sehr wohl eine starke Gemeinschaft bilden.

Abbildung 2.1   Rezeptivität für das OBO im Lebenszyklus einer Organisation

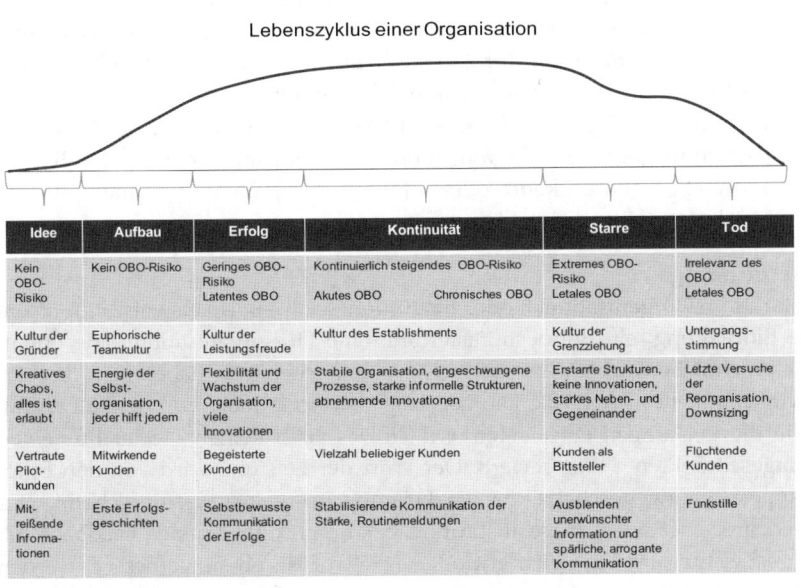

Lebenszyklus einer Organisation

Idee	Aufbau	Erfolg	Kontinuität		Starre	Tod
Kein OBO-Risiko	Kein OBO-Risiko	Geringes OBO-Risiko	Kontinuierlich steigendes OBO-Risiko		Extremes OBO-Risiko	Irrelevanz des OBO
		Latentes OBO	Akutes OBO	Chronisches OBO	Letales OBO	Letales OBO
Kultur der Gründer	Euphorische Teamkultur	Kultur der Leistungsfreude	Kultur des Establishments		Kultur der Grenzziehung	Untergangsstimmung
Kreatives Chaos, alles ist erlaubt	Energie der Selbstorganisation, jeder hilft jedem	Flexibilität und Wachstum der Organisation, viele Innovationen	Stabile Organisation, eingeschwungene Prozesse, starke informelle Strukturen, abnehmende Innovationen		Erstarrte Strukturen, keine Innovationen, starkes Neben- und Gegeneinander	Letzte Versuche der Reorganisation, Downsizing
Vertraute Pilotkunden	Mitwirkende Kunden	Begeisterte Kunden	Vielzahl beliebiger Kunden		Kunden als Bittsteller	Flüchtende Kunden
Mitreißende Informationen	Erste Erfolgsgeschichten	Selbstbewusste Kommunikation der Erfolge	Stabilisierende Kommunikation der Stärke, Routinemeldungen		Ausblenden unerwünschter Information und spärliche, arrogante Kommunikation	Funkstille

Deshalb wäre es falsch zu behaupten, Konzerne mit ihrer notwendigen internen Anonymität wären für ein Organizational Burnout prinzipiell anfälliger als Kleinunternehmen. Entscheidend ist die Anzahl der Beschäftigten je Organisationseinheit. Wenn die Organisationeinheit mehr Beschäftigte hat, als durch die Führungsperson namentlich genannt werden können, dann ist die Gefahr einfach zu groß, dass Regeln an die Stelle von Management treten und dass kritische Reaktionen von der Basis nicht mehr auf der Entscheidungsebene ankommen. Es gibt keine wirklich optimale Leitungsspanne, aber der Verantwortliche muss immer in der Lage sein, die Kommunikationslinie zu halten und direkt zu delegieren, zu koordinieren, zu motivieren und letztlich auch zu kontrollieren. Wenn die Leitungsspanne zu groß wird, dann fehlt die direkte Kommunikation und die Organisation beginnt zu leiden.

Große Organisationen oder Institutionen neigen zu steilen Strukturen. Organisationen oder Institutionen mit vielen Hierarchieebenen sind für ein Organizational Burnout prädestiniert. In den letzten Jahrzehnten wurde viel von flachen Hierarchien gesprochen und häufig wurden diese einfach dadurch realisiert, dass eine (mittlere) Ebene ersatzlos eingespart wurde. Damit war aber das Grundproblem der Entfremdung zwischen Topmanagement und operativer Basis nicht gelöst. Ein OBO findet in großen Organisationen deshalb offene Türen, weil das Vertrauen als wichtigstes Stabilitätskriterium gegen ein Organizational Burnout auf weite Hierarchiedistanzen nicht wachsen kann, oder – falls es verloren ginge – nicht einfach wieder hergestellt werden könnte.

Marktbezug:
Marktferne Organisationen oder Institutionen, also beispielsweise eine soziale Einrichtung, ein Bundesministerium, eine Hilfsorganisation, eine öffentlich-rechtliche Körperschaft oder eine Vollzugsbehörde, haben kein direktes wirtschaftliches Feedback. Die Leistungen werden nicht von denen bezahlt, die die Leistungen empfangen. Oft gibt es auch keinen – oder nur einen eingeschränkten – Wettbewerb. Der Wert der Leistung wird von den Empfängern gering geschätzt, da die Leistung kostenlos zu sein scheint. Das bedeutet aber auch, diese Institution bekommt kein direktes Feedback, ob ihre Leistung im Vergleich gut oder exzellent ist, ob sie verbessert werden müsste oder bereits deutlich mehr geleistet wird, als wirklich nötig ist. In dem Fall kann es auch nur interne Maßstäbe für „richtig oder falsch" geben.

Wenn der Markt und somit der Wettbewerb als Maßstab fehlen, dann fehlt das wichtigste Korrektiv auf dem Weg in eine OBO-Spirale. Marktferne Organisationen sind deshalb deutlich empfänglicher für ein Organizational Burnout. Allerdings werden die Symptome erst viel später – wenn überhaupt – bemerkt, denn eine marktferne Organisation oder Institution kann bereits total ausgebrannt sein und dennoch ausreichend Aktivitäten entfalten, um ihren monopolistischen oder oligopolistischen Zwecken nachzukommen. Das jeweilige Errichtungsgesetz[19] schützt den Bestand des Amtes oder der Behörde.

---

[19] Errichtungsgesetze werden die Gesetze genannt, die als rechtliche Grundlage für eine öffentliche Einrichtung dienen

Was ist der Vorteil für eine marktnahe Organisation hinsichtlich ihrer Rezeptivität für ein Organizational Burnout? Die tägliche Marktresonanz kann die ständige und zeitnahe Anpassung an die Umwelt bewirken. Kann, muss aber nicht. Im Zweifel hat der Markt recht. Viele kontroverse Diskussionen in einer Firma können bereits in der Entstehung durch den Markt entschieden werden. Wenn es sehr zeitnahe und spürbare Rückmeldungen des unmittelbaren Marktes gibt, dann werden auf diese Weise strittige Fragen entschieden und Irrtümer können sich nicht lange halten, auch keine Irrtümer in der – möglicherweise falschen – Besetzung des Managements. Damit aber kann sich das soziale System Organisation selbst steuern und sich selbst auf einem guten, erfolgreichen Weg halten.

Dazwischen liegen Institutionen, die zwar einen wirtschaftlichen Zweck verfolgen, deren Markt aber normativ reguliert ist und bei denen somit die Reaktionen auf Veränderungen des Marktes zeitverzögert erfolgen. Damit ist hier die Ursachen-Wirkungs-Beziehung eingeschränkt und die Organisationskybernetik der Selbststeuerung leidet. Beispiele dafür sind Krankenversicherungen, die GEMA oder die GEZ.

Zusammenfassend ist festzustellen: Alter, Größe und Marktbezug sind notwendige, aber noch keine hinreichenden Dimensionen für das Entstehen eines Organizational Burnout. Aber es sind die drei Dimensionen, die als Erstes analysiert werden sollten, wenn die Frage nach der Rezeptivität einer Organisation oder Institution für das Organizational Burnout untersucht werden soll.

Wenn Sie in einer jungen, kleinen Einheit mit intensiver Marktnähe tätig sind, dann ist die Wahrscheinlichkeit für einen Anfangsverdacht des Organizational Burnout vergleichsweise gering. Umgekehrt: Alter und Größe schützen nicht vor der OBO-Spirale.

2.2 Gründe warum sich das OBO einschleichen kann

In Kapitel 1.3 wurden die Ursachen des individuellen Burnouts reflektiert und der Versuch unternommen, tabellarisch (Tabelle 1.2) Analogien zwischen dem klinischen Burnout-Syndrom einer Person zum institutionellen Burnout einer Organisation herzustellen. Die dort angeführten organisationalen Tatbestände werden nachfolgend tiefer betrachtet.

Was sind die typischen betriebswirtschaftlichen Situationen, die eine Hilflosigkeit gegen den Beginn eines Organizational Burnout begünstigen?

Unsicherheit in der Marktakzeptanz durch Umsatzrückgang

Marktnahe Organisationen oder Institutionen erleben immer bei einem Umsatzrückgang eine Phase der Unsicherheit, denn Umsatzrückgang, soweit er nicht erwartet saisonal bedingt ist und somit bereits geplant werden konnte, bedeutet immer Ungewissheit. Umsatzplanungen, die unterschritten werden, verunsichern, weil man nicht weiß, ob sich der einmal verlorene Umsatz wieder ausgleichen lässt. Niemand kann in die unmittelbare Zukunft sehen, niemand kann wissen, ob es sich hier nur um ein temporäres Phänomen oder um den Beginn einer nachhaltigen Entwicklung handelt. Die bisherigen Erfahrungen, die in die Planung eingingen, werden angezweifelt. Die Folge: Steigerung der Vertriebsintensität ohne vertiefte Situationsanalyse. Übrigens muss ein ungeplanter Anstieg des Umsatzes ebenso alarmieren. Leider ist die Versuchung, sich dann in eine Komfortzone einzukuscheln, ziemlich groß und fast unwiderstehlich.

Übersteigerter Qualitätsanspruch

Qualität[20] ist ein unbestimmter Begriff. Wann ist gut gut genug? Die richtige Qualität hat etwas mit der Erwartung an die Qualitätshöhe in Verbindung mit den Kosten und der Lieferzeit zu tun. Schnell, preiswert und qualitativ hochwertig ist generell die Anforderung der internen und externen Kunden. Wenn ein Produkt oder eine Dienstleistung zu dem geforder-

---

[20] Qualität wird laut der Norm EN ISO 9000:2008 (der gültigen Norm zum Qualitätsmanagement), als *„Grad, in dem ein Satz inhärenter Merkmale Anforderungen erfüllt"* definiert. Die Qualität gibt damit an, in welchem Maße ein Produkt (Ware oder Dienstleistung) den bestehenden Anforderungen entspricht. Die Benennung *Qualität* kann zusammen mit Adjektiven wie schlecht, gut oder ausgezeichnet verwendet werden. *Inhärent* bedeutet im Gegensatz zu *„zugeordnet" einer Einheit innewohnend*, insbesondere als ständiges Merkmal. Damit sind objektiv messbare Merkmale wie z. B. Länge, Breite, Gewicht, Materialspezifikationen gemeint.

ten Preis und in der angebotenen Lieferzeit den gewünschten Absatz findet, dann dürfte die notwendige Qualität erzielt worden sein.

Wenn aber, insbesondere in marktfernen Institutionen, der Qualitätsmaßstab nicht eine Preis-Zeit-Absatz-Funktion ist, wird es schwierig, einen Qualitätsstandard objektiv zu messen oder einzuhalten. Die Konsequenz: Die jeweils vorgesetzte Ebene fordert eine immer höhere Qualität, ohne final zu bestimmen, welche Qualität hinreichend ist. In einer Organisationen oder Institutionen mit vielen Hierarchiestufen kann eine Qualitätsspirale entstehen, die immer herausfordernder wird. Ich habe mehrfach erlebt, wie sich eine Anforderung des Vorstandes auf dem Weg zur operativen Ebene in den Anforderungen nach der Lieferqualität und der Zeit der gewünschten Erbringung immer weiter verschärfte, weil jede Ebene dazwischen einen kleinen zusätzlichen Managementerfolg erzielen wollte. Man kann sich vorstellen, dass damit übersteigerte Qualitätsansprüche entstehen, die eine Organisation oder Institution an die Belastungsgrenze führen, ohne dass es dazu einen wirklichen Anlass gibt.

Unrealistische Leistungsvorgaben

Ähnlich verhält es sich mit den internen Leistungsvorgaben direkter und strukturhöherer Vorgesetzter, insbesondere in ungewohnten und herausfordernden Situationen. In Organisationen oder Institutionen, die eine steile Hierarchie haben, verstärken sich die Leistungsvorgaben wie oben dargestellt. Aber auch wenn Kunden oder Vorgesetzte zu wenig Erfahrungen mit dem geplanten – neuen – Projekt haben, kommt es fast immer zu unrealistischen Leistungsvorgaben, denen aber auch aus der operativen Ebene mangels Erfahrung zu wenig entgegengehalten werden kann. Das ist typisch im Anlagenbau, im Hochbau oder bei komplexen Planungsprozessen im Bereich der Informationstechnik zu beobachten.

Natürlich – auch das soll erwähnt sein – gibt es schikanierende Leistungsvorgaben, die tatsächlich sinnlos sind und nur der Befriedigung sachfremder Wünsche der Vorgesetzten dienen. So erleben wir Mobbing, Profilierungszwänge, vorauseilenden Gehorsam und ähnliche Phänomene, aber das ist nicht die Regel und soll uns auch nicht als eine Prämisse für das Organizational Burnout dienen. Das können Einzelfälle sein, die für die direkten Mitarbeiter schlimm und für eine Organisation oder Institution verheerend sein können, hier sollen sie allerdings nicht vertieft betrachtet werden.

Wir kennen dennoch Überforderung und Überlastung von Beschäftigten, die auf typische oder überraschende Leistungsspitzen der Organisation oder Institution zurückzuführen sind. Die Arbeitswissenschaft unterscheidet zwischen einer qualitativen und einer quantitativen Überforderung. Qualitativ überfordert sind Mitarbeiter dann, wenn sie mit Aufgaben zu kämpfen haben, die ihre fachlichen Qualifikationen übersteigen. Das frustriert nicht nur, sondern senkt auf Dauer das Selbstvertrauen und die Arbeitsmotivation. Gleiches gilt für eine quantitative Überlastung, wenn gestellte Aufgaben zu umfangreich sind und das Leistungsvermögen übersteigen. Die Beschäftigten geraten in einen Stresszustand und fühlen sich den Anforderungen nicht gewachsen. Überforderung auf Seiten der Mitarbeiter entsteht dann, wenn die Leistungsvorgaben unrealistisch überhöht sind. Dies ist beispielsweise dann der Fall, wenn der Arbeitsauftrag zu umfangreich ist oder die nötige Qualifikation fehlt. Oft steht auch für die Erledigung einer Aufgabe objektiv zu wenig Zeit zur Verfügung. Dies lässt sich zwar manchmal nicht vermeiden, allerdings überfordern manche Führungskräfte ihre Mitarbeiter ganz bewusst in der Hoffnung, noch höhere Leistungen erreichen zu können.

Unqualifizierter Vergleich mit nachhaltig überlegenen Wettbewerbern
Ich habe es immer als eine unbewusste Untugend von Unternehmensspitzen erlebt, dass die eigenen Unternehmensleistungen, die eigenen Preise, die erreichten Qualitäten oder auch die Mitarbeiterstrukturen mit dem „Lieblingswettbewerber" verglichen wurden. In der Beraterbranche wurde oft ein Vergleich mit einem der „big five" hergenommen, um sich und die Mitarbeiter zu höheren oder besseren Leistungen zu bewegen. In der Autobranche ahnt man, wer sich hier mit wem anspornend vergleicht, ebenso in der deutschen Bankenwelt.

Solange dieser Vergleich fair und realistisch ist, muss er vorgenommen werden, um wettbewerbsfähig zu bleiben. Wenn aber der Vergleich unrealistisch Äpfel mit Birnen vergleicht, dann jagt die Firma oder Einrichtung ständig einem Phantomvorbild nach, welches ähnlich einer Fata Morgana immer unerreichbar bleiben wird.

Übrigens, wenn man dann als Manager oder Mitarbeiter zu genau dieser Vorbildorganisation gewechselt ist, stellt man in der Regel fest, dass auch dort „nur mit Wasser gekocht wird."

Unspezifische Ziele und fehlende Konkretisierung
„Nur wer sein Ziel kennt, findet den Weg", soll Laotse[21] gesagt haben. Umgekehrt wissen wir aus Erfahrung, dass unpräzise Zielsetzungen und deren mangelhafte Detaillierung immer zu einer Fehlallokation der Ressourcen führen müssen. Zielsetzungen wie: „Im kommenden Jahr wollen wir den Gewinn steigern, die Kosten senken, das Wachstum beschleunigen, die Qualität verbessern, die Liquidität sichern und schneller werden!", reichen eben nicht; sind weder strategisch nachvollziehbar, noch so präzisiert, dass davon eine Ziel- und Aktivitätenhierarchie abgeleitet werden könnte.

Die Vordenker für die Zielsetzungstheorie sind Locke und Latham[22], die 1995 definierten, dass Ziele die unmittelbaren Regulatoren menschlichen Handelns sind. Die Theorie basiert auf der Annahme, dass bewusstes Verhalten einen Zweck erfüllt und von individuellen Zielen gesteuert wird. Die Zielsetzungstheorie konzentriert sich auf die Frage, warum manche Menschen im Arbeitsleben bessere Leistungen erbringen als ihre Kollegen, auch wenn sie vergleichbare Fähigkeiten und Wissen besitzen. Das Ergebnis lautet, dass die Unterschiede im Leistungsniveau an der Motivation des Einzelnen liegen. Locke und Latham haben die damals vorhandene Literatur über Zielsetzung überprüft und darauf basierend ihre Zielsetzungstheorie formuliert. Die damals grundlegende und uns heute wenig überraschende Hypothese lautet: „Ziele motivieren zu Handlungen".

Vielleicht erscheint es heute trivial, aber wahr bleibt: Bei fehlender Zielsetzung, seien es selbst gesetzte Ziele oder vorgegebene Ziele, leidet die Motivation und der Energieeinsatz bleibt enttäuschend für den Betreffenden und für die Vorgesetzten. Außerdem fehlt dem Mitarbeiter ein realistisches Feedback zu seinen Leistungen, denn woran sollten diese gemessen werden? Gerade in stark arbeitsteiligen Strukturen ist die fehlende Konkretisierung der Ziele und Teilziele der Aufgabenstellung die Ursache für Fehl-

---

[21] Ein legendärer chinesischer Philosoph, der im 6. Jahrhundert v. Chr. gelebt haben soll.

[22] Locke, E. A., Latham, G. P. (1990). A Theory of Goal-Setting and Task Performance, (Englewood Cliffs, NJ: Prentice Hall)

leistungen, Demotivation und innere Kündigung. Hier kann das Organizational Burnout bereits im Zielsystem einer Organisation beginnen.

Wertearmut des Unternehmenszwecks – Sinn des Unternehmens ist allein materiell orientiert
Eine Organisation oder Institution, deren erklärter Sinn darin besteht, in erster Linie möglichst viel Geld zu verdienen, muss den Beschäftigten auf die Frage „Was ist der Sinn meiner Arbeit?" eine moralisch-ethisch vertretbare Antwort schuldig bleiben. „Der Sinn eines Unternehmens besteht darin, zum Wohle der Gesellschaft als Ganzes beizutragen". Zu diesem Fazit gelangt der Dalai Lama[23] in seinem Management-Buch „Führen, gestalten, bewegen. Werte und Weisheit für eine globalisierte Welt".

Lay[24] trennt zwischen dem Zweck und dem Sinn eines Unternehmens. Zweck ist, was er „die Produktion disponiblen Kapitals" nennt, Sinn hingegen ergibt sich aus „ethischen Zielvorgaben". "Es gibt Menschen, die nicht die Kraft haben, den Kompass ihres Lebens zu norden, sie treiben ziellos auf dem Meer der Unsinnigkeiten herum. Ähnlich treiben nicht wenige Unternehmen auf dem Ozean von Sinnlosigkeiten hin und her. Allenfalls der unsichere und schnellwechselnde Gradient der Nachfrage bestimmt die Werte des Unternehmens, nicht aber Werte, die aus Idealen kommen, denen Ethik nicht fremd ist".

Es geht um das Vertrauen darauf, als Organisation oder Institution nicht nur Teil einer rein materiellen Zweckgemeinschaft zu sein, sondern einen Sinn im Dasein zu sehen. Die aktuelle Wirtschafts- und Finanzkrise hat das Vertrauen der Menschen in die Wirtschaft und in die Politik erschüttert. In Zeiten der Unsicherheit suchen die Menschen Sicherheit und sie wollen wissen, wie es weitergeht. In Zeiten der Unsicherheit wollen die Menschen ihre Sehnsucht nach Sinn und Wertestabilität personifizieren oder organisieren können.

---

[23]Dalai Lama (2008) „Führen, gestalten, bewegen: Werte und Weisheit für eine globalisierte Welt", Frankfurt

[24] Lay, R., (1992) Über die Kultur des Unternehmens, München

Unsere Bundesregierung investierte in der Krise 2009/2010 auf Kosten der Zukunft in die Systemstabilität der sozial-ausgleichenden Marktwirtschaft und verschaffte sich damit Zeit. Wenn aber der Imperativ der Systemstabilität gilt, muss den Menschen das Vertrauen in das System einer verantwortlichen, sozialen Marktwirtschaft gegeben werden. Diese Aufgabe haben die Führungspersonen aus Politik, Wissenschaft und Wirtschaft, denen die Menschen zutrauen, eine globale Wettbewerbsordnung und soziale Chancengerechtigkeit herzustellen. Persönlichkeiten, die integer, verantwortlich und visionär handeln, werden als Unternehmer, Manager oder Vorgesetzte das Vertrauen der Menschen gewinnen.

Unternehmen waren und sind immer dann besonders erfolgreich, den Markt bestimmend und die Umwelt positiv beeinflussend, wenn es einer unternehmerischen Persönlichkeit gelang, ein sich selbst tragendes System der Wertebildung, der Werteentwicklung und der Werteverantwortung in und mit ihren Unternehmen zu erreichen. Beispiele in Deutschland waren und sind dafür Unternehmer wie Reinhard Mohn, Heinz-Horst Deichmann, Stefan Dräger, Berthold Beitz, Bernhard Meyer, Hans Riegel, Otto Beisheim, Helmut Claas, Werner von Siemens, Günther Fielmann, Axel Springer, Max Grundig, Dietmar Hopp, Fritz Sennheiser, Berthold Leibinger, Werner Otto oder Reinhold Würth.

Jedes Unternehmen hat natürlich seine eigene Geschichte und seine besondere Kultur. Dennoch gelang es den erfolgreichen Vordenkern ihrer Zeit stets, bei ihren Mitarbeitern die totale Identifikation zu erzeugen, bei ihren Kunden und Lieferanten emotionale Begeisterung hervorzurufen, bei ihren Aktionären oder Kapitalgebern unerschütterliches Vertrauen zu entwickeln und in der Gesellschaft eine Anerkennung als Vorbild zu verankern. Wo es diese Führungspersönlichkeiten nicht gab oder die Organisation nur auf Gewinnmaximierung ausgerichtet war, blieb das Unternehmen sinn- und wertelos.

Eine „wertelose" Organisation kann weder Sinn noch wirklich Zweck ihrer Existenz und ihrer Arbeit vermitteln. Wenn aber die individuelle Energie im wahrsten Wortsinn „sinnlos" vergeudet wird, dann dreht sich die Organisation oder Institution auf der Stelle und brennt aus.

Hohe Fluktuation und wenig aktive Bewerbungen
Die Wertschätzung für den einzelnen Mitarbeiter steigt nicht selten beim Management erst dann, wenn dessen Kündigung auf dem Tisch liegt. Bis dahin war der Mitarbeiter wie selbstverständlich da und verfügbar. Plötzlich werden die Fluktuationskosten[25] in Beziehung gesetzt mit den „Cost of retention" und den „Cost of acquisition". Wer so denkt, zeigt eben nur, dass die Mitarbeiterin oder der Mitarbeiter als „human capital" gesehen werden, nicht aber als Mensch. Eine Organisation oder Institution, in der sich die Wertschätzung für die Beschäftigten darin erschöpft, ob er (oder sie) ihr Geld denn (noch) wert seien, zeigt sich als kalt, berechnend und schlecht geführt.

Wenn eine – in ihrem Markt bekannte – Organisation oder Institution keine Initiativbewerbungen bekommt, dann ist das ein typischer Frühwarnindikator für Image- und Marktwertverlust. Leider wird dieses Signal vom Management nicht wirklich ernst genommen, oft wird diese Entwicklung nicht einmal vom Personalmanagement in einer Statistik erhoben und von der Führung nicht abgefragt.

Stagnation in der Personalzahl und -struktur, die schleichende Überalterung der Mitarbeiter oder auch nur Know-how-Verlust durch die Abwanderung von Wissens- oder Leistungsträgern sind alarmierende Signale für die Organisationskultur und für die Zukunftsfähigkeit der Organisation oder Institution.

Isolation der mittleren Führungsebene zwischen oben und unten
Die mittlere Führungsebene hat immer ein Problem. Das Top-Management delegiert viele dispositive und alle operativen Aufgaben an das Middle-Management und erwartet dann Ergebnisse. Von der mittleren Ebene sollen dann die vorbereiteten operativen Tätigkeiten an die jeweiligen direkten Mitarbeiter delegiert werden, als Ergebnis zählt für das Top-

---

[25] Die Fluktuationskosten setzen sich zusammen aus: Kosten für Inserate, anteilige Kosten der Personalstelle, Kosten für Einstellungstests und Einstellungsgespräche, Anlernkosten, Verluste durch nichtbesetzten Arbeitsplatz (Opportunitätskosten), wegen der Fluktuation in Kauf genommene Lohnerhöhungen, Mehrkosten durch Vertretungen.

Management allerdings nur der operative Erfolg. Letztlich bedeutet das für die mittlere Ebene, wieder selbst auch operativ tätig zu werden, um den Erfolg abzusichern.

Daraus resultiert: Meist verbringen mittlere Führungskräfte weniger als ein Drittel ihrer effektiven Arbeitszeit damit, ihre Mitarbeiter aktiv zu führen. Effektive Lenkung und Entwicklung von Mitarbeitern erfordern jedoch einen wesentlich höheren Zeitanteil.

Von den mittleren Führungskräften wird erwartet, die Strategien des Unternehmens aktiv mitzugestalten und überzeugend zu kommunizieren; Realität aber ist: Sie werden in die Entwicklung der Strategie kaum eingebunden. Einerseits werden unternehmerisches Denken und Handeln erwartet und gefordert, andererseits müssen mittlere Führungskräfte alles tun, um möglichst keine Fehler zu machen. Mittlere Führungskräfte sollen ihre Mitarbeiter verantwortlich und individuell fördern; gleichzeitig fehlen ihnen oft die Kompetenzen und die Mittel dazu.

Die Mitarbeiter sehen das mittlere Management quasi „von unten" als ein Hindernis zwischen sich und den eigentlichen Entscheidern an der Spitze der Organisation oder Institution. Aus ihrer Sicht handeln die mittleren Führungskräfte mit geliehener Autorität, ohne persönliche Fachkompetenz und im Zweifel bemüht, noch höhere Leistungen aus der Mannschaft herauszuholen, als vom Top-Management erwartet wird. Unter diesen Umständen ist es für die mittlere Leitungsebene schwer, Vertrauen zu ihren Mitarbeitern aufzubauen.

So sind die mittleren Führungskräfte der einsame Prellbock zwischen oben und unten. Nicht alle – vielleicht auch berechtigten – Klagen der operativen Ebene können sie nach oben kommunizieren oder gar delegieren und nicht jede Kritik der Top-Ebene werden sie – klugerweise – nach unten weitergeben. Die Einsamkeit der Leistungsträger auf der mittleren Ebene führt diese letztlich in eine ungewollte Isolation. Damit aber entsteht an einer wichtigen Stelle ein Energiedefizit in der Organisation oder Institution; ein Einfallstor für das Syndrom des Organizational Burnout.

Ergebnisdruck von Kunden, Eigentümer oder der Öffentlichkeit
Ist es die objektive Steigerung der Erwartungen der Kunden an immer bessere, immer schnellere und immer preiswertere Leistungen und Ange-

bote, die den subjektiv empfundenen Erwartungsdruck vergrößert? Oder haben wir uns selbst zu einem Teil der Erwartungsspirale machen lassen, in der mit jeder Weitergabe des selbst empfundenen Drucks der Überdruck in der Organisation weiter wächst, bis er unbeherrschbar wird?

Sicher ist der Auslöser für den reflexiven Leistungsdruck die stetig professioneller werdende Nachfrage der Kunden oder Nutzer einer Organisation oder Institution. Jederzeitige Kommunikationsfähigkeit, ununterbrochene Verfügbarkeit der Leistung und im Vergleich hohe Qualität bei immer weiter verhandelbaren Preisen werden, beispielsweise von den Einkäufern der Industrie, gegenüber den Zulieferern erwartet. Ebenso erwarten die Medien von den öffentlichen Institutionen schnelle, ehrliche und objektive Antworten. Wir Konsumenten haben uns an lange Ladenöffnungszeiten und großzügige Umtauschregelungen gewöhnt, die zwar weder nottun noch den Konsum steigern, aber da sie nun einmal angeboten werden, fordern wir Kunden dies auch ein.

Die Eigentümer, seien es Inhaber, Investoren oder Aktionäre, erwarten einen Return on equity, der spürbar über der üblichen Marktrendite für mittelfristige Geldanlagen liegt. Da werden in Jahrespressekonferenzen Zielmarken von über 20 Prozent ausgegeben, die einem den Atem stocken lassen. Kurspflege, koste es was es wolle, Kosten runter und Gewinne rauf und das alles bitte bei einem langfristig ethisch glaubwürdigen Image. Der Druck auf das Management wird größer, auch der ganz persönlich wahrgenommene Druck, denn die Gefahr des Versagens wird in gleichem Maße gesteigert. Wenn aber der Erwartungsdruck die Versagensängste wachsen lässt, dann werden Blockaden ausgelöst, die eine Organisation oder Institution in die Paralyse treiben. Hektik, Hypermotorik und Fehler sind die Folge. Das sind die idealen Voraussetzungen für das Organizational Burnout.

Angst vor Verlust des Vertrauens des Kapital- und Absatzmarktes
Wir alle haben Angst, das Gesicht zu verlieren. Wir würden uns schämen, wenn wir anderen nicht mehr ins Gesicht sehen könnten, weil wir versagt haben, versagt vor den allgemeinen ethischen Wertmaßstäben oder den gesellschaftlich geltenden Regelsystemen. Eine Organisation oder Institution hat entsprechend Angst vor dem Verlust des Vertrauens des Kapitalmarktes und vor dem Verlust des Vertrauens des Liefer- und Absatzmark-

tes. Um nochmals Laotse zu bemühen: „Wer viele Schätze anhäuft, hat viel zu verlieren".

Wie kann es zu einem Vertrauensverlust kommen? Wenn es zu einem Vertrauensbruch gekommen ist, wird das Vertrauen, der Glaube in die Integrität der Organisation oder Institution schwer wieder herzustellen sein. Vertrauen bedeutet, einer Person und ihren Aus- und Zusagen Glauben zu schenken. Vertrauen heißt jemandem zu glauben. Das zwischenmenschliche Vertrauen, aber auch das Vertrauen zu Marken oder Organisationen, entwickelt sich in einem langwierigen Prozess. Der Vertrauensbruch hingegen vollzieht sich möglicherweise in einer einzigen Handlung. Sobald das Vertrauen durch ein Verhalten oder Handeln enttäuscht worden ist, kann ein Vertrauensbruch vorliegen. Hierbei sind die Art und das Ausmaß der Enttäuschung für die Wahrnehmung eines tatsächlichen Vertrauensbruches relevant. Weiter muss sich die Enttäuschung auf Schlüsselerwartungen, die verletzt worden sind, beziehen. Erwartungen sind als Schlüsselerwartungen zu definieren, wenn sie für die Beziehung eine entscheidende und persönliche Rolle spielen.[26]

Schlüsselerwartungen sind also der Maßstab für die Stärke und die Dauer eines Vertrauensbruchs und damit für den Verlust des Vertrauens. Die Angst einer Organisation oder Institution, Vertrauen zu verlieren, motiviert zu einem fairen Umgang mit ihren Kunden und Mitarbeitern nach dem Maßstab des „ehrbaren Kaufmanns". Der ehrbare Kaufmann ist immer noch das Vorbild für das verlässlich und berechenbar handelnde Wirtschaftssubjekt. Der Begriff „Ehre" ist natürlich kein absoluter Begriff. Er unterliegt stark dem historischen Wandel der Werte und somit muss der Begriff immer im Kontext der Zeit betrachtet werden. Dennoch gibt es ein Grundgerüst, das seit dem Mittelalter für das Verhalten ehrbarer Kaufleute bestimmend ist. Die Grundlage bildet die humanistische Grundbildung und ein wirtschaftlich-theoretisches Fachwissen ergänzt um das notwendige praktische Know-how. Dazu tritt der persönlich stabile Charakter, der sich an Tugenden orientiert, die die Wirtschaftlichkeit fördern. Loyalität, Redlichkeit, Sparsamkeit, Weitblick, Ehrlichkeit, Verschwiegenheit, Ord-

---

[26] Elangovan, A. R./ Shapiro Debra L. (1998) Betrayal of Trust in Organizations, in: Academy of Management Review, Vol. 23, No. 3

nung, Entschlossenheit, Genügsamkeit, Fleiß, Aufrichtigkeit, Gerechtigkeit, Sauberkeit, innere Ausgeglichenheit, Treue und auch Demut zeichneten traditionell den ehrbaren Kaufmann aus. Die Tugenden dienen nicht primär dazu, gute Taten zu vollbringen, sondern sie dienen der eigenen körperlichen und seelischen Gesundheit und einer langfristig ausgerichteten Geschäftstätigkeit. Der redliche Charakter schützt den Kaufmann auch vor sich selbst, um nicht der Versuchung zu erliegen, sich kurzfristig auf Kosten anderer Vorteile zu verschaffen.

„Sei am Tage mit Lust bei den Geschäften, aber mache nur solche, dass du des Nachts ruhig schlafen kannst". So lässt Thomas Mann den Lübecker Kaufmann und Senator Johann Buddenbrook sprechen.[27]

Die Organisation, die in der Gefahr steht, den Grundsatz von Treu und Glauben zu verlassen und damit Vertrauensbruch und Vertrauensverlust zu riskieren, ist auf dem Weg, in eine Situation höchster Komplexität und Energieleistung einzutreten. Wer Angst haben muss, das Vertrauen seiner Geschäftspartner zu verlieren, der wird alles tun, um das zu verhindern. Eine Organisation oder Institution, die um die Basis ihrer Wirksamkeit kämpfen muss, kann leicht in den Strudel eines Organizational Burnout geraten.

Wie erklärt es sich die Anfälligkeit einer Organisation oder Institution für ein OBO? Denn tatsächlich gibt es für den Beginn des OBO keine Zwangsläufigkeit zwischen einerseits den dargestellten Voraussetzungen (die für ein OBO gegeben sein müssen, aber kein OBO begünstigen oder gar verursachen) und andererseits den eben geschilderten Ursachen (die ein OBO auslösen können, aber nicht müssen). Wenn aber einer der nachfolgenden Gründe gegeben ist, dann ist der Weg in das OBO nahezu „naturgesetzlich" zwingend.

---

[27] Mann, T.(1901) Buddenbrooks Verfall einer Familie, Berlin

Erfolgsarroganz macht blind

Nichts ist gefährlicher für die gesunde und erfolgreiche Weiterentwicklung einer Organisation oder Institution als bedeutender Erfolg. Anhaltender Erfolg macht zufrieden und Zufriedenheit macht müde. Die wiederholten Erfolge im jeweiligen Markt (selbst für staatliche Institutionen gibt es eine Art Markt, beispielsweise für die Verteilungsgunst von Haushaltsmitteln des Parlaments oder die Aufmerksamkeit der Medien) bestätigen die Organisation oder Institution in ihrer Wahl der Methoden, Mittel und Prozesse. Eine Organisation oder Institution, die über Jahre stets als erfolgreich bestätigt wird, über das übliche Marktwachstum hinaus expandiert, sogar erhebliche Margen erzielt, hält sich selbst irgendwann für unfehlbar. Nun soll nicht bestritten werden, dass Erfolg unternehmerische Kräfte freisetzt, die wiederum Erfolg zeitigen und das Selbstvertrauen in den eigenen Erfolg so stärken, dass tatsächlich der Erfolg nicht ausbleibt.

Zunächst entsteht Selbstsicherheit, dann Arroganz und schließlich „Autokratie des Managements". Innerbetriebliche Opposition findet nicht statt, die Aufsichtsräte sind angenehm pflegeleicht und die Medien und Verbände überhäufen den Leader mit Anerkennung und sogar Preisen, vom „Manager des Jahres" bis zum Bundesverdienstkreuz.

Aber wenn sich die Akzeptanz des Marktes verändert, dann sorgt das typische Trägheitsmoment zwischen der realen Veränderung des Marktes bis zur tatsächlichen Wahrnehmung dieser Situation durch das erfolgsverwöhnte Management für einen, zunächst unbemerkten, dann schmerzhaften Zeitverlust. Die Organisation verliert ihre entscheidende Fähigkeit zur vitalisierenden Selbstregulation. Selbstregulation oder Homöostase bezeichnet in der Systemtheorie die Fähigkeit eines Systems, sich durch Rückkopplung selbst – innerhalb gewisser Grenzen – in einem stabilen Zustand zu halten. Der Begriff wurde 1929 von Walter Cannon[28] eingeführt.

Wenn die Selbstregulation spürbar zu versagen droht, gleitet – systemtheoretisch – die Organisation in den Versuch über, durch beschleunigte Rückkopplung die Autostabilität wieder zu erreichen. Für unser Thema bedeu-

---

[28] Cannon, W. B. (1932) The Wisdom of the Body, amerikanischer Physiologe,

tet es aber, dass eine Organisation oder Institution umso anfälliger für ein OBO wird, je länger bereits ein nachhaltiger Erfolg anhielt. Es passiert dann nämlich das Gefährlichste, was einer eingeschwungenen Organisation oder Institution passieren kann: Alles läuft weiter wie bisher, nur die Outputs will der Markt – zunächst schleichend, dann immer deutlicher – in dieser Form nicht mehr. Das langjährig erfolgreiche Management, oft ja auch direkt durch den Gründer und Eigentümer charismatisch geführt, glaubt einfach nicht, dass er oder seine Firma sich ändern müssten, denn schließlich hatte man doch immer Erfolg.

Diese Blindheit für externe Veränderungen, verursacht durch die Scheuklappen des Erfolgs, ist extrem gefährlich für die unternehmerische Zukunft. Neben Ertragsverlusten stellt sich hier ein Zeitverlust ein; je länger er dauert, desto schwieriger wird es sein, die Zeit wieder aufzuholen, zumal mit jedem Monat die Handlungsalternativen geringer werden (vgl. Kapitel 7).

Ausblenden von disruptiven Marktveränderungen

Gründungsunternehmen sind nicht vom Organizational Burnout betroffen. Denn hier stimmen Unternehmensziel und -zweck, interne Organisation und externe Marktresonanz noch weitgehend überein und es gibt den Corporate Spirit des gemeinsamen Neubeginns. Identisches gilt wohl auch für gerade erst aufgestellte öffentliche Einrichtungen, deren Zweck und Befähigung noch mit der aktuellen Bedarfslage übereinstimmen und deren Organisation und Leistungsqualität noch im Aufbau und unerprobt sind.

Alle anderen Unternehmen und Institutionen aber unterliegen den beschleunigten, zum Teil disruptiven Veränderungen des Marktes, den anspruchsvolleren externen Umweltanforderungen und der meist verzögerten internen Anpassung an diese neuen Rahmenbedingungen. Internationalisierung, Globalisierung, demografische Veränderungen, Wachstums- und Beschäftigungskrisen, Innovationen, Steuer- und Soziallasten, Wertewandel, unfairer Qualitäts- und Preiswettbewerb aus Billiglohnländern, unbeständiger Rechtsrahmen, gesellschaftlich steigende Erwartungen und der eigene Lebenszyklus des Unternehmens und des Unternehmers sind sich ständig verändernde Variablen. Dazu tritt ein nahezu heldenhaftes

Selbstverständnis des Managements, alle Probleme im Griff zu haben, keine wesentlichen Fehler zu machen und nahezu immer die richtigen Entscheidungen zu treffen.

Nicht selten gehen die extern bestimmten Veränderungen zeitgleich mit einem Wechsel in der Führungsverantwortung einher, sei es in Teilunternehmen, in Abteilungen oder in den Bereichen. Die neue Leitung will aber ihren Vorgesetzten alsbald Erfolge zeigen und sich selbst profilieren, deshalb streben die neuen Führungsspitzen den sichtbaren Wandel an; während die nachgeordnete Ebene die Kontinuität will, um das, was sie können, weiter zu tun und weil sie der Überzeugung sind, durch verlässliche Kontinuität am besten auf Veränderungen reagieren zu können.

Aufgrund dieser multikausalen, multivariablen Veränderungen werden die Unternehmensidentität und das organisationale Selbstverständnis in Frage gestellt. Das inhärente Sicherheits- und Stabilitätsbedürfnis wird immer weniger erfüllt. Die Organisation oder Institution versucht vor diesem Hintergrund, Misserfolge zu vermeiden und das Bestehende zu sichern. Die Folgen: Realitätsverweigerung, Innovationsmangel, Kommunikationsdefizite, Lernverweigerung und letztlich Erstarrung des Systems.

„Die Organisation hat den Sinn ihres Tuns verloren oder vergessen", so Michael Zirkler[29], „und müsse sich wieder auf eine Wertschöpfung jenseits der Profitabilität besinnen". Zirkler sprach in diesem Zusammenhang von der „erschöpften Organisation".

Der Strukturwandel der Märkte und somit der Branchen ist allgegenwärtig. Denken wir an den Markt der Bürokommunikation in den letzten 20 Jahren, vom Telex zum Internet, von der Schreibmaschine zum Touch Screen; oder an den Markt der Unterhaltungsmusik von der Langspielplatte, Musikkassette, über die CD zur Internet-Community mit allen Konsequenzen für den Wandel der Musikindustrie. Denken wir an die unglaublichen Produktivitätsfortschritte globaler Arbeitsteilung oder auch an den Strukturwandel in der Textil- und Bekleidungsindustrie. Die Beispiele sind

---

[29] Zirkler,M. Professor an Zürcher Hochschule für Angewandte Wissenschaften (ZHAW), NZZ, 18. Oktober 2006

zahllos, aber in allen Fällen blieben Unternehmen auf der Strecke, die Marktveränderungen aus ihrer Strategie ausgeblendet hatten. Natürlich gab es überall Anzeichen dafür, aber diese wurden ignoriert. Misserfolg war die Folge, Veränderungsignoranz die Ursache.

Warum werden Marktveränderungen eigentlich so konsequent ignoriert? Die Zukunft ist unsicher. Für viele Führungskräfte ist es sehr mühsam, sich mit diesen ungenauen Zukunftsbildern zu beschäftigen. Daher überlassen viele Entscheider dieses Feld anderen: sei es dem jeweiligen Branchenverband oder den Trendgurus, deren Ausführungen sie halb amüsiert, halb herablassend folgen. Viele nehmen sich nicht einmal die Zeit, sich über die Möglichkeiten der systematischen Auseinandersetzung mit zukünftigen Veränderungen zu informieren. Im Extrem sind Manager häufig der Überzeugung, dass die Zukunft ohnehin nicht vorhersehbar ist, da Prognosen in der Vergangenheit meist nicht – wie erwartet – eingetroffen sind. Die Zukunft wird als Glücksspiel gesehen und so baut man auf die gute eigene Erfahrung.

Unvergesslich wird mir ein privates Gespräch mit dem damaligen CEO eines der größten deutschen Handelskonzerne sein. Auf meinen Hinweis, dass seine Kaufhäuser in der bestehenden Philosophie keine Zukunft hätten – das Gespräch fand 2002 statt – lehnte er sich zurück und sagte: „Ach, wir haben einen Lagerumschlag von 18, das bedeutet, alle 20 Tage kann ich etwas Neues ins Regal stellen lassen, da haben wir kein Problem mit neuen Trends". Nun ja, so war das damals, nun steht die Kaufhauskette zum Verkauf.

Die entscheidenden Hürden für die Erkennung von Marktveränderungen in Organisationen oder Institutionen sind Selbstzufriedenheit und Ignoranz. So ist beispielsweise die Baubranche davon überzeugt, dass der Erfolg allein konjunkturabhängig sei und man daran wenig ändern könne. Für die klassischen Luftfahrtunternehmen heißt Fliegen, ein Streckennetz zu unterhalten. Für die Banken ist klar, dass im Privatkundengeschäft kein Geschäft zu machen ist. Die Wirtschaftsgeschichte wimmelt von Beispielen der Ignoranz, die zeigen, dass gerade Marktführer oft nicht fähig sind, sich von erfolgreichen Geschäftsmodellen rechtzeitig zu trennen. Die Deutsche Telekom hat den Breitbandbereich für schnelle Internetanschlüsse lange ignoriert. Die italienischen Rennradhersteller waren jahrzehntelang führend. Die neuen Werkstoffe Karbon und Aluminium haben sie nicht ernst genommen.

Es ist aber nicht nur die Ignoranz, sondern auch eine naturgegebene Trägheit der Menschen, auf Veränderungen abwartend zu reagieren. Zunächst einmal suchen wir normalerweise einen stabilen, energieschonenden Zustand, der uns in Ruhe und Gelassenheit unsere gewohnten Herausforderungen gut bewältigen lässt. Wenn wir Informationen erhalten, die uns in die Gefahr bringen, diesen Glückszustand zu verlieren, dann wollen wir instinktiv den bisherigen Zustand beibehalten und verweigern uns der unangenehmen Realität. Unser Neurotransmitter[30] Serotonin sorgt dafür, dass wir „ruhig bleiben". Wir hoffen, dass der Kelch an uns vorübergeht. Wenn es aber tatsächlich schlimm kommt, dann tritt eine andere körperliche Funktion ein: die Angststarre. In Gefahren- und Stresssituationen wird von der Nebenniere das Stresshormon Adrenalin ausgeschüttet. Der Herzschlag erhöht sich, um den Körper auf einen Kampf oder eine Flucht vorzubereiten. Es werden eine Reihe nicht benötigter Organe und auch Teile des Gehirns in ihrer Funktion heruntergefahren. Erfolgt aber keine Reaktion in Form von Kampf oder Flucht, so kann nach kurzer Zeit die Angststarre eintreten, bei der wir weder fliehen noch kämpfen können. Wir erstarren sprichwörtlich vor Angst. Dabei sinkt der Herzschlag, die Muskeln versteifen sich und die Kontrolle über die Körperfunktionen lässt spürbar nach. Die Natur hat uns diese Funktion mitgegeben, um in Gefahrensituationen das Überleben zu sichern.

Einige Male habe ich genau diese Reaktion bei Führungskräften erlebt, wenn plötzlich ein feindliches Übernahmeangebot erfolgte, wenn überraschend ein Großauftrag wegbrach oder wenn ihnen sogar – aus ihrer Sicht in unglaublich frecher Weise – gekündigt wurde. Diese tatsächlich unwillkürliche Realitätsverweigerung führt zu strategischen Managementfehlern. Wer sich weigert, seine eigenen Misserfolge zur Kenntnis zu nehmen, legt leider die Basis für das spätere Desaster des Organizational Burnout.

---

[30] Neurotransmitter sind biochemische Stoffe, welche elektrische Reize von einer Nervenzelle zu einer anderen Nervenzelle oder Zelle weitergeben, verstärken oder modulieren.

Misserfolge werden mit bewährten Mitteln bekämpft, aber nicht besiegt

Jede Organisation oder Institution erlebt Misserfolge. Die Ursachen der Misserfolge sind so vielfältig wie nur denkbar und es gehört zum Alltag, dass ein Unternehmen nicht immer gewinnen kann. Wenn allerdings eine Serie der Misserfolge entsteht und anhält, wenn sich damit das Geschäftsmodell in Frage stellt, wird weiterhin mit den bewährten Mitteln gekämpft. Die alten Erfolgsrezepte haben dann allerdings keinen Erfolg mehr. Was wird das Management dann tun? Für wirklich Neues fehlt die Energie, der Mut, vielleicht auch die Naivität (denn viele sagen, wenn sie zuvor gewusst hätten, wie schwierig der neue Weg sein würde, hätten sie ihn nie eingeschlagen). Das Alte aber wird weiter versagen. Das Management wird versuchen, die Misserfolge zu negieren.

Was passiert aber, wenn Misserfolge eintreten und diese sich vom Management weder negieren noch vertuschen lassen? Als Erstes wird in der Hierarchie die Schuldfrage gestellt, dann wird ein Unternehmensberater für eine „neutrale" Analyse eingeschaltet, es werden Verantwortliche gesucht und gefunden und schließlich werden die Aufbau- oder Ablauforganisation umgestellt, ggf. finden auch personelle Frei- oder Umsetzungen statt.

Seit Beginn der Menschheitsgeschichte werden immer und überall Fehler begangen. Menschen machen Fehler, sie erkennen Fehler und meistens lernen sie aus Fehlern. Konfuzius[31] gibt uns mit auf den Weg: „Wer einen Fehler gemacht hat und ihn nicht korrigiert, begeht einen zweiten". Und was wir alle wissen, stellte schon Seneca[32] fest: „Irren ist menschlich". Der begnadete Redner und Anwalt Cicero[33] sagte: „Jeder Mensch kann irren, aber nur Dummköpfe verharren im Irrtum".

---

[31] Konfuzius war chinesischer Philosoph und lebte vermutlich von 551 v. Chr. bis 479 v. Chr.

[32] Seneca,L. A. genannt Seneca der Jüngere, geboren im Jahre 1 und gestorben in 65 n. Chr. war ein römischer Philosoph, Dramatiker, Naturforscher, Staatsmann und als Stoiker einer der meistgelesenen Schriftsteller seiner Zeit.

[33] Cicero, M. T. 106 v. Chr. bis 43 v. Chr., war ein römischer Politiker, Anwalt, Schriftsteller und Philosoph, der berühmteste Redner Roms und Konsul im Jahr 63 v. Chr.

An Weisheit fehlt es somit nicht, aber gilt das auch für das Top-Management einer Organisation oder Institution? Im Prinzip nein, denn das oberste Management macht keine Fehler. Es wird immer Erklärungen aus dem externen Umfeld oder aus dem internen Versagen nachgeordneter Hierarchien finden. Auch wenn hier ein gewisser Zynismus durchklingt, die Erfahrung zeigt leider immer wieder: Fehler sind für Führungskräfte das, was andere machen. Natürlich wird dieser Reflex der Realitätsverschiebung der Führungsspitzen von der operativen Ebene gesehen und kritisch registriert. Damit aber stellt sich für die mittlere Ebene, die zumeist als die „Schuldigen" für die Misserfolge gilt, die Frage nach der inneren Loyalität zum Management und damit zur Firma. Wenn diese Loyalitätsfrage aber erst gestellt wird, wird sie auch negativ beantwortet. So werden aus, vielleicht kleinen, Misserfolgen große und nachhaltige Vertrauensverluste; das bislang stabile Gebäude der Organisation oder Institution wird brüchig.

Die Managementlehren der Kaderschmieden der internationalen MBA-Schools und vor allem die Praxis in den marktdominanten Unternehmen zeigen es: Ein Organizational Burnout kann und darf es nicht geben. Es wäre immer auch ein Versagen im Management im Allgemeinen und im Management der Human Resources im Besonderen. Aus der Sicht der Managementlehre werden verbrauchte Ressourcen rechtzeitig über den Markt erneuert und die nachhaltige Bewirtschaftung der Human Resources ist Privatsache und Pflicht der Personen, die ihre Arbeitskraft auf dem Arbeitsmarkt anbieten. Die Personalentwicklung der Firma dient der Steigerung von Qualität und Produktivität, solange der Markt diese Investition in die Human Resources rechtfertigt. Gesundheitsprogramme der Unternehmen haben den Sinn, die bereits in die Person investierten Ressourcen (von Zeit und Geld) zu erhalten. Im Wesentlichen wird aber von den Mitarbeitern erwartet, sich körperlich und geistig fit zu halten.

Somit wird der Beginn eines OBO vom Management übersehen werden, weil nicht sein kann, was nicht sein darf!

Alle machen gern die gleichen Fehler

Wenn wir aber über die Fehlerkultur in Unternehmen oder Institution nachdenken, dann müssen wir uns vor Augen halten, dass neben der ängstlichen Fehlervermeidung auch der Weg einer allgemeinen Fehlerakzeptanz gegangen werden kann. Mit den Erfolgen der japanischen Industrie in den 90er Jahren wurde es Mode, sich innovativ mit der „Lernenden Organisation"[34] auseinanderzusetzen. Während seit Beginn der Industrialisierung der Fokus bei uns vor allem auf Fehlervermeidung gelegt wurde, erlangten Fehleroffenheit, Fehlertoleranz und Fehlerfreundlichkeit an Bedeutung. Es war nicht mehr die Schuldfrage relevant, sondern die kontinuierliche Verbesserung und damit die Null-Fehler-Strategie, ein sicherlich besserer Weg für die Mitarbeiter und für den unternehmerischen Erfolg. Das war seinerzeit ein tatsächlicher Paradigmenwechsel in der deutschen Industrie.

Aber damit eröffnet sich auch ein fataler Ausweg für eine Organisation oder Institution mit beginnendem Organizational Burnout, denn zu leicht lassen sich die ersten Symptome des OBO zunächst als eine Reihe von unvermeidlichen Fehlern einordnen, die eben passieren und die man nun aktiv und konstruktiv bearbeiten wolle und könne. Hier gilt es, wachsam zwischen professionell arbeitender Fehlerkultur und einem zynischen Laissez-faire der Fehlergleichgültigkeit zu unterscheiden. Diese Gefahr wird verstärkt durch ein weiteres, sehr verbreitetes Phänomen: der Lust am gemeinschaftlichen Fehler.

Alle machen gern die gleichen Fehler, denn wir Menschen suchen Sicherheit in der Imitation. Selbst wenn wir scheitern sollten, dann scheitern wir gemeinsam mit allen anderen. Die Imitation als Lernmuster gestattet uns das schnelle Lernen. Imitation spart Energie! Wer dagegen von der gesellschaftlichen, politischen oder unternehmerischen Norm abweicht, braucht sehr viel Kraft, um gegen den Strom zu schwimmen. Imitation gibt uns recht, denn wenn alle so handeln, dann scheint es in der Menge richtig zu sein. So gibt es beispielsweise bereits seit 1895 Bestsellerlisten, die uns sagen, welche Bücher uns fesseln werden.

Aus der Imitation wird dann das „Gesetz der Verstärkung willkürlicher Fluktuation"[35], wenn Marktakteure bewusst eine Trendverstärkung herbei-

---

[34] Senge, P. M. : Die fünfte Disziplin. Kunst und Praxis der lernenden Organisation. Stuttgart

[35] Vgl.: Greve, G. Vortrag „Wenn alle die gleichen Fehler machen" Website:

führen. Beispiel: Sie sind fremd in Venedig und sehen auf dem Marcusplatz zwei Restaurants, eins voll besetzt – eins gähnend leer. Welches werden Sie auswählen? Ein Bettler stellt nie einen leeren Teller auf die Straße, sondern er legt immer etwas Geld hinein, um dem milden Herzen potenzieller Spender die Sicherheit zu geben, dass auch andere schon mildtätig waren. Wo bereits Verpackungen und Altpapier herumfliegen, da reduziert sich für uns die Hemmschwelle, es anderen gleichzutun, ist es aber sauber, werden auch wir unsere Abfälle geordnet entsorgen.

Was heißt das für die Wirtschaft? Unternehmen, die auf Vertrauen basierende Produkte oder Services anbieten, wie beispielsweise Finanzdienstleister, werden mit Ratings, Referenzen oder Testimonials[36] arbeiten, die Vertrauen geben, denn: Was alle tun, kann nicht falsch sein! Ein Produkt, das jemand kauft, den ich wertschätze, das kann ich ruhig auch auswählen. Zugleich wird der Vertrieb Knappheitsmarketing betreiben, denn wenn etwas fast ausverkauft ist, muss es gut sein. Warren Buffett[37] – der amerikanische Investment-Tycoon – ermahnt uns deshalb wachsam zu sein: „Sie haben nicht recht oder unrecht, weil Sie mit der Masse übereinstimmen, Sie haben recht oder unrecht, wenn Ihre Daten und Überlegungen richtig sind".

Wir sind kein „Homo oeconomicus", vielleicht sind wir ein „Homo emotio"? In jedem Fall lassen wir uns stark von unserer Umwelt beeinflussen. Medien, Fachkonferenzen, Börsennachrichten, Analystenkommentare, interne Stabsstellen oder das winterliche Treffen in Davos vermitteln den Entscheidungsträgern auf allen Ebenen in der Wirtschaft, der Politik, den Medien und in der Wissenschaft aller Industrienationen ein vergleichsweise homogenes Bild der Gegenwart. John Maynard Keynes[38] kam bei einem

---

www.greve-consulting.com

[36] Testimonial ist ein Begriff aus der Werbung und bezeichnet die konkrete Fürsprache für ein Produkt, eine Dienstleistung oder eine Institution durch prominente Personen, die sich als überzeugte Nutzer ausgeben.

[37] Buffett , W. E. geb 30. Aug. 1930, Großinvestor und Unternehmer. Mit einem geschätzten Privatvermögen von 37 Milliarden US-Dollar (Forbes, 2009) ist er der zweitreichste Mensch der Welt.

[38] John Maynard Keynes, Baron Keynes, 5. Juni 1883 bis21. April 1946, war ein briti-

sozialwissenschaftlichen Experiment mit Studenten, dem so genannten „Schönheitswettbewerb", zu der Erkenntnis, dass für das Entscheidungsverhalten von Menschen weniger ihre persönliche Präferenz maßgeblich ist als jene der anderen beteiligten Menschen. Denn die Jurymitglieder bei einem Schönheitswettbewerb, so hat es Keynes gezeigt, wählen nicht jene Frau, die sie selbst für die Schönste halten, sondern jene, von der sie glauben, dass die anderen sie am attraktivsten finden. Aus spekulativen Motiven wird also gegen die eigene Überzeugung gehandelt.

Wenn es aber in einer Organisation oder Institution immer weniger riskant wird, Fehler zu machen oder Fehler anderer nicht aufzuzeigen, dann werden die geschriebenen und die informellen Regeln beliebig, interpretierbar und unverbindlich. Ein Regelwerk aber, das nichts mehr regelt, führt zu Irritationen der Organisationskybernetik. Wenn nichts mehr gilt, gilt alles. Wo die Ressourcen ungesteuert verglühen, droht das Organizational Burnout.

Fusionen als Akzelerator für das Organizational Burnout

78,5 Prozent aller Fusionen und Übernahmen sind zum Scheitern verurteilt, bilanzierte 2003 das „Institute for Mergers and Acquisitions" (IMA) der Universität Witten/Herdecke. 2006 legte Ernst & Young eine Analyse von 189 Transaktionen börsennotierter Unternehmen vor, von denen nur jede dritte eine erhebliche Wertsteigerung brachte. Wenn in den zwangsfusionierten Unternehmen der Corporate Spirit und die Fundamental Beliefs zwangsläufig unterschiedlich sind, dann muss es zu offenen und verdeckten Kulturkämpfen kommen.

Die Kultur einer Organisation oder Institution ist immer einzigartig. Kein von mir betreutes Unternehmen, keine Institution, selbst bei sehr vergleichbaren Rahmenbedingungen (z. B.: Bundesministerien), hatte identische Organisationskulturen. Lay[39] sieht die Identität einer Organisation einerseits in der Organisationsstruktur und andererseits in der Kombinati-

---

scher Ökonom, Politiker und Mathematiker. Er zählt zu den bedeutendsten Ökonomen des 20. Jahrhunderts und ist Namensgeber des Keynesianismus.

[39] Lay, R. Einführung in Improving Performance, Artikel S. 36

on aus Corporate Behaviour und Basic Beliefs. Das bedeutet aber, dass im Fall einer Fusion von bislang getrennten Organisationen oder Institutionen, die jeweils ihre eigene Historie haben, zwei unterschiedliche Kulturen durchmischt werden sollen. Das wird risikoreich sein und nicht ohne erheblichen zeitlichen, finanziellen, sozialen, auch emotionalen Aufwand gehen.

Was passiert bei einer Fusion zweier bislang getrennter, vielleicht sogar konkurrierender Organisationen oder Institutionen? Zunächst ist eine Fusion (Merger) immer eine Übernahme und nicht die Verschmelzung zweier gleichberechtigter Einheiten, vielleicht mit Ausnahme zweier Konzerntöchter, die bereits seit Jahren in einer gemeinsamen Kultur gewachsen sind und nun nur rechtlich einen Mantel umgelegt bekommen, faktisch aber keiner Änderung unterliegen. Eine Übernahme aber kennt einen dominanten Übernehmer und einen subordinierten Übernommenen. Alle verklärenden Presseerklärungen können diese Tatsache nicht überspielen. Das trifft namentlich zu, wenn unterschiedliche Landeskulturen aufeinanderstoßen oder wenn die Unternehmen vor einer horizontalen Fusion bislang in unterschiedlichen Märkten unterwegs waren.

Somit aber trifft in Fusionsprozessen eine angeblich „überlegene" Unternehmenskultur auf eine angeblich „unterlegene" Kultur. Nun kann durch die einer Übernahme vorausgegangene Prozesse das kulturelle Selbstbewusstsein des Fusionsopfers bereits so angegriffen haben, dass kultureller Widerstand nicht mehr zu erwarten ist. Das ist beispielsweise bei Käufen aus Insolvenzverfahren durchaus ein häufiges Szenario und der Käufer wird als (letzter) Retter hoffnungsfroh begrüßt. In den meisten Fällen allerdings werden werthaltige, marktstarke Unternehmen übernommen, denn nur da rechnen sich die hohen Multiplier, die gezahlt wurden. Hier ist absolut mit einem kulturellen Widerstand zu rechnen, der vielleicht auch ein subkultureller Widerstand ist.

Wenn aber die Analysen immer wieder zeigen, dass Fusionen in hoher Zahl scheitern oder jedenfalls nicht die Wertsteigerung erzielten, die im Vorfeld berechnet wurde, dann stellt sich nicht zuletzt die Frage, ob die jeweils vorlaufende Due Diligence ihr Geld wert war. Tatsächlich habe ich an manchen Due-Diligence-Verfahren aktiv oder passiv teilgenommen und das Thema „Corporate Spirit" wurde nie wirklich erfasst. Nicht, dass es auf den Checklisten gefehlt hätte, nur die objektive Erfassung des tatsächlichen

Zustandes der Unternehmenskultur erfolgte nicht wirklich. Man hätte analysieren müssen, ob die organisatorischen Werte, die Managementkultur, der vorherrschende Führungsstil, die Mythen und Geschichten der Kultur, die Rituale und die „no ways" sowie die kulturellen Symbole in der Fusion miteinander kulturell verträglich sind. Hier bleiben immer Analyselücken und damit bleibt an dieser Stelle ein Fusionsrisiko. Das wissen auch alle Beteiligten, aber es wird negiert.

Der Corporate Spirit ist für den Erfolg einer Fusion entscheidend. Ist er stark entwickelt, hat das für die Organisation oder Institution entscheidende Vorteile. Aber diese Vorteile können im Fall einer Fusion auch zu erheblichen Nachteilen führen. Die folgende Tabelle zeigt dies im Vergleich:

Tabelle 2.2   Vor- und Nachteile eines ausgeprägten Corporate Spirit

Vorteile eines ausgeprägten Corporate Spirit	Nachteile eines ausgeprägten Corporate Spirit
Komplexität der Entscheidung gering wegen Orientierung an gemeinsamen Werten und der Kultur. Schnelligkeit, weil wenig Abstimmungsbedarf mit anderen Bereichen.	Geringe Anpassungsfähigkeit und Flexibilität, da Werte fest verankert. Werte und informelle Organisation sind dominant, Entscheidungen außerhalb des Rahmens sind „undenkbar".
Effektive Kommunikation, weil jeder die kulturellen Spielregeln kennt. Das kollegiale System sorgt dafür, dass alle die Regeln einhalten.	Änderungen werden als Angriff auf die Routine verstanden und abgewehrt. Der Widerstand ist schwer zu greifen, weil er von „unten nach oben" erfolgt.

Vorteile eines ausgeprägten Corporate Spirit	Nachteile eines ausgeprägten Corporate Spirit
Neben der Routine können auch neue Projekte schnell und effektiv realisiert werden, weil ein kulturelles Grundverständnis besteht und die ungeschriebenen Regeln allen bekannt sind.	Objektive Hinweise auf zu verbessernde Abläufe werden nicht wahrgenommen, da sie nicht in das kulturelle Muster der Organisation passen.
Der ausgeprägte Corporate Spirit ersetzt Kontrollinstanzen, da alle die Spielregeln internalisiert haben, findet eine fortwährende Selbstkontrolle statt.	Die Fehlereinsicht ist gering und externe Kontrolle wird abgelehnt, da der Corporate Spirit der Gemeinschaft sich ständig selbst bestätigt. Kritische Hinweise externer Experten werden allenfalls nachsichtig zur Kenntnis genommen, weil diese Externen eben die Organisation oder Institution nicht verstehen.
Die Loyalität der Beschäftigten ist sehr hoch, die Begeisterung für den herrschenden Corporate Spirit ausgeprägt. Man gehört dazu und neue Kollegen tun gut daran, sich schnell von der Begeisterung anstecken zu lassen.	Wenn (neue) Kollegen kritische Fragen stellen oder Verbesserungsideen vortragen, werden diese kollektiv abgelehnt. Die Identifikation mit dem gemeinsamen Spirit geht bis zur Intoleranz. Umso größer ist die Enttäuschung, wenn es zu einem kulturellen Bruch kommt.
Kostengünstige Organisation, weil die Führungs- und Entscheidungsstrukturen sehr stabil sind und nicht in Frage stehen.	Extern betriebene Veränderungen werden als persönlicher Angriff gewertet und als Kritik an der bisherigen Organisation gesehen.

Wenn sich aber, wie die Tabelle zeigt, bei einer Fusion – die tatsächlich ja nie als Fusion unter Gleichen stattfindet – der eine Corporate Spirit dem anderen unterzuordnen hat, dann werden enorme emotionale Energien aufgewendet, um sich dagegen zu wehren oder sich damit zu arrangieren. Die Fusion nimmt die Kräfte beider Organisationen oder Institutionen in Anspruch. Da helfen auch neue Firmennamen nicht. Beispielsweise DaimlerChrysler, Aventis, Novartis oder UBS waren solche Versuche, durch neue Namen eine neue Identität zu stiften.

Wenn eine neu kombinierte Organisation oder Institution nach einer Fusion nun die Differenzen entdeckt, die eigenen Werte und Kultur betont und verteidigt, sich gegenseitig vorhält, dass man dominieren will – also die Schlacht um die kulturelle Identität stattfindet – dann findet das OBO bereits statt, bevor man es noch ahnt. Hier werden täglich Werte vernichtet und kulturelle Brachen hinterlassen. Nach der Fusion ist dann bald vor dem Verkauf.

Unfreundliche Übernahmen durch Investoren

Für die Beschäftigten eines Unternehmens, das von einem Private-Equity-Investor übernommen wird, stürzt der Himmel ein. Bis eben war man der stolze Teil einer Erfolgsgeschichte, man kannte die Inhaber und die Identifikation mit dem Unternehmen war hoch. Plötzlich gilt scheinbar alles nichts mehr. Die Organisation stürzt in eine Sinn- und Wertekrise, denn die neuen Eigentümer stellen nicht nur das Business-Modell in Frage, sondern verlangen einhergehend mit Personalkürzungen und Kosteneinsparungen ganz klar einen höheren EBITA[40], um die Zinsen für die neuen Kreditlasten zu finanzieren.

„Anders als gelegentlich behauptet gehen von den Aktivitäten sowohl der Hedge-Fonds als auch der Private Equity-Gesellschaften keine wesentlichen Risiken für Unternehmen oder Anleger aus", schreibt der Sachver-

---

[40] EBITA ist die Abkürzung für englisch: earnings before interest, taxes and amortization (Gewinn vor Zinsen, Steuern und Abschreibungen auf immaterielle Vermögensgegenstände).

ständigenrat[41] auf Seite 492 seines Jahresberichtes 2005. Allerdings schreibt der Sachverständigenrat auch:[42] „Neben einem zu kurzfristigen Rendite-streben bezog sich die Kritik (…an den Investmentgesellschaften) zudem auf den hohen Grad der Kreditfinanzierung, der die Unternehmen der Gefahr der Überschuldung aussetzt. Anders als es der Begriff Private Equi-ty vermuten lässt, liegt der Eigenkapitalanteil im Rahmen der Akquisiti-onsfinanzierung in der Regel lediglich bei 20 bis 30 v. H., während die restliche Finanzierung in Form syndizierter Darlehen von internationalen Banken bereitgestellt wird. Der geäußerten Kritik kann dabei zunächst entgegengehalten werden, dass eine tatsächliche Überschuldung kaum im Interesse des Finanzinvestors sein kann, da sie den Unternehmenswert und den erzielbaren Verkaufspreis schmälert. Gleichzeitig kann oftmals eine ausreichend hohe Eigenkapitalrendite nur über hohe Verschuldung erzielt werden. Da von vornherein eine hohe Unsicherheit über den späteren Veräußerungsgewinn der Beteiligungen und zugleich ein hohes Risiko des Scheiterns der Private Equity-Gesellschaft selbst besteht, fordern die Anle-ger in Private Equity-Fonds eine sehr hohe Rendite. Die hohen Fremdkapi-talanteile erfüllen zudem eine wichtige Anreizfunktion, da sie eine diszip-linierende Wirkung auf das Management ausüben. Ob die in der Vergan-genheit erzielten, teilweise sehr hohen Renditen tatsächlich allein mit der Höhe des eingegangenen Risikos erklärt werden können, ist derzeit nur schwer zu beurteilen. Ebenso kann nicht abgestritten werden, dass es in Einzelfällen zu einer Überschuldung von mit Private Equity finanzierten Unternehmen gekommen ist".

Seit dem Jahr 2005 und dieser vornehm-zurückhaltenden Beschreibung der Sachlage durch den Sachverständigenrat hat sich die Welt weitergedreht. Nach letzten Meldungen[43] sind Finanzinvestoren in Deutschland an 6.400 Unternehmen beteiligt, zu 80 Prozent handelt es sich dabei um Unterneh-men mit weniger als 100 Mitarbeitern. Es dürfte kein Zweifel mehr beste-hen, dass eine Reihe namhafter und weniger prominenter Unternehmen in

---

[41] Jahresgutachten: 2005/06 „Die Chance nutzen – Reformen mutig voranbringen" Veröffentlicht am 09.11.2005

[42] ebenda, Seite 467

[43] Tagesspiegel 22. März 2010

Deutschland das Opfer eines sogenannten Corporate Raider (Unternehmensplünderer) geworden sind. Erst jüngst wurde man an den Film „Wall Street" von 1987 mit dem undurchsichtigen und in illegalen Geschäften verwickelten Milliardär Gordon Gekko erinnert. Der Regisseur Oliver Stone brachte – aus gegebenem Anlass – kürzlich einen zweiten Teil des Epos in die Kinos. Ein Raider ist ein Finanzinvestor, der eine Mehrheitsbeteiligung an meist börsennotierten Unternehmen erwirbt, um sie anschließend entweder mit Gewinn weiterzuveräußern oder zu zerschlagen, das heißt unprofitable Unternehmensbereiche zu veräußern und ggf. zu liquidieren. In vielen Fällen gab es statt einer eigenkapitalfinanzierten Übernahme des Unternehmens die Finanzierung auf Kredit. Dann werden nach Übernahme die Kredite auf das übernommene Unternehmen übertragen und die Zins- und Tilgungslast muss von dem Unternehmen selbst erwirtschaftet werden. Nach dem Erwerb muss somit der Druck auf die Produktivität, das Management und die Mannschaft stark erhöht werden.

In der Folge stellt sich für alle, die bislang an dem Erfolg des Unternehmens mitgewirkt haben, die existenzielle Frage nach der Zukunft in diesem Unternehmen. Und wirkt sich das auf die Organisation aus? Das OBO wird eine, durch eine (freundliche oder gar feindliche) Übernahme, im Immunsystem geschwächte Firma anfallen, ob man es will oder nicht. Ob es sich ausbreiten kann, liegt dann vor allem in der Hand des – meist erneuerten – Managements.

3 Erste Symptome des Organizational Burnout

Die ersten Anzeichen des Organizational Burnout sind weder von der betroffenen Organisation oder Institution noch von einem externen Analysten zu erkennen. So wenig, wie beispielsweise Diabetes. Diese Krankheit kann jahrzehntelang unbemerkt verlaufen. Die ersten Symptome sind in der Regel schwach ausgeprägt. Nicht einmal die Hälfte der Bluthochdruckerkrankungen wird erkannt – und von diesen wird nur die Hälfte behandelt, weil es sich um eine weitgehend symptomlose, schleichende Erkrankung handelt. Auch Magenkrebs ist sehr tückisch. Dies liegt daran, dass Magenkrebs kaum Symptome aufweist. Die Magenkrebs-Symptome, die im Anfangsstadium auf diese Art Krebserkrankung hinweisen, sind in der Regel nicht gleich ganz eindeutig und somit auch nur schwer vom Patienten als eine solche zu identifizieren.

Für das OBO gibt es weder eindeutige Frühwarnindikatoren noch – und das ist leider schlimmer – die Bereitschaft der Verantwortlichen nach den ersten Symptomen bewusst Ausschau zu halten. Man beobachtet den Markt, man analysiert die internen Zahlen und man hat ein umfassendes Toolset für alle anderen betriebswirtschaftlichen Entwicklungen. Für die Symptome des Organizational Burnout gibt es bislang kein Analyseinstrument und keine Kennziffer.

Weder liest man aus der Bilanz noch aus der G+V oder aus dem Cashflow oder gar aus der Liquiditätslage, wie es um die kulturelle und systemische Widerstandskraft bestellt ist, noch geben die bewährten Kennzahlen der Finanz- oder Leistungswirtschaft des Unternehmens Auskunft über die interne Energiestabilität der Organisation. Was man sieht – wenn man die Zahlen im Zeitverlauf analysiert – ist möglicherweise eine gute und stabile Entwicklung, die in den letzten Jahren nicht mehr ganz so positiv verlief wie gewohnt. Viele rationale Gründe werden in solchen Fällen dafür vom Management angeboten, ohne dass man wirklich die Ursache im Kern trifft. Bislang hat man auch gar nicht daran denken können, dass es einen Organizational Burnout geben kann, selbst wenn es dem Unternehmen finanziell gut geht.

Das Tückische der ersten Symptome des OBO ist, dass sie noch von bisherigen Erfolgen überdeckt werden und allenfalls unbewusst wahrzunehmen sind. Es gibt Irritationen, die aber keine ernsthafte Reaktion auslösen. Diese Irritationen werden zwar instinktiv bemerkt, bleiben aber diffus. Man kann das Gefühl nicht greifen. Natürlich liegt es auch daran, dass unser Management meistens dazu sozialisiert wurde, Gefühlen keine ernsthafte Beachtung zu schenken. Nur Fakten zählen, nicht aber Eindrücke. Vor allem werden Gefühle der Unsicherheit oder Hilflosigkeit unterdrückt. Es bleiben amorphe Irritationen, die nicht wirklich analysiert und eingeordnet werden können.

Solche diffusen aber alarmierenden Irritationen können beispielsweise sein:

- Die Markterfolge bewegen sich in geplanter Erwartung, bescheidene Innovationen werden allerdings vom Markt nicht angenommen.

- Es häufen sich Kundenreklamationen, gerade von Bestandskunden.

- Es zeigt sich eine zunehmende Entfernung des Managements vom Tagesgeschäft.

- Die emotionale Identifikation der Leistungsträger wandelt sich selbstkritisch in professionelle Distanz.

- Besonders hohe Leistungen werden immer notwendiger, um den Standard zu halten, werden aber als besonderer Einsatz nicht anerkannt.

- Die Erfolge führen dazu, dass sich die Incentives und Boni zunehmend unfair zwischen dem Top-Management und den Leistungsträgern auf der mittleren Ebene verteilen.

- Der tatsächliche Wertschöpfungsbeitrag des Inhabers oder des Top-Managements wird geringer und bald nicht mehr intern erkennbar.

- Es finden keine ergebnisoffenen Diskussionen über die Zukunft mehr statt, der Maßstab für die notwendigen Aktivitäten ist die Vergangenheit.

- Die Stärke des Corporate Spirit wandelt sich schleichend zu einer Schwäche, Teamsynergien lösen sich auf.

Im Folgenden sollen die ersten Symptome näher betrachtet werden, um daraus ein Set an Frühindikatoren für Verdachtsfälle des Organizational Burnout abzuleiten.

3.1   Das Unternehmen hatte nachhaltig beachtliche Erfolge

Seit Jahren, niemand erinnert sich mehr an andere Zeiten, wird kontinuierlich ein guter Umsatz mit den Produkten oder Dienstleistungen erzielt, die man im Prinzip immer hergestellt oder gehandelt hat. Man ist erfolgreich und das Business Modell ist tragfähig. Sowohl das Nutzenversprechen wird von der Nachfrage akzeptiert und von dem Unternehmen eingelöst als auch die Architektur der Wertschöpfung ist tragfähig. Ja selbst das Ertragsmodell scheint nachhaltig zu sein. Der Wettbewerb versuchte früher zwar schon einmal, in die angestammten Märkte einzudringen, aber das ist wohl länger her. Der Umsatzplan wird zwar in den letzten Jahren nicht ganz erreicht, möglicherweise hatte man etwas zu ehrgeizig geplant, aber die Marge stimmt. Der Markt hat einen kontinuierlichen Bedarf und braucht genau diese Produkte und Services. Vielleicht ist man sogar in einem teilregulierten Markt, wie zum Beispiel im Pharmahandel oder bei der Briefpost, tätig, der das Geschäftsmodell abstützt.

Nun weiß jedes Management, dass Innovationen notwendiger Bestandteil jeder Zukunftsstrategie sind. So wurde immer mal versucht, mit Innovationen den bekannten Markt weiter zu durchdringen, wohingegen auf die Entwicklung ganz neuer Märkte verzichtet wurde. Leider hat der angestammte Markt das Unternehmen immer nur für die bewährten Produkte und Dienstleistungen erkannt, sodass wirkliche innovative Sprünge ausblieben. Für fundamentale, neue Wege fehlte auch die Zeit. Und wirklich dringend notwendig war es auch nicht, denn der kontinuierliche Erfolg bestätigte im Grunde den bisherigen Weg des Managements.

Rolf Kunisch, der damalige Vorstandsvorsitzende von Beiersdorf, sagte 2001 in einem Interview[44]: *„Wer sich auf seinen Lorbeeren ausruht, trägt sie an der falschen Stelle. Das ist die größte Gefahr des Erfolges, dass deine Risikobereitschaft abnimmt, auch mal neue Wege zu gehen, dass du träge wirst"*.

Tatsächlich ist hinsichtlich eines Organizational Burnout nichts gefährlicher als der anhaltende Erfolg. Erfolg, der selbstverständlich geworden ist, lullt die innovativen Kräfte ein und macht schläfrig gegenüber dem Wettbewerb. Zugleich frustriert der immer während Erfolg den Nachwuchs, denn alle neuen Ideen zum Business Modell scheitern am Erfolg des Bewährten.

Allerdings: Erfolg macht nicht nur angenehm träge, man braucht auch für den gleichen Erfolg nach und nach mehr Energie. Die Organisation oder Institution muss sich zunehmend mehr anspannen, um auf die Vorjahreswerte zu kommen. Das liegt daran, dass sich die Energien der Organisation aus den steigenden Erfolgen speisen. Es ist ein wenig so wie bei einer Drogenabhängigkeit. Die jeweiligen Dosen müssen leicht erhöht werden, um den gleichen Rausch zu erleben. Und eine träger werdende Organisation oder Institution braucht immer etwas mehr Input, um den notwendigen, gleichen Output zu erzeugen. Zunächst ist es kaum bemerkbar, aber nach einigen Jahren erschöpft sich die Organisation oder Institution zunehmend.

Die Erfolgsträgheit ist eines der kritischen Symptome, die es zu beachten gilt, wenn man eine Organisation oder Institution hinsichtlich des OBO analysieren will.

Welche Fakten sollte man als externer Analyst oder Beobachter kritisch analysieren?

- Ist die Organisation oder Institution bereits mehr als zehn Jahre im Markt?

- Ist das Management bzw. der Eigentümer seit mehr als zehn Jahren dabei?

---

[44] DIE WELT, 28. Juli 2001

■ Ist das Geschäftsmodell durch Regulationen geschützt?

■ Gab es in den letzten Jahren Ansätze zur Produkt- oder Marktinnovation?

■ Sind die finanziellen Eckdaten kontinuierlich gesund, aber ohne Aufwärtstrend?

■ Sind die Inputfaktoren bei gleichem Output kontinuierlich gestiegen?

■ Wenn es ein Wachstum der Erlöse gab, in welcher Relation dazu wuchsen die Kosten?

■ Waren die Ausschüttungen an die Führung hoch und steigend?

■ Ist die Altersstruktur der Leistungsträger zukunftsfähig?

■ Ist die Organisation oder Institution für Verbesserungsvorschläge offen?

So schön es ist, im warmen Wasser des Erfolges zu baden, die Gefahr, dabei unterzugehen, nimmt ständig zu.

3.2 Erfolge erlauben Luxus und Luxus frustriert

Vielleicht ist Luxus ein provokatives Wort für die Annehmlichkeiten, die sich das Topmanagement leistet, zumal sich der Maßstab für Luxus mit dem beruflichen und somit finanziellen Aufstieg verändert. Wer an der Spitze angekommen ist, weiß, dass es nichts geschenkt gibt und alles hart erarbeitet wurde. Wer noch nicht zur Spitze gehört oder auch nie gehören wird, sieht das anders. Man kann einerseits die Meinung vertreten, dass jeder sein Chance habe sich an die luxuriöse Spitze zu arbeiten; man könnte aber auch der Meinung sein, dass ein – im Vergleich zu dem durchschnittlichen Einkommen der Mitarbeiter – 140fach höheres Jahresgehalt für einen angestellten Vorstand nicht angemessen sei. Letztlich wird das Geld der Aktionäre verausgabt. Sicher ist ein anderer Blick auf Unternehmensführungen zu richten, denen das Unternehmen selbst gehört und die letztlich mit dem persönlichen Vermögen haften. Wie sehen das die Mitarbeiter?

Der Jagdausflug des Top-Managements nach Afrika mit Kunden und Ehefrauen, die Reise zur Oscar-Preisverleihung mit der ganzen Familie oder die Top-Meetings an stets anderen, aber immer exklusiven Orten führen zunehmend zum Zynismus der Mitarbeiter. Wenn im Kleinen gespart und im Großen verschwendet wird, dann verflüchtigt sich die Motivation. Hier geht es nicht um Sozialneid, sondern um die Frage, wie weit sich eigentlich das Management vom operativen Tagesgeschäft entfernt. Wenn die operativen Leistungsträger des Unternehmens den Eindruck gewinnen, dass „die da oben" so abgehoben haben, dass sie von der operativen Ebene nichts mehr mitbekommen, dann hat die Organisation ein ernstes Problem. Tatsächlich aber merken „die da oben" nichts davon.

Zu einem Skandal wurde der Kauf eines Firmenjets für 50 Millionen US-Dollar durch den Vorstand der mit staatlichen Milliardenspritzen gestützten US-Großbank Citigroup im Januar 2009 auf dem Höhepunkt der Finanzkrise. Der Vorstand hatte auch eine Erklärung zur Hand; man habe bereits 2005 den Firmenjet bestellt und eine Stornierung würde eine Vertragsstrafe von mehreren Millionen US-Dollar verursachen. Für den Kauf selbst würden auch keine Steuergelder verwendet. Jedenfalls reiste das Management mit dem exklusiven Fluggerät nach Washington, um dann Milliardenhilfen des Staates zu verlangen. Dieser dickfellige und maßlose Hang zum demonstrativen Luxus ist dort sogar so ausgeprägt, dass genau dieses Management im Februar 2010 zum „World Economic Forum" nach Davos mit dem eigenen Firmenjet anreiste. Das Motto der Konferenz war übrigens: „Improve the state of the world: rethink, redesign, rebuild."

Es geht aber nicht nur um das Luxusleben der wenigen zehntausend Firmenchefs, die weltweit glauben, auf Augenhöhe reisen, leben und genießen zu müssen, sondern es geht hier gerade um den Luxus im Kleinen. Es wäre, so erklärte ich kürzlich dem Eigentümer eines süddeutschen Handelshauses in der Krise, eine fatale Botschaft an die Mannschaft, wenn der wirklich nach zehn Jahren notwendige neue Firmenwagen ein S-Klasse-Modell sein müsste, nachdem im Jahr zuvor die Liquiditätssituation noch so angespannt war, dass extreme Sparanstrengungen gerade bei den Personalkosten zwingend waren. Er hat es dann eingesehen, trauert aber – glaube ich – bis heute um das Luxusauto.

Viele, eigentlich alle, Chefs sind sich nicht bewusst, wie sehr sie unter sozialer Beobachtung stehen. Gerade der Erfolg früherer Jahre, so sind sie der festen Überzeugung, rechtfertige doch ein paar Annehmlichkeiten auf ihrer

Ebene. Aber so sehen das die Mitarbeiter nicht. Bei allem Respekt der Mitarbeiter für ihre Firmengründer und Inhaber werden die Leistungsträger des mittleren Managements und operativen Kräfte das Verhalten der Firmenspitze auch vor dem Hintergrund der eigenen, sozialen Situation und vor allem der finanziellen Situation der Firma beurteilen.

Stimmen eigentlich Chancengerechtigkeit und Verteilungsgerechtigkeit in der Unternehmung noch überein? Wenn beides aus der Balance gerät, dann werden mentale Vorbehalte der Mannschaft gegenüber der Spitze wie ein Treibanker wirken und das Engagement der Beschäftigten bremsen.

Unangemessener Luxus ist ein weiteres der wichtigen Symptome, die es zu beurteilen gilt, wenn man eine Organisation oder Institution hinsichtlich des OBO analysieren will.

Welche Fakten sollte man als externer Analyst oder Beobachter analysieren?

- ■ Stimmen Ausstattung und Auftritt der Spitzenmannschaft mit der finanziellen und sozialen Situation der Organisation oder Institution überein?

- ■ Sind die gegenseitige Wertschätzung und der Respekt zwischen der operativen und der dispositiven Ebene in einem vertretbaren Gleichgewicht?

- ■ Gibt es Anzeichen für Sozialzynismus der operativen Ebene?

- ■ Gab es bereits strittige Diskussionen über Kosteneinsparungen vor dem Hintergrund von Luxus-Incentives auf oberster Ebene?

- ■ Sehen die Mitarbeiter die Führungsspitze als Vorbild und als Persönlichkeit, für die sie gerne arbeiten, oder herrscht das Bild vor, dass es sich um Abzocker handele, die sich das schöne Leben nicht verdient haben?

3.3   Die emotionale Bindung im Tagesgeschäft lässt spürbar nach

Die hohe emotionale Bindung und persönliche Identifikation der Beschäftigten auf allen Ebenen mit ihrer Organisation oder Institution ist die stabile Grundlage schlechthin, ein Unternehmen auch einmal durch schwieriges Fahrwasser zu steuern. Im Idealfall machen sich die Beschäftigten auf allen Hierarchiestufen die Unternehmenskultur mental zu Eigen, leben diese Kultur und sind stolz darauf, dazuzugehören.

Es gibt allerdings drei Stufen der Ausprägung der Identifikation:

Erstens: Die Inkorporation. Diese besteht in der unkritischen Übernahme der Unternehmensideen (Basic Beliefs) und allgemeinen Werte des sozialen Systems der Organisation oder Institution. Diese Identifikation ist weder besonders tief, noch würde sie einer kritischen Belastung wirklich standhalten. Sie ist häufig anzutreffen in Großorganisationen mit einer steilen Hierarchie und mit einer großen Zahl operativer Kräfte, für die im Grunde der Arbeitgeber austauschbar ist, z. B. in Infrastruktur- oder Dienstleistungskonzernen.

Zweitens: Die Introjektion. Diese tief emotionale Identifikation ähnelt einem pubertären Internalisieren. Der Beschäftigte tritt entweder radikal begeistert für seine Sache ein oder er lehnt sie brüsk ab. Grund des Ablehnens ist oft ein harmloses Ereignis. Hat zum Beispiel ein Mitarbeiter einen Fehler gemacht und er bekommt vom Vorgesetzten einen kleinen Hinweis, das möge bitte nicht wieder vorkommen, dann schwenkt der Betroffene plötzlich von Begeisterung in Hass um. Wir finden eine beabsichtigte Introjektion beispielsweise in Unternehmensberatungen, Strukturvertrieben von Finanzberatern, in Jugendorganisationen von Parteien, aber auch in der Armee.

Drittens: Die Identifikation. Hierbei handelt es sich um eine ausgewogene Form der inneren Übereinstimmung mit den Zielen und Werten der Organisation oder Institution. Der Mitarbeiter ist belastbar, ohne die Internalisierung aufzukündigen, weil er einen Prozess der klugen Prüfung für sich durchlaufen hat und sich die Überzeugung selbst erarbeiten konnte. Er wurde keiner „Gehirnwäsche" unterzogen, sondern überzeugt und begeistert. Auch wenn die Organisation oder Institution ihn langanhaltend enttäuscht, geht er nicht den Weg in den Hass, sondern in die Gleichgültigkeit, etwa der inneren Kündigung, oder er verlässt die Firma.

Wenn aber die Identifikation der Mitarbeiter nachlässt, dann kann dies viele, auch ganz persönliche, Ursachen haben. Sind es keine organisatorischen Veränderungen, dann liegt es möglicherweise an der persönlichen Enttäuschung gegenüber den selbstgesetzten Ziele, die nicht erreicht werden konnten. Immer aber liegt es auch an der mangelnden oder missverständlichen Kommunikation der Führungsebene. Es ist die erste und wichtigste – und am meisten unterschätzte – Aufgabe der Führungskraft, mit ihrem Team zeitnah, offen und ehrlich zu kommunizieren. Gerade aber bei heraufziehenden Krisen wird das vernachlässigt. Dann bleiben wichtige Fragen offen und wenn diese nicht vom Management beantwortet werden, dann beantwortet sie bald jemand anderes.

Deshalb ist die emotionale Bindung der Mitarbeiter ein wichtiges Symptom, das es zu hinterfragen gilt, wenn man eine Organisation oder Institution hinsichtlich des OBO beurteilen will.

Welche Fakten sollte man hier kritisch betrachten?

- Sind die Mitarbeiter von ihrem Unternehmen, ihrer Organisation oder Institution überzeugt und begeistert oder voller Kritik und Distanz?

- Gibt es einen Betriebsrat und wie ist dessen Selbstverständnis? Ist die Arbeitnehmervertretung ein Teil der Lösung oder ist sie ein Teil des Problems?

- Ist in letzter Zeit vermehrt Personalverlust zu registrieren und wie wird diese Entwicklung begründet?

- Welchen Eindruck haben die Kunden oder Nutzer der Organisation oder Institution von ihren direkten Ansprechpartnern? Wie wirken die Mitarbeiter an der „Kundenschnittstelle" auf ihre Umwelt? Wirken sie gut gelaunt und empfängerorientiert oder betont sachlich bis lustlos?

- Gibt es Internet-Blogs von frustrierten Mitarbeitern?

- Gibt es ein lebendiges betriebliches Vorschlagswesen und einen organisierten Dialog darüber?

■ Gibt es starke Unterschiede zwischen der vertikalen und horizontalen Kommunikationskultur?

3.4 Höchstleistungen werden selbstverständlich

Saisonale oder projektspezifische Organisationsanspannungen liegen in der Natur vieler Geschäftsmodelle. In vielen Organisationen oder Institutionen gibt es temporäre Engpässe oder Belastungen, die über den üblichen Ablauf hinausragen und organisatorisch bewältigt werden müssen. Nicht wenige Mitarbeiter genießen sogar Phasen besonderer Anstrengungen, weil damit die Tagesroutine in den Hintergrund tritt und die persönliche Leistung besonders gefordert wird. Dieser Genuss verflüchtigt sich allerdings, wenn Höchstleistungen zur Routine werden und die Erwartungen des Managements latent unendlich nach oben geschraubt werden. Man kann eine Organisation eine Zeit lang überlasten und man kann die Zeit der Höchstleistung durch Lob, Wertschätzung und monetäre Anerkennung auch ausdehnen – auf Dauer aber nicht.

So wie auch beim persönlichen Burnout-Syndrom stehen am Anfang des Organizational Burnout eine dauerhafte Höchstleistung einer ganzen Organisation und die totale Identifikation der Mannschaft mit dieser (temporären, dann dauerhaften) Herausforderung. Dem oberen Management ist anfangs sehr bewusst, dass höchste Leistung erbracht wurde, um dann aber im Zeitverlauf durch immer weitere erfolgreiche Anspannungen der Organisation zu der Überzeugung zu gelangen: „Geht doch!" Waren zunächst Anerkennungen, Boni und Incentives das Zuckerbrot, mit dem höhere Leistung erbeten oder gewürdigt wurde, so nutzen sich diese Instrumente nicht nur ab, sondern es erschöpfen sich auch irgendwann die Möglichkeiten der Führung, weiteres Zuckerbrot zu generieren. In der Folge werden dann die Maßstäbe einseitig vom Management verändert. Was gestern noch als anerkennenswerte Sonderleistung galt, wird heute selbstverständlich. Was gestern noch niemand zu verlangen wagte, ist heute das Maß der Zielvorgaben. Man rechtfertigt es mit dem Diktat des Wettbewerbs, denn die Zeiten sind härter und so weiter. Die Mitarbeiter fühlen sich ausgepowert, unverstanden und resignieren.

Nun meint zwar Reinhard Sprenger, der Wunsch nach Anerkennung, Lob und Wertschätzung von Mitarbeitern gehe gegen unendlich. Er hat den Mythos Motivation[45] versucht zu demaskieren, weil die Beschäftigten der Überzeugung seien, erst käme das Lob und dann die Leistung. Und wer ständig fehlende Motivation beklage, zeige damit vor allem seine intrinsische Abhängigkeit von dieser Droge. Dennoch: Niemand arbeitet nur für Geld allein! Wenn nach Höchstleistungen keine Anerkennung folgt, wenn von einer Organisation verlangt wird, immer auf Hochtouren zu laufen, dann muss der „Motor" entweder nachgerüstet werden oder er wird heiß laufen und ausglühen.

Wenn ich als Berater das erste Mal eine Organisation oder Institution betrete, dann stellt sich innerhalb kürzester Zeit für mich heraus, ob ich in ein Unternehmen freudiger Anspannung oder verbissener Anstrengung gekommen bin. Es sind die Kleinigkeiten: das Aussehen der Sozialräume, die Ordnung im Lager, der Zustand der Serverräume, der Umgang der Kollegen miteinander auf dem Flur und in den Kaffeeecken. Wie sieht das Chefsekretariat aus und wie alt sind die Auslagen im Wartebereich? Viele Details zeigen mir, ob hier miteinander an einem Strang in die gleiche Richtung gezogen wird oder ob man das richtige Maß für einen geordneten Ablauf und für umsichtiges Handeln verloren hat. Es spielt keine Rolle, ob das Unternehmen jung oder alt, groß oder nur klein ist, sondern ob die Materie, das Arbeitsvolumen und das Geschäftsmodell beherrscht werden oder ob man von der Hektik der Überforderung beherrscht wird.

Das Level des diskontinuierlichen, organisationalen Anspannungsgrades und der personalpolitische Umgang mit schwankenden Leistungskurven ist ein bedeutendes Symptom, das untersucht werden muss, wenn man eine Organisation oder Institution hinsichtlich des OBO betrachtet.

Welche Fakten sollte man hier kritisch analysieren?

■ Unterliegt die Organisation oder Institution regelmäßig saisonalen Wechseln des Anspannungsgrades und sind die Ressourcen und ist die personalwirtschaftliche Organisation atmend darauf ausgerichtet?

---

[45] Sprenger, R, (2009) „Mythos Motivation. Wege aus einer Sackgasse", Frankfurt

■ Empfinden sich die Beschäftigten in ihrem Engagement eher gewürdigt
oder eher ausgebeutet?

■ Wie hoch ist die Bereitschaft der Leistungsträger, kontinuierlich organisatorische Lücken der Arbeitsvorbereitung, die Schwankungen des Ar-
beitsvolumens oder immer wieder fehlende Personalressourcen auszugleichen?

■ Gibt es eine im Branchenvergleich auffällige Krankenquote oder gar
Absentismus?

■ Welchen Eindruck vermittelt die Organisation oder Institution hinsichtlich der Ordnung in der Produktion und in den Büros? Herrscht hier
spontan-kreatives Chaos einer temporären Überlastung oder seit Langem geduldete Unordnung, die bereits Staub angesetzt hat?

3.5   Leistung und Incentives werden mit zweierlei Maß gemessen

Als Coach des Managements einer größeren, mittelständischen Firma in der
Pharmabranche wurde ich Zeuge einer interessanten Diskussion der Geschäftsführung. Es ging darum, wie man „der Belegschaft in angemessener
Weise Anteil an dem exzellenten Jahresabschluss verschaffen solle". Einen
verbrieften Anspruch gab es nicht. Das Unternehmen hatte immerhin einen
EBIT-Zuwachs von 18 Prozent erzielt, den höchsten Umsatz der letzten Jahre
erreicht – und das in einem durchaus schwierigen Markt. Das erste Argu-
ment war bedenkenschwer: Ob man nicht mit einem einmaligen Bonus an
alle Beschäftigten problematische Maßstäbe für die Zukunft setze? Oder ob
es nicht ein falsches Signal sei, da man ja auch bei dem Bereich Logistik die
eine oder andere Einsparung durchsetzen müsse? Man einigte sich schließlich auf eine pauschale Lösung von einmalig brutto 300 Euro, begleitet von
einem allgemeinen, netten Brief des Chefs. Die Gesamtsumme betrug immerhin drei Prozent des EBIT. Übrigens hatte sich das Management in der
Sitzung davor bereits verständigt, dass die Ausschüttungen an die Geschäftsführung in diesem Jahr – entsprechend dem unerwartet guten Geschäftsab-
schlusses – etwas großzügiger ausfallen werde, aber durchaus ein Drittel des
Ergebnisses in die Rückstellungen gelegt werden solle.

Das Handelsblatt[46] meldete: *„Die Gehälter von deutschen Aufsichtsräten sind seit dem Jahr 1999 um bis zu 425 Prozent gestiegen. Im Durchschnitt der 30 Dax-Konzerne legten die Gehälter der Kontrolleure um 52 Prozent zu. Da konnten selbst die viel gescholtenen Vorstände nicht mithalten. Ihre Vergütungen kletterten nur um 35 Prozent. Eine Etage darunter, bei den leitenden Angestellten, ist seit Jahren Stillstand angesagt. Die Aufschläge gleichen gerade mal die Inflation aus".*

Es gibt beliebig viele Beispiele für die kaum nachvollziehbare Fähigkeit von Spitzenmanagern, bei der Bemessung für Incentives mit absolut verschiedenen Maßstäben zu messen. Für Vorstände und für deren Aufsichtsräte gelten andere Regeln als für die Leistungsträger der mittleren Ebene, geschweige denn für die operativen Kräfte. Das ist unter den Umständen nachvollziehbar, wenn dem auch ein persönlich haftendes Risiko gegenübersteht, nicht aber, wenn es sich um ein angestelltes Management handelt, das den Maßstab für Leistungsgerechtigkeit verloren hat.

Solange solche Vorgänge vertraulich blieben, gäbe es weder ein Image- noch ein Führungsproblem. Auf geheimnisvolle wie berechenbare Art und Weise aber gelangen gerade solche Vorgänge an die interne, sehr interessierte Öffentlichkeit, in Aktiengesellschaften sowieso. Wenn von der operativen Ebene der objektive Leistungsbeitrag zu Erfolg und Wertschöpfung, vielleicht sogar zu entscheidenden Markt-, Produkt- oder Verfahrensinnovationen, subjektiv als erbärmlich incentiviert angesehen wird, gerade im Vergleich zu den möglicherweise abenteuerlichen Boni für die „Belle Etage", dann hat die Organisation oder Institution ein Problem.

Eine Organisation oder Institution, deren Leistungs- oder Meinungsführer Frustration vor sich herschieben, kann in der nächsten Periode bereits geschwächt sein und auf Dauer in eine Abwärtsspirale geraten. Damit wird sie angreifbar für einen Organizational Burnout.

Das objektive und subjektive Verhältnis von Leistung und Gegenleistung auf der obersten Ebene und auf den nachgeordneten Ebenen ist ein besonders kritisches Symptom, das untersucht werden muss, wenn man bei einer Organisation oder Institution einen OBO vermutet.

---

[46] (8. April 2010)

Welche Fakten sollte man hier kritisch analysieren?

■ Wurden Erfolge in angemessener Weise mit der Mannschaft geteilt?

■ Gibt es ein gerechtes Incentivesystem, das mit den Beschäftigten fair vereinbart wurde?

■ Wird im „Flurfunk" über ungerechte oder unfaire Selbstbedienung der Unternehmensspitze geredet?

■ Hat sich das Top-Management im Branchenvergleich herausragend incentiviert?

■ Gibt es in diesem Zusammenhang eine kritische Stimmung der Mannschaft und ist diese objektiv nachvollziehbar, oder handelt es sich eher um interessengerichtete Stimmungsmache?

■ Handelt es sich um einen einmaligen Vorgang oder um ein übliches und bereits früher kritisiertes Verhalten?

3.6   Anspruch und Wirklichkeit der Leistung der Führungskräfte werden unglaubwürdig

Führungskompetenz und -akzeptanz können heute nicht von der Position oder der Eigentümerschaft abgeleitet werden, sondern müssen sich immer wieder verdient werden. Mitarbeiter wollen geführt werden und sich auf die Führung verlassen können. Vorgesetzte wollen führen und sie erwarten, dass die Mitarbeiter tun, was angeordnet oder vereinbart wurde. Nun ist das psychologische Verhältnis zwischen der Führungskraft und dem Geführten nicht so einfach. In der Führungspsychologie wurden die verschiedenen Aspekte der psychologischen Hintergründe von Führung untersucht.

Lukascyk[47] unterscheidet beispielsweise folgende vier Variablen, die miteinander in Beziehung stehen und als Wegbereiter der führungsbezogenen Interaktionstheorie gelten:

- die Persönlichkeitsstruktur der Führungskraft – einschließlich ihrer angeborenen Begabungen und Fähigkeiten, als auch ihre individuellen Erfahrungen;

- die Persönlichkeiten der Geführten, einschließlich deren individueller Einstellungen, Erwartungen und Bedürfnisse in Bezug auf den Führenden, als auch auf die Situation;

- die Gruppe, als ein differenziertes und integriertes System von Status-Rollen-Beziehungen und von gemeinsamen Gruppennormen;

- die Situation, in der sich Führungskraft und Gruppe befinden. Hierzu gehören die Art und Weise der zu bewältigenden Aufgabe, das Gruppenziel und sonstige äußere Bedingungen.

Führung will nicht nur gelernt sein – und nach meiner Beobachtung sind auch tüchtige Mitarbeiter mit plötzlichen übertragenen Führungsaufgaben überfordert, aber oft auch wenig vorbereitet –, sondern geführt werden muss auch akzeptiert sein. Mitarbeiter, die ihren Vorgesetzten fachlich für inkompetent, menschlich für charakterschwach und kommunikativ für nichtssagend halten, können und wollen schon aus nachvollziehbarem Selbstwertgefühl von dieser Person nicht geführt werden, auch wenn man sich seine Chefs nur selten aussuchen kann.

Alle Menschen – auch Führungskräfte – machen Fehler, denn Menschen sind nicht perfekt. Mitarbeiter erwarten aber – und da drängt sich ein Vergleich mit dem Verhältnis von heranwachsenden Kindern zu ihren Eltern auf – Perfektion. Dieser Erwartung wollen Führungskräfte gerecht werden und sie verhalten sich so, als wenn sie ohne Fehler wären. Eine solch grobe Selbstüberschätzung führt letztlich zu Arroganz und einem Stillstand an persönlichem und unternehmerischem Wachstum. Fehler werden vertuscht, delegiert oder einfach negiert.

---

[47] Lukascyk, K.(1960) Zur Theorie der Führer-Rolle, in: Psychologische Rundschau, 11. Jg., S. 179-188

Zunächst und ursprünglich war in einer Organisation oder Institution die Führungsspitze vor den Mitarbeitern vorhanden. Der Gründer, der seine ersten Beschäftigten einstellte, der Amtspräsident der ersten Stunde, der seine Mannschaft zusammenstellte oder der Niederlassungsleiter, der eine neue Regionalorganisation aufbaute. Somit wurde von der Spitze der ersten Stunde die Führungskultur vorgelebt und weitergegeben. Nun sind das die jungen Organisationen oder Institutionen, von denen wir schon feststellten, dass sich ein OBO hier nicht einnisten wird. Aber in der Regel haben wir es ja heute mit reifen Organisationen zu tun, die in der Mitarbeiterstruktur unterschiedlich sind und deren Mitarbeiter bereits andernorts Erfahrungen mit Führungsstilen gesammelt haben. Mitarbeiter beobachten ihre Vorgesetzten sehr genau, analysieren deren Tageslaunen, schließen aus Verhalten, Kommunikation und Prioritätensetzung auf deren wahre Absichten und wollen daraus Sicherheit ableiten, auf dem richtigen Weg zu sein.

Was passiert aber mit obersten Führungskräften, die durch Misserfolge selbst verunsichert sind und nicht wissen, ob sie in der Lage sind die von ihnen (selbst) erwartete Leistung zu bringen? Woher bekommen sie ihre Selbstbestätigung? Die Einsamkeit an der Spitze ist ein Privileg und eine Last zugleich. Ein Privileg, weil man sich nur gegenüber sich selbst zu rechtfertigen hat, wenn das Leistungsniveau nachlässt; eine Last, weil man mit niemandem in der Organisation darüber offen sprechen kann und ebenbürtige Partner außerhalb der Unternehmung fehlen. Selbst der Partner zu Hause ist nicht immer ein wirklicher Gesprächspartner auf Augenhöhe. Damit aber finden zweifelnde Spitzenkräfte selten einen angemessenen Weg aus einer herausfordernden Situation. Vielleicht sind sie auch einfach verbraucht, alt und schwach geworden; können Konflikte und Herausforderungen nicht mehr einfach wegstecken.

Diese intrinsische Verzweiflung bleibt nicht unbemerkt. Das Management auf der nächsten Ebene, relativ dicht an der Führungsspitze, merkt es als Erstes. Der Anspruch der obersten Führung hinsichtlich Leistung, Engagement, Anwesenheit und Erfolg an die nächste und übernächste Ebene wird nicht (mehr) vorgelebt. Der Chef stellt sich kaum noch seinen persönlichen Aufgaben, kommt immer später, geht immer früher, ist immer häufiger auf Reisen, erledigt mehr die Aufgaben von zu Hause aus oder unterwegs und die herausfordernden Fragen und Anregungen werden seltener. Die nächste Ebene wird den Mangel zunächst und in gewohnter Loyalität ausgleichen, aber sie sieht es zunehmend als Flucht vor der Verantwortung und den Härten des Tagesgeschäftes. Für das mittlere Management tut sich ein Loyalitätskonflikt auf.

Wenn in der Organisation oder Institution die Abwesenheit und Führungsabstinenz der Führungsspitze zu einem zunehmenden Thema wird, dann muss hinterfragt werden, ob dies ein Symptom für ein – von oben beginnendes – Organizational Burnout ist.

Welche Fakten sollte man als externer Analyst oder Beobachter hier objektiv analysieren?

■ Wer führt die Organisation oder Institution im täglichen Geschäft, die Unternehmensspitze oder das Mittelmanagement?

■ Gibt es in der operativen Ebene Zweifel an der Führungsstärke des obersten Chefs bzw. Inhabers und woraus nähren sich die Zweifel?

■ Welchen Eindruck erhält man aus Gesprächen mit der Führungsspitze? Ist das Selbstbild angemessen selbstbewusst oder werden Bedrohungen von allen Seiten gesehen?

■ Welchen direkten Wertschöpfungsbeitrag kann man der Spitze zurechnen?

■ Ist das persönliche Verhalten des Chefs Tagesgespräch der Mitarbeiter?

3.7 Erfolge der Vergangenheit sind wichtiger als die Chancen der Zukunft

Wenn nicht nur der ältere Inhaber, sondern auch die erste Führungsebene gerne darüber sprechen, dass früher alles besser war, dann ist es Zeit für eine stufenweise Verjüngung des Führungsteams. Wenn in den Meetings keine wirklich ergebnisoffenen Diskussionen über die Zukunft mehr stattfinden, sondern der Maßstab für die notwendigen Aktivitäten die Vergangenheit ist, dann hat man schon verloren man, weiß es nur noch nicht.

Neue Wege zu sehen und zu gehen ist nicht einfach, denn jeder Neubeginn trägt das Risiko des Scheiterns in sich. Das Bewährte war erfolgreich, das Neue ist ungewiss. Aus der Neuroökonomie[48] wissen wir: Menschen hassen und vermeiden Unsicherheit, insbesondere solange es eine sichere, weil erprobte, Alternative gibt. Menschen – insbesondere Führungskräfte – gehen auch in aller Regel davon aus, dass sie besser als der Durchschnitt einer vergleichbaren Gruppe die Dinge verstehen und dass ihre Einschätzungen zutreffender sind, als es tatsächlich der Fall ist. Zudem gibt es das Phänomen der nachträglichen Rechtfertigung, nämlich dass der Mensch im Nachhinein fest glaubt, immer schon gewusst zu haben, dass es so kommen würde, wie es gekommen ist. Im zunehmenden Alter wird für uns Menschen generell Sicherheit wichtiger als Risiko. Die Risikoneigung nimmt ab, das Sicherheitsbedürfnis nimmt zu. Die älteren Entscheider pflegen eine gediegene Risikoaversion.

Die Entscheidungstheorie beschreibt uns „Risikoaversion" als die Eigenschaft eines Entscheiders, bei der Wahl zwischen mehreren Alternativen mit gleichem Erwartungswert die Alternative mit dem geringsten Risiko bezüglich des Ergebnisses zu bevorzugen.

Eine neuere wissenschaftliche Untersuchung zeigt, dass es im Gehirn sogar einen Zusammenhang zwischen finanzieller Risikobereitschaft und sexueller Stimulation gibt. Junge Männer, denen erotische Bilder gezeigt wurden, waren eher zu riskanten Geschäften bereit als bei Bildern mit bedrohlichen oder neutralen Motiven. Im evolutionären Sinn gebe es für Männer sowohl einen Bedarf nach Geld wie nach Frauen, stellte die Leiterin der Studie, die Finanzwissenschaftlerin Camelia Kuhnen[49] von der Northwestern University im US-Staat Illinois fest. Vielleicht hängt es damit zusammen, dass ein älteres, erfahrenes Management allmählich den „Jagdtrieb" verliert und das Bewährte bewahren will.

---

[48] Als Neuroökonomie bezeichnet man die interdisziplinäre Verknüpfung der Neurowissenschaften mit den Wirtschaftswissenschaften. Zweck ist die Untersuchung des Menschen als Konsument oder Investor in bestimmten wirtschaftlichen Entscheidungssituationen.

[49] Prof. Kuhnen, C., Finanzwissenschaftlerin der Kellogg School of Management an der Northwestern University, Illinois

Nun weiß auch das schlechteste Management, dass man sich (im Gleichtakt mit dem Markt) ständig ändern muss, um zu bleiben, was man ist (nämlich erfolg- und ertragreich). Aber es fehlt in einer ermüdeten Firma einfach an innovativen Impulsen und vor allem an der Energie, diese Impulse zu einem neuen Antrieb umzuwandeln.

Wenn es auf die Fragen über die Zukunft nur Antworten aus der Vergangenheit gibt, dann besteht der Verdacht, dass sich die Organisation oder Institution erschöpft hat und das Organizational Burnout bereits begonnen hat.

Welche Fakten sind hier zu untersuchen?

- ■ Wie innovativ ist die Organisation oder Institution?

- ■ Gibt es Beispiele für abgeblockte Innovationen?

- ■ Argumentieren die Führungskräfte bevorzugt mit Fakten und Erfahrungen aus der Empirie oder suchen sie neutrale, objektive Argumentationslinien?

- ■ Gibt es institutionalisierte Innovationskreise oder ähnliche Einrichtungen bzw. innovationsstimulierende Rituale?

- ■ Wie zukunftsorientiert schätzt sich das Management in der Selbstwahrnehmung ein? Deckt sich diese Analyse mit der Fremdwahrnehmung?

3.8   Teamsynergien lösen sich auf

Das Team, die Allzweckwaffe für alles!? Zu Recht, denn in wachsender Komplexität, bei höherem Leistungsdruck und der Notwendigkeit umfassender Informationen liegt eine Stärke in einem arbeitsteiligen Vorgehen, gerade auch, wenn das Management immer weniger einen Überblick über die Geschehnisse hat und Entscheidungsverantwortung nach unten delegiert. Teamentscheide erweisen sich dann als tendenziell besser, wenn die Mitglieder unterschiedlich sind und unabhängig voneinander urteilen. Aber bei einem hohen Ausmaß an Zusammenhalt im Team entsteht das „GroupThink"-Phänomen, d. h., abweichende Meinungen werden unterdrückt oder gar nicht geäußert. Niemand kann letztlich die Vorteile der

Teamarbeit bestreiten und somit sind die dort entwickelten Synergien eine maßgebliche Stärke gesunder Organisationen oder Institutionen, allerdings schließt Teamarbeit falsche Entscheidungen nicht aus.

Der Teamgeist wird vom Corporate Spirit bestimmt. Ein Team kann sich einem vorherrschenden positiven, dynamischen Corporate Spirit nicht entziehen, aber eben auch nicht von einem morschen, zum Zynismus neigenden Corporate Spirit lösen. Der wunderbare Vorteil von Teamarbeit, gerade wenn verschiedene Erfahrungen, Fähigkeiten oder Nationalitäten zusammenarbeiten, liegt ja im Besonderen in der sich selbstverstärkenden Energie der offenen, positiven und verlässlichen, somit synergetischen Zusammenarbeit. Ein Team ist umso wirksamer, je mehr Stimulans es aus dem Corporate Spirit erfährt. Wenn sich der treibende „Firmengeist" verflüchtigt, dann fehlt den Teams der Bezugspunkt; dann fehlt oft sogar die Antwort auf die Sinnfrage.

Wenn sich bestehende Teams ohne Konsequenzen vor einer Aufgabenerfüllung auflösen bzw. in den Abstimmungen des Vorgehens statt in der Schaffung von Ergebnissen erschöpfen, dann kann das ein Symptom dafür sein, dass das Organizational Burnout begonnen hat. Vor allem, wenn ein solches Verhalten nicht vom Management pönalisiert wird.

Welche Fakten sollte man als externer Analyst oder Beobachter hierzu objektiv analysieren?

- ■ Wie ausgeprägt ist die Bereitschaft der Mitarbeiter, in einem neuen Team mitarbeiten zu wollen?

- ■ Gibt es in der Organisation oder Institution Teams, die bereits „ewig" zusammenarbeiten und bei denen eigentlich keiner mehr genau weiß, was der Auftrag war?

- ■ Werden Aufgaben, die eigentlich typische Managementaufgaben sind, gern an gemischte Teams (Arbeitsgruppen) delegiert?

- ■ Haben sich in letzter Zeit Teams faktisch selbst (durch Untätigkeit) aufgelöst?

Zum Abschluss finden Sie im Folgenden die Symptom-Schnell-Checkliste für die Frage, ob es ernst zu nehmende Hinweise auf ein beginnendes oder gar fortgeschrittenes OBO gibt:

Tabelle 3.1   Frühindikatoren

	JA	NEIN
Wir sind erfolgreich, allerdings nicht besonders innovativ. Unsere stabilen Erlöse erkaufen wir mit steigenden Kosten.		
Unsere Erfolge erlauben uns einen gewissen Luxus auf Augenhöhe. Nicht alle können am Erfolg in gleicher Weise partizipieren.		
Die Fluktuation hat in letzter Zeit zugenommen. Die Einstellung der Leistungsträger ist jetzt kritisch distanziert.		
Bei uns sind Höchstleistungen selbstverständlich. Wer zur Spitze gehören will, muss eben hart arbeiten, das ist doch klar.		
Bei uns können nicht alle das Gleiche verdienen, allerdings: Der Unterschied zum Top-Management ist schon sehr groß.		
Seit einiger Zeit ist die Spitze nicht mehr so präsent, sondern kümmert sich wohl um strategische Fragen. Aber es geht auch so.		
Neue Ideen müssen sich bei uns erst einmal vor dem Hintergrund der bisherigen Erfahrungen einer sorgfältigen Prüfung unterziehen.		
Wir bevorzugen den Teamapproach, auch wenn nicht immer alle Teams zu einem Ergebnis kommen. Manche haben sich aber auch schon aufgelöst.		

4 Typische Phasen der Organizational Burnout-Spirale

Es ist ein Phänomen, aber die Symptome des Organizational Burnout bleiben regelmäßig für lange Zeit unbeachtet. Gerade so wie ein Patient zwar ein Unwohlsein spürt, aber zunächst den sich anschleichenden Symptomen wenig Beachtung schenkt oder schenken will, so erfährt die Unternehmensführung spät, wenn nicht als Letztes, dass im Unternehmen alles nicht mehr so läuft, wie es sollte. Irgendwie hat man es schon gemerkt, dass etwas nicht stimmt, aber es ernst genommen, nein, das hat man nicht.

Das heroische Selbstbild des Managers: „Männer an der Spitze sind immer stark", verstellt den Blick auf erste Anzeichen des Organizational Burnout. Insbesondere weil es eben dort auftritt, wo bis vor Kurzem noch Erfolge gefeiert wurden, Incentives sprudelten und alle für die Ziele des Unternehmens brannten. Auch eine Organisation oder Institution, die brennt, kann ausbrennen.

Sportler müssen nach einem Wettkampf abtrainieren, um wieder in den normalen Rhythmus zu fallen. Unternehmen, die eben noch Höchstleistungen brachten, vergessen das „Abtrainieren" völlig. Es wird so getan, als wäre Höchstleistung alltäglich und bedürfe nicht des erneuten Luftholens.

Im Verlauf des Kapitels können Sie nach jedem Abschnitt selbst testen, ob Ihre Firma oder Ihre Organisation auf dem Weg in das Organizational Burnout ist. Sie werden an Hand der 83 Testfragen eindeutig feststellen können, ob sich bereits ein Organizational Burnout in Ihrem Unternehmen manifestieren konnte oder ob es sich vielleicht nur um vereinzelte Symptome handelt, die zwar unangenehm, aber noch aufzufangen sind.

Wer die prototypischen Phasen eines Organizational Burnout kennt, kann natürlich auch sofort feststellen, ob oder in welchem Grad das eigene Unternehmen oder die eigene Organisationseinheit in der Gefahr steht, in einen OBO-Strudel zu geraten.

In den folgenden Absätzen werden Sie die empirisch typischen OBO-Phasen kennen lernen. Nicht jedes einzelne Symptom ist in dieser Reihenfolge zwingend. Wenn Sie aber in den folgenden Darstellungen immer wieder „Aha-Erlebnisse" des Erkennens haben sollten, dann ist höchste Aufmerksamkeit geboten.

In einem Kreis von Abteilungsleitern eines eigentümergeführten Service-Unternehmens in der Personalberatung stellte ich die typischen OBO-Symptome dar, eigentlich mehr, um den Damen und Herren für ihre tägliche Arbeit mit ihren Kunden ein fundiertes Werkzeug in die Hand zu geben. Plötzlich wurde es sehr still in der Runde. „Sie beschreiben gerade unsere Situation!", bemerkte eine Dame etwas irritiert. Da brach ein bis dahin stabiler Damm; zu nicht geringer Verärgerung des anwesenden Inhabers stimmten nach und nach alle Abteilungsleiter in den klagenden Chor ein. Der Nachmittag endete völlig anders als vorgesehen, aber ein wichtiger Neuanfang war gemacht.

Die im Folgenden beschriebenen 20 Symptome des Organizational Burnout werden nicht immer alle und nicht ausschließlich in dieser Reihenfolge zu beobachten sein. Insbesondere in den Anfängen des Organizational Burnout kann auch der aufmerksame Beobachter noch Zweifel haben, ob tatsächlich nur eine übliche Leistungsschwankung die Organisation oder Institution ergriffen hat oder ob eine nachhaltige Negativspirale ihren Anfang nimmt.

Die Gefahr eines Diagnoseirrtums ist in dieser Phase wenig gefährlich, denn wenn jetzt erste Gegenmaßnahmen ergriffen würden, könnte es kaum schaden. Gefährlich dagegen wäre es, die Frage nach der Möglichkeit eines Organizational Burnout gar nicht zu stellen. „Könnten die beobachteten Einzelphänomene zu dem Bild eines Organizational Burnout im Frühstadium passen oder nicht?", ist die entscheidende Fragestellung. Diese Frage nicht zu stellen ist verantwortungslos, aber leider ist es die Regel. Man verdrängt eben Unbequemes lieber, jedenfalls so lange es geht.

Es handelt sich um insgesamt 20 Symptome in vier – sich überlappenden – Phasen des OBO:

■ Die erste Phase des latenten OBO,

■ die zweite Phase des akuten OBO,

■ die dritte Phase des chronischen und

■ die vierte Phase des letalen OBO.

Wie die Begrifflichkeiten bereits erkennen lassen, ist in den ersten Phasen eine Latenz für einen OBO gegeben, ohne dass sich notwendigerweise das OBO tatsächlich in der Organisation andockt und ausbreitet. Die zweite Phase ist gefährlich, weil im akuten OBO zwar noch nicht die Irreversibilität erreicht ist, aber die „süße Droge" des OBO bereits im Kreislauf der Organisation oder Institution zu wirken beginnt. In der dritten – chronischen – Phase, deren Zeitablauf durchaus über mehrere Perioden gehen kann, finden kulturelle Verkrustungen statt, die aus eigener Kraft nur schwer zu durchbrechen sind, und schließlich tritt die Organisation oder Institution in die vierte, letale Phase des OBO ein. Der soziokulturelle Kommunikationskreislauf stockt, die finanziellen Spielräume werden sehr eng und die Organisation oder Institution verliert alle Immunstärke gegen jeden letzten Todesstoß von außen. Die folgende Grafik zeigt die vier Phasen und deren Symptome im Überblick:

Abbildung 4.1   Die vier Phasen des OBO

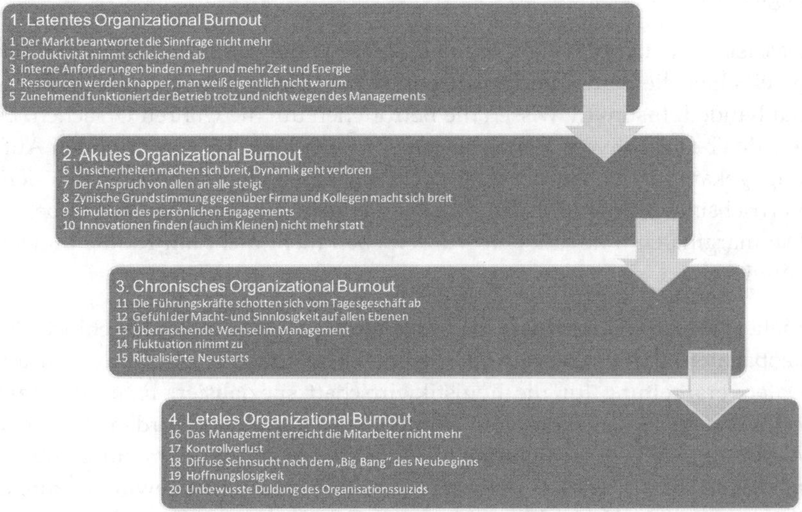

1. Latentes Organizational Burnout
1 Der Markt beantwortet die Sinnfrage nicht mehr
2 Produktivität nimmt schleichend ab
3 Interne Anforderungen binden mehr und mehr Zeit und Energie
4 Ressourcen werden knapper, man weiß eigentlich nicht warum
5 Zunehmend funktioniert der Betrieb trotz und nicht wegen des Managements

2. Akutes Organizational Burnout
6 Unsicherheiten machen sich breit, Dynamik geht verloren
7 Der Anspruch von allen an alle steigt
8 Zynische Grundstimmung gegenüber Firma und Kollegen macht sich breit
9 Simulation des persönlichen Engagements
10 Innovationen finden (auch im Kleinen) nicht mehr statt

3. Chronisches Organizational Burnout
11 Die Führungskräfte schotten sich vom Tagesgeschäft ab
12 Gefühl der Macht- und Sinnlosigkeit auf allen Ebenen
13 Überraschende Wechsel im Management
14 Fluktuation nimmt zu
15 Ritualisierte Neustarts

4. Letales Organizational Burnout
16 Das Management erreicht die Mitarbeiter nicht mehr
17 Kontrollverlust
18 Diffuse Sehnsucht nach dem „Big Bang" des Neubeginns
19 Hoffnungslosigkeit
20 Unbewusste Duldung des Organisationssuizids

4.1   Der Markt beantwortet die Sinnfrage nicht mehr

Es passiert schon einmal, dass der Kunde „Nein" sagt. Jeder im Vertrieb kennt die Situation, dass mehr Anrufe als üblich notwendig sind, um Akquisitionstermine zu bekommen, oder die Folgebestellungen geringer als üblich ausfallen. Das Vertriebscontrolling kann dies normalerweise gut mit branchen- oder saisonüblichen Schwankungen erklären.

In marktfernen Organisationen bleiben möglicherweise politische Erfolge aus, finden Gesetzesinitiativen ohne die Einflussnahme der (Verbands-) Organisation statt oder nehmen die Medien von den Initiativen weniger Notiz.

Wenn aber nahezu systematisch die Markterfolge des Unternehmens bei Neukunden ausbleiben, wenn immer häufiger die Bestandskunden ihre Bestellungen reduzieren oder stornieren, ohne dass tatsächlich eine allgemeine Konjunkturdelle zu beklagen ist, dann ist hohe Aufmerksamkeit geboten. Ebenso, wenn zwar das Basisgeschäft ruhig und normal verläuft, aber auch die kleinsten Produkt- oder Serviceinnovationen vom Markt negiert werden.

Das ist nicht trivial! Nicht wenige Unternehmer oder Manager blenden bereits hier die Symptome aus, wenn es sich um ein Organizational Burnout handelt. Instinktiv wissen die Betroffenen um die wahren Ursachen. Es wurde eben nicht vom Vertriebsteam wirklich mit aller Kraft um den Auftrag gekämpft. Es wurde eben nicht zwischen dem Management, dem Vertriebsinnendienst und dem Außendienst optimal zusammengearbeitet. Die marginalen Innovationen wurden eben nicht dicht am Kundennutzen entwickelt.

Vielleicht wurde unbewusst sogar der Vertriebserfolg intern abgeblockt. So beobachtete ich als Berater bei einem Serviceunternehmen, das sich auf Datenverarbeitung für die Logistikwirtschaft spezialisiert hatte, dass zunehmend viele Angebote vom Wettbewerb gewonnen wurden. Die erste Auskunft lautete, – wenig originell – dass der Wettbewerb mit unglaublich niedrigen Preisen anbiete und man deshalb einfach nicht gewinnen könne. Wir setzten ein Vertriebscoaching ein. Das Ziel war klar umrissen: mit emotionalisierender Begeisterung die Interessenten so sehr für die angebotene Dienstleistung zu überzeugen, dass der Preis nicht mehr die alleinige Wettbewerbsdifferenzierung darstellt. So geschah es! Das 1:1 Coaching fand statt und gegen Ende des Tages kam es zur Schlüsselaussage der gecoachten Vertriebler: „Ja, wenn wir es so machen würden, dann gewinnen wir sehr viel mehr Angebote. Aber dann haben wir ein Riesenproblem, denn dann müssen wir die Aufträge auch abarbeiten! Und wir gehen doch jetzt alle schon auf dem Zahnfleisch!"

Normalerweise können Sie sich bei temporären Auftragsrückgängen zwar nicht entspannen, aber doch auf Ihre gewohnten Instrumente vertrauen, wenn Sie feststellen, dass es sich hierbei „nur" um ein mentales Leistungstief einzelner Verkäufer oder die verdeckte Unzufriedenheit einzelner Kunden handelt.

Ein klarer Hinweis auf das Organizational Burnout allerdings ist es, wenn allein die Tatsache, dass es ungewohnte Negativentwicklung an der Kundenfront gibt, eher beschönigt und verschleiert als aktiv zur Diskussion gestellt wird.

Als Führungskraft sind Sie nahezu hilflos, wenn Sie nicht um die Kernursachen der ausbleibenden Markterfolge wissen. Von den Mitarbeitern an der Vertriebsfront werden Sie im Zweifel nur Teilwahrheiten hören und aus dem Wettbewerbsumfeld nur Zwecknachrichten. Eine hilflose Führungskraft im Vertrieb entlarvt sich allerdings besonders schnell, da zwischen Aktion und messbarem Erfolg die Zeit nur kurz ist.

Viele Vertriebsleiter weichen dem beginnenden Organizational Burnout durch interne Aktivitäten aus. Da werden neue Vertriebsgebiete zugeschnitten oder es werden innovative Incentivesysteme erfunden. In jedem Fall finden immer mehr Meetings und andere kundenferne Aktivitäten statt. Nur wenn von der Vertriebsmannschaft der Vertriebsvorstand bzw. die Vertriebsleitung als „erster Verkäufer an der Front" wahrgenommen wird, bleiben beginnende Organizational-Burnout-Symptome aus.

Bemerkenswert wenige Führungskräfte – seien es Vertriebsleiter, seien es Geschäftsführer – machen sich selbst auf den Weg und sprechen direkt mit den Kunden. Offen gesagt, in meiner Beratungspraxis habe ich es nie erlebt. Erstaunlich, wie viel Energie und Zeit in Desk Research, auf schriftli-

che oder elektronische Kundenbefragungen – vor allem auf deren Vorbe-
reitungen – investiert wird und wie wenig Zeit in den unmittelbaren Kontakt zwischen strategischer Führung und Endkunden fließt. Das ist aber
der einzige Weg, um die Wahrheit zu erfahren! Nur so werden Sie wissen,
ob Sie tatsächlich ein Problem der Wettbewerbsfähigkeit von Leistung oder
Konditionen haben oder ob es sich um ein Phänomen des Organizational
Burnout handelt.

Im Zustand des Organizational Burnout trauen sich in verblüffender Weise, wie unter einem Gruppenzwang, auch die erfolgreichen Verkäufer
nicht mehr, stolz auf ihre Erfolge zu sein. Sie bemerken die Skepsis und
Missgunst ihrer Kollegen. Erfolge werden auch nicht mehr betriebsöffent-
lich gewürdigt, sondern allenfalls als mahnendes Beispiel für die weniger
Erfolgreichen missbraucht. Nach meiner Beobachtung verlieren die erfolgreichen Akquisiteure mit zunehmender „Erfolgsscham" nicht nur einen
wichtigen Teil ihrer Antriebsenergie, sondern sie beginnen, sich für ihren
Erfolg zu rechtfertigen. In den Vertriebs- oder Bereichstreffen stellen dann
die erfolgreichen Kollegen das eigene Licht unter den Scheffel, um sich vor
internem Neid zu schützen. Nicht Markterfolg ist dann die Normalität,
sondern der Nichterfolg die gelebte Realität.

Besonders extrem konnte ich es in einem mittleren Unternehmen der Bau-
elektronik erleben. Der Inhaber selbst leitete das (nur alle drei Monate!)
stattfindende Vertriebstreffen und erklärte jeden neuen Auftrag als „lucky
shot", der sich eben zwar erklären ließe, aber doch die Ausnahme sei. Unglaublich!

TESTFRAGEN:

Sie erleben als Manager Auftragsrückgänge, deren Erklärungen durch
den Vertrieb Sie unbefriedigt lassen?

Sie spüren als Vertriebsverantwortlicher ständig Widerstände der eigenen Organisation, die Sie an Ihrer eigentlichen Aufgabe hindern und
zum Teil auch ärgern?

Der Wettbewerb wird von Ihnen im Stillen dafür bewundert, dass dort
Aufträge gewonnen werden, die bislang eigentlich von Ihrem Unternehmen gewonnen wurden?

> Sie hören zunehmend von Ihren Kollegen, dass der letzte Vertriebserfolg ja wohl nur ein Zufall sein könne?

4.2 Produktivität nimmt schleichend ab

„Nichts ist erfolgreicher als der Erfolg". Wenn diese Lebensweisheit und Lehrsatz des Managements stimmt – und wir alle neigen aus Erfahrung dazu, diesem Lehrsatz zuzustimmen – dann gilt leider auch die Umkehrung: Nichts behindert künftigen Erfolg mehr als der Misserfolg!

Auch wenn sich die Produktivität – nicht nur im öffentlichen Dienst, sondern in nahezu allen dispositiven Unternehmensbereichen – der objektiven Messbarkeit entzieht, so kennen wir ausreichend Indikatoren, die uns die Produktivität – zum Mindesten im Zeitverlauf – vergleichend messen lassen. Wenn also der Output im Vergleich zum Input im Verlauf der Monate zurückgeht, ohne dass es dafür objektive, externe Gründe gibt, die klar zu benennen sind, dann liegt der Verdacht nahe, dass die interne Leistungsbereitschaft zurückgegangen ist.

Das Phänomen rückläufiger Produktivitätskennziffern allein ist noch kein Beweis für ein verdecktes Organizational Burnout. Eine solche Entwicklung kann multikausale Ursachen haben und tritt selbstverständlich immer einmal auf und kann dann auch entsprechend ausgesteuert werden.

Im Fall des beginnenden Organizational Burnout ist meistens auch zu beobachten, dass die nachhaltig rückläufige Produktivität mit immer absurderen Ausreden erklärt wird. Gleich einem Süchtigen, der seine Sucht oder seine Rückfälle immer wieder fantasievoll zu rechtfertigen weiß, werden Legenden aufgebaut oder Erklärungsmuster angeboten, die nach und nach zu einem Selbstläufer werden. Zusätzlich suchen die Leistungsschwachen Solidarität bei anderen Kollegen, die auch Leistungsprobleme haben. Damit kann man die eigenen „Märchen" (beispielsweise von Preisdumping des Wettbewerbs, den dem Vertrieb seit Langem fehlenden Sellingstories oder der allgemeinen Marktlage usw.) mit einer objektiven Glaubwürdigkeit versehen, gegen die das – geschwächte – Management kaum eine Chance hat. So sind wir Menschen eben: Nicht man selbst ist verantwortlich für die fehlenden Erfolge oder Fehler, sondern das System, die Firma, insbesondere die da oben, das Management!

In schwierigen Zeiten besinnen sich die Mitarbeiter auf ihre eigenen, unmittelbaren Interessen. Die Interessen richten sich auf das Überleben in einer geschwächten Organisation. Dieser zeitraubende Selbstschutz ist objektiv möglicherweise völlig unnötig, subjektiv aber wird er als zwingend notwendig empfunden. Nun wird viel Zeit für die persönliche Absicherung eingesetzt werden. Gerade in Konzernstrukturen gehört es zu den Überlebensstrategien der Beschäftigten, sich stets abzusichern („Cover your ass!"). Diese Absicherungsstrategie kostet Zeit – und zwar produktive Zeit; geht also zu Lasten des produktiven Outputs des Unternehmens.

TESTFRAGEN:

Sie stellen zunehmend fest, dass andere immer wieder ihre Ziele verfehlen und dazu Begründungen liefern, die wenig plausibel, aber auch nicht ganz aus der Luft gegriffen erscheinen?

Sie spüren, dass in Ihrem Bereich die Ergebnisse nicht den Erwartungen entsprechen, Sie wissen aber auch, dass die Begründungen, die Sie selbst Ihren Vorgesetzten liefern, nicht wirklich die Erklärung dafür geben?

Die Gesamtproduktivität geht zurück und Sie erhalten von Kollegen Anfragen, ob auch Sie mit dieser oder jener objektiven Schwierigkeit zu kämpfen haben, die kaum zu bewältigen ist?

4.3 Interne Anforderungen binden mehr und mehr Zeit und Energie

Es gibt viele Organisationen oder Institutionen, die laufen wie von selbst, und keiner weiß wirklich, warum. Das sind nicht nur junge Start-ups, bei denen die Identifikation der Mitarbeiter mit den Firmenzielen noch extrem hoch ist. Es sind auch nicht nur die kleinen Mittelständler, bei denen die Entfremdung zwischen der direktiven und operativen Ebene gering ist.

Dagegen gibt es viele Organisationen oder Institutionen, in denen für alle Fälle und seien sie noch so selten, ein Regelwerk, eine Anweisung oder ein genau beschriebener Prozess existiert. Aber dort läuft eigentlich nichts ohne mehrere Iterationen von Aktivitätsschleifen mit Schattenkommunikation und Scheineffektivität. Sie kennen das! Nach jeder Sitzung des Aufsichtsrats, nach jedem Vorstandstreffen, gleich nach dem Abteilungsleiter-Meeting oder nach der internationalen Telefonkonferenz werden neue Berichte angefordert oder eingeführt, Zahlen abverlangt und Listen erfunden. Vielleicht sogar mit Rahmenvorgaben in Excel und in jedem Fall komplex und jeweils – bitte – schnell und umfassend auszufüllen. Mehr und mehr schleicht sich bei Ihnen das Gefühl ein, Ihre Zeit nicht Ihrer „eigentlichen" Aufgabe widmen zu können, sondern ohne Bezug zum eigentlichen Unternehmensziel – oder gar zu Ihrer persönlichen Zielsetzung – Zeit und Energie für immer komplexere interne Berichterstattungen verwenden zu müssen.

Sie erhalten allerdings von den Adressaten des von Ihnen gelieferten Inputs in der Regel kein Feedback. Sie zweifeln nicht nur am Sinn, sondern fragen sich nach und nach, ob eigentlich irgendjemand aus den angeforderten und gelieferten Berichten oder Tabellen Schlüsse zieht oder Aktivitäten ableitet. Sie fragen nach und erhalten die Auskunft, dass man entweder noch auf die letzten Daten warten würde, die wieder irgendjemand noch nicht geliefert habe, oder dass die Leitung die Berichte demnächst besprechen werde oder gerade besprochen habe, aber man über die Ergebnisse leider noch nichts wisse oder sagen könne. Werden Sie dann nicht ärgerlich oder gleichgültig, je nach Temperament?

Sie stellen fest, dass andere nicht immer zeitgerecht die gestellten Anforderungen erfüllen. Sie fragen sich, welche Konsequenzen es hätte, nicht zu liefern und stattdessen auf Nachfrage eine plausible Ausrede zu haben. Sie testen es. Nur halb verwundert stellen Sie fest: Nichts passiert! Vielleicht bekommen Sie einen allgemeinen „reminder" per E-Mail; vielleicht stellen Sie dann doch etwas Material zusammen – nach dem Prinzip des „best effort", was bedeutet, mit dem geringstmöglichen Aufwand formal die Bitte doch noch zu erfüllen.

Was ist die Konsequenz für die Organisation? Einerseits Hyperaktivitäten zur Steuerung und Kontrolle unzähliger interner Prozesse. Gleichzeitig bleibt Nichtleistung ohne Konsequenzen, der Respekt für die Vorgesetzen verliert sich, Eigenoptimierung geht vor Leistungsbeitrag, Vorgesetzte fühlen sich enttäuscht und alleingelassen, sie verdrängen Misserfolge, die Delegation unterbleibt zunehmend wegen der Unzuverlässigkeit der Mitarbeiter. Den Mitarbeitern wird nichts mehr zugetraut und diese verlieren an Motivation. Viel Kontrolle, wenig Ergebnisse. Die Organizational-Burnout-Spirale dreht sich weiter.

TESTFRAGEN:

Sind im Vergleich zu der gleichen Zeit im Vorjahr die internen Berichtsanforderungen spürbar gestiegen?

Erhalten Sie zunehmend keine Auswertungen aus den angeforderten Berichten?

Beobachten Sie bei Ihren Kollegen eine immer weniger versteckte Verweigerungshaltung, diese internen Berichte zeit- und inhaltsgerecht abzugeben?

4.4 Ressourcen werden knapper, man weiß eigentlich nicht warum

In Zeiten besonderer Herausforderungen werden zuerst variable, dann fixe Kosten gespart. Je nach der Durchschnittsmarge eines Unternehmens ist der Erfolgshebel nicht verausgabter Mittel bei gleichem Unternehmenserlös groß bis sehr groß. Beispiel: Erzielt ein produzierendes Unternehmen im Durchschnitt zehn Prozent des Umsatzes als EBIT, dann müsste es bei jeder Kostenerhöhung von 10.000 Euro einen Mehrumsatz von 100.000 Euro erzielen, um den Gesamtertrag konstant zu lassen. Umgekehrt kann ein Unternehmen bei gleichen Umsatzerlösen mit einer Kosteneinsparung ohne Produktivitätseinbußen sofort das EBIT ausbauen. Mit anderen Worten, die Kosten hat man selbst im Griff; die Erlöse werden durch den Markterfolg bestimmt und der ist von vielen Imponderabilien abhängig. Insoweit ist es richtig und legitim, ständig zu suchen, wo und wie in einem funktionierenden Betrieb Kosten erlösneutral einzusparen sind. So weit, so gut.

In dem Zustand eines Organizational Burnout allerdings werden die Ressourcen knapper, obwohl es keine offizielle Kosteneinsparungsmaßnahme gibt. Die ersten Hinweise auf „Ressourcenschwund" gibt es aus der Entwicklung, aus dem Marketing oder aus dem Vertrieb. Da findet beispielsweise ein geplanter Relaunch einer Marke oder einer Produktlinie wegen „Zeitmangels" nicht oder zu spät statt. Da wird diese Broschüre oder jener Internetauftritt nicht fertig. Da werden detailliert geplante Verkaufsinitiativen erfolglos abgebrochen, weil man die gesteckten Ziele bei weitem verfehlen wird. Überall fehlen die Ressourcen, obwohl tatsächlich weder Personalabbau noch eine bewusste Kostenreduktion stattgefunden haben.

Wo sind die Ressourcen geblieben? Die Zeit- und Geldmittel wurden bei internen Abstimmungsrunden, ineffektiven Prozessen und vor allem durch Demotivation und Scheinaktivitäten verschwendet. Nur wenigen Beschäftigten ist wirklich bewusst, was eine ihrer Arbeitsstunden an Vollkosten verursacht. Die „Rüst- und Versatzzeiten", wie die leeren, unproduktiven Arbeitszeiten von Arbeitswissenschaftlern genannt werden, nehmen beim Organizational Burnout überhand. Das ist naheliegend, denn die Beschäftigten brauchen ja ungleich mehr Zeit, um vor sich selbst und vor anderen ihre Unproduktivität zu rechtfertigen. Dabei liegt es aber gar nicht in ihrem Verschulden. Sie können buchstäblich nichts dafür, sondern sie reagieren nur darauf, dass alle unter der Last des Organizational Burnout leiden, ohne sich dessen bewusst zu sein.

Ein weiteres Phänomen verschlingt Ressourcen ohne Ende: die Kraft der Gewohnheitsrituale. Im Alltag handeln wir in relativer Sicherheit und Ruhe, weil wir Gewohnheiten, Ritualen und Routinen folgen. Unser Gehirn will von Natur aus immer Energie sparen und konzentriert seine Kraft auf die wesentlichen Entscheidungen. Bei den tausend kleinen, alltäglichen Handlungen lässt uns das Gehirn nicht nachdenken, sondern wir handeln automatisch. Das hat normalerweise viele Vorteile. Entstanden sind diese Gewohnheitsrituale aus der Erfahrung, dass wir die alltäglichen Aufgaben schnell und richtig erledigen. (Im Kapitel 8.6 wird erläutert, wie Rituale in der OBO-Therapie nutzbringend eingesetzt werden können.)

In der Situation des Organizational Burnout hat sich die Welt des Unternehmens oder der Organisation bereits verändert, aber die Gewohnheitsrituale finden noch immer so statt, wie es eben immer war. Menschen blenden Risiken, Unsicherheit und unangenehme Veränderungen zunächst aus. Ungewohntes erzeugt Widerstand. Das Trägheitsmoment des Einzelnen ist ausgeprägt, die kollektive Unbeweglichkeit geht im Extremfall bis zur Schock- oder Angststarre.

Wenn sich nunmehr das Unternehmen veränderten Bedingungen anpassen muss, wenn beispielsweise das Management neue Prozesse oder innovative Organisationsstrukturen als Reaktion auf die oben geschilderten Organizational-Burnout-Phänomene einführen will, dann verschlingt der offene und versteckte Widerstand ungeheuer viele Ressourcen.

Dabei ist es unerheblich, ob die Mitarbeiter die Ressourcen durch sichtbare Gegenwehr oder durch intrinsische Demotivation verschwenden, weg ist weg. Die Organizational-Burnout-Spirale dreht sich schneller.

TESTFRAGEN:

Nimmt der Zeitdruck merklich zu? Erreichen Sie im Gegensatz zu früher Ihr Pensum kaum noch, obwohl Sie am Ende des Tages oft nicht wissen, was Sie eigentlich geschafft haben?

Beobachten Sie zunehmend, dass Ihnen das geplante Budget nicht reicht?

Kommen Ihre Mitarbeiter immer wieder klagend zu Ihnen, weil andere Bereiche nicht zeitgerecht zuliefern?

Blieben in jüngster Zeit immer wieder wichtige Projekte auf der Strecke, die geplant und zugesagt wurden?

Werden zunehmend Termine – vom Management geduldet – nicht eingehalten?

4.5 Zunehmend funktioniert der Betrieb trotz und nicht wegen des Managements

Ein Orchester wird nicht ohne Dirigenten auftreten. Ein Schiff wird nicht ohne Kapitän den Hafen verlassen. Klare Strukturen und strenge Hierarchie stehen hier nicht im Widerspruch zu hoher Leistung und Motivation. Und in Unternehmen, in Organisationen oder Institutionen? Auch hier ist Führung notwendig und entscheidet über Erfolg oder Nichterfolg der Firma oder der Organisation. Bibliotheken sind mit Büchern über Führung und Management gefüllt worden. Es ist hier nicht unser Thema, wie ein Unternehmen wirksam geführt werden soll. Sehr wohl ist es aber das Thema, ob Führung stattfindet, die Mitarbeiter die Führung respektieren und der Führung folgen.

Wenn der Dirigent kein Konzept für die Interpretation eines Musikwerkes hätte oder gar unmusikalisch wäre, wenn der Kapitän kein Kapitänspatent für „Große Fahrt" hätte oder krank würde, dann würde der Konzertmeister im Orchester bzw. der Erste Offizier auf dem Schiff selbst organisiert dafür sorgen, dass die Aufführung stattfindet bzw. das Schiff den nächsten Hafen erreichen kann.

Führung ist keine Frage der Sympathie, sondern Führung wird anerkannt, wenn sie kompetent und wirksam stattfindet. Die meisten Mitarbeiter könnten ihr Unternehmen nicht selbst führen – auch wenn sie gelegentlich dieser Meinung sind –, aber sie wissen sehr genau, ob ihr Unternehmen geführt wird. Wer als Vorgesetzter nicht weiß, wohin er will, der kann seinen Mitarbeitern auch keine Ziele vorgeben und der kann schon gar nicht bei schwerem Wetter den Kurs halten. Hilflose Vorgesetzte verlieren erst das Vertrauen und dann den Respekt der Mitarbeiter. In marktnahen Unternehmen wollen die Beschäftigten in jedem Fall nach außen das Gesicht wahren und sie werden nach bestem Wissen und Gewissen die Prozesse in Gang halten, auch gegen den Widerstand der Organisation.

Sie werden es schon erlebt haben: Sie stehen nach außen für das Unternehmen ein und puffern die Beschwerden der Kunden ab. Selbst intern werden Sie versuchen, auf der gleichen Kommunikationsebene Ihre Kollegen dafür zu gewinnen, solidarisch die notwendige Leistung zu bringen, um „den Laden am Laufen zu halten". Gerade Konzerne oder öffentliche Einrichtungen scheinen auf diese Weise lange gut zu laufen, auch wenn sich im Vorstand mal wieder die Kräfte unternehmenspolitisch paralysieren oder beispielsweise M&A-Pläne die ganze Kraft des Top-Managements binden. Hochleistungen, Innovationen und Wachstum sind in dieser Situation nicht zu erwarten. Das Unternehmen liefert scheinbar und nach den Zahlen eine kontinuierliche Performance, tatsächlich aber geht das Unternehmen bereits unter – es weiß es nur noch nicht.

In marktfernen Organisationen oder Institutionen sieht es anders aus. In öffentlichen Einrichtungen, politischen Organisationen oder vom Wettbewerb abgeschotteten Unternehmen ist der Ehrgeiz der Beschäftigten weniger darauf gerichtet, dem Nutzer gegenüber das Gesicht zu wahren und den Leistungsstandard aufrechtzuerhalten, als vielmehr selbst im steten politischen Evolutionsprozess zu überleben bzw. aufzusteigen. Die Krankenquote im öffentlichen Dienst ist stets mit am höchsten[50] und die Chancen, allein durch Leistung erfolgreich zu sein und Karriere zu machen, sind naturgemäß gering. Umso mehr besteht die Gefahr des Organizational Burnout durch fehlende Führung.

Wo sich Leistung nicht wirklich lohnt, wird Leistung auch nicht stattfinden. Wo Führungskräfte nur sehr beschränkte arbeitsrechtliche Möglichkeiten haben, Nichtleistung zu pönalisieren, werden die Vorgesetzten versuchen, Leistung durch nichtmaterielle Anreize zu bewirken. Dieser Weg ist aber nur überzeugend, wenn die Führungskraft durch Charisma und Kompetenz klar und konsequent führt. Öffentliche Organisationen sind nicht besonders geeignet, derartige Führungskräfte anzuziehen oder zu entwickeln. Wenn aber Führung fehlt – insbesondere in herausfordernden Zeiten –,werden die Mitarbeiter in öffentlichen Organisationen in den

---

[50] Der Fehlzeiten-Report, der vom Wissenschaftlichen Institut der AOK (WIdO) und der Universität Bielefeld herausgegeben wird, informiert jährlich umfassend über die Krankenstandsentwicklung. Die Krankenquote des öffentlichen Bereichs liegt seit Jahren regelmäßig um ca. 1,5 Prozentpunkte höher als bei den Versicherten der AOK oder anderen GKV.

„Dienst nach Vorschrift"-Modus fallen, schon als Selbstschutz, denn Mitarbeiterinitiative kann in diesem Kontext auch gefährlich sein.

Während also das marktnahe Unternehmen noch – wie ein Supertanker – eine Zeit lang auch ohne Antrieb in die bisherige Richtung weitertreibt, werden marktferne Organisationen ohne Führung auf der Stelle treten und abwarten, um Fehler zu vermeiden.

TESTFRAGEN:

Erhalten Sie von Ihren Kollegen auf gleicher Ebene neuerdings immer wieder Anfragen, gemeinsam Probleme zu lösen, die – da sei man sich doch einig – ohne Einschaltung der oberen Ebene schneller und besser bearbeitet werden könnten?

Beobachten Sie sich selbst dabei, die eigentlich vorgeschriebenen Entscheidungswege zu den höheren Ebenen zu umgehen, da sich damit die Prozesse stets komplizieren?

Werden Sie als Vorgesetzter häufiger „versehentlich" nicht in die Prozesse mit einbezogen?

4.6 Unsicherheit macht sich breit, Dynamik geht verloren

Führungskräfte nehmen nicht selten den Hinweis, beispielsweise von Bereichsleitern oder des Betriebsrates, auf eine zunehmende Verunsicherung der Mitarbeiter relativ gelassen auf. Ja, manche meinen im Stillen, dass ein gewisser Grad an Unsicherheit zu höherer Leistung führe, weil niemand sich auf seinen Lorbeeren ausruhen solle und dürfe.

Irrtum! Die Verunsicherung von Mitarbeitern kann nur zu mangelhaftem Output führen. Warum? Mitarbeiter, die bis eben noch eine definierte Aufgabe aufgrund klarer Strukturen und Prozesse wahrgenommen haben, nun aber zweifeln, ob sie ihren Job noch richtig machen und ob die bisherigen Regeln noch gelten, müssen sich abwartend verhalten, um Fehler und Pönalisierungen zu vermeiden. Die Folge: Initiativ- und Zeitverlust.

Wie entstehen diese organisatorischen Verunsicherungen? Zunächst darf man fragen: Was machte die Sicherheit der Richtigkeit der bisherigen Aufgabenwahrnehmung aus?

Klare Aufgabenbeschreibungen, überlegte Abläufe, fundierte Ausbildung und Training, eindeutige Anweisungen für den Ausnahmefall und strukturierte Hierarchien von Weisungsbefugnissen geben dem Mitarbeiter die Sicherheit für den Alltag. Jeder weiß, was wann in welchem Fall zu tun ist, und der Mitarbeiter ist auch dazu befähigt und autorisiert, es zu tun. Ferner schöpft der langjährige Mitarbeiter aus den bisherigen Erfolgen die Sicherheit, seinen Job richtig zu machen. Die Abläufe haben sich bewährt, das Pensum wird geschafft, die Arbeitsinhalte erfüllen ihren Zweck, kurz: Es läuft.

Wenn nun aber nichts mehr so gilt wie bisher? Wenn die Vorgaben der Vorgesetzten wechseln und unklar werden? Wenn die Kaskade der Anweisungen nicht mehr funktioniert und das Mittelmanagement beginnt, sich gegenüber den Mitarbeitern kritisch von den Anweisungen „von oben" zu distanzieren, dann tritt paralysierende Verunsicherung ein.

Erst vor Kurzem erlebte ich den „CEO Central Europe" eines internationalen Dienstleisters für die Industrie in einem regionalen Meeting der Führungskräfte mit sinngemäß folgender Aussage: „Die in Paris wollen das so. Ich glaube zwar nicht an den Effekt für das angestrebte Wachstum, aber wir sollten das jetzt mal so machen". Was sollen denn nach dieser Aussage die mittleren Führungskräfte ihren Mitarbeitern sagen? Wahrscheinlich wird in der weiteren Kommunikationskette die Unsicherheit eher größer und die Orientierung für die Mitarbeiter eher geringer werden.

Warum gehört organisatorische Verunsicherung zu den typischen Organizational-Burnout-Symptomen? Nachdem der Unternehmenserfolg am Markt zunächst von Fall zu Fall, dann immer häufiger fehlte bzw. deutlich unter dem Plan blieb und zeitgleich die Produktivität abgenommen hat wurde vom Management mit harten Gegenmaßnahmen reagiert. Diese Gegenmaßnahmen beruhen allerdings in der Regel auf dem Versuch schnell, zu handeln, möglicherweise auch in der Absicht, den Eigentümern oder den Aktionären zu signalisieren, dass man als Management handlungsfähig sei und die Entwicklung im Griff habe.

Bei den Mitarbeitern kommen diese Schnellschüsse erstens als Kritik an der bisherigen Leistung und zweitens, als belastender Veränderungszwang an. Damit aber stellen sich die Mitarbeiter die Fragen, ob sie zum einen bislang alles falsch gemacht hätten und zum anderen, ob nicht morgen schon wieder alles anders sein werde. „Worauf kann man sich denn bei uns noch verlassen?", ist die Frage, die in der Kaffeeküche gestellt wird und die dort niemand beantwortet. Diese Kommunikationslücken in Veränderungssituationen schaffen Unsicherheit und kosten Zeit, Energie und Erfolg. Das Organizational Burnout vertieft sich.

TESTFRAGEN:

Haben Sie in letzter Zeit als Führungskraft die Notwendigkeit gesehen, schnell auf Signale des Marktes zu reagieren, und haben Sie die zwingenden Maßnahmen konsequent in die Organisation gegeben? Sie stellen diesbezüglich eine Vielzahl von Rückfragen fest, die Ihnen eher befremdlich vorkommen?

Werden Sie von Ihren Kollegen immer wieder gefragt, ob Sie die neuen Anordnungen verstanden haben und ob denn „die da oben" wüssten, was hier vor Ort wirklich notwendig sei?

Haben Sie erlebt, wie Ihr Vorgesetzter Neuregelungen der Spitze voller Zweifel weiter kommuniziert und haben Sie sich dabei gefragt, ob diese neuen Regeln länger Bestand haben werden?

Haben Sie begonnen, öfter als sonst Ihren Vorgesetzten zu fragen, ob Sie es jetzt richtig machen, und die Bestätigung für Ihre Arbeitsergebnisse gesucht?

Beginnen Sie sich abzusichern, indem Sie mündliche Anweisungen in Notizen schriftlich festhalten, denn es könnte Ihrer Meinung nach passieren, dass sich Ihr Vorgesetzter nicht mehr an seine Anweisungen erinnert?

4.7   Der Anspruch von allen an alle steigt

Solange die Welt noch „in Ordnung" war, gewannen die Beschäftigten ihre Arbeitsfreude – und nebenbei bemerkt auch ihre Selbstbestätigung von den Freunden und der Familie – aus der eigenständigen, selbstverantworteten Leistung. Der Chef traut es mir zu, ich schaffe es und ich bin stolz darauf!

Bei einer Konferenz, einem Luncheon, beim Golfturnier oder bei einem Treffen in privatem Kreis stelle ich an meinen neuen Gesprächspartner recht bald sinngemäß die Frage: „ ...und was machen Sie so?" Bereits aus der Art der Antwort kann ich einen ersten Schluss ziehen, wie es um die Kultur in seinem Unternehmen oder seiner Organisation bestellt ist.

Wenn die Antwort lautet: „Ich sorge in meiner Funktion als Controller dafür, dass alle wissen, wo sie auf dem Weg zum Jahresziel stehen. Wissen Sie, wir sind führend in der Produktion von Fensterrahmen aus energiesparenden Materialien! Was glauben Sie, wie viel man da sparen kann?", dann muss ich mir um die Kultur seiner Firma keine Gedanken machen.

Wenn die Antwort aber etwa folgendermaßen ausfällt: „Ich arbeite in der Bauzulieferindustrie. Sie wissen ja, das ist alles nicht so einfach in dieser Branche", dann spreche ich entweder mit einem notorischen Pessimisten oder in seinem Unternehmen herrscht eine Negativkultur, in der quasi reflexiv die Schuld immer bei anderen zu suchen ist. Vermutlich ist dessen Firma bereits vom Organizational Burnout innerlich angefressen.

Die Kultur in einem Unternehmen im Organizational Burnout hat sich total verkrampft. Die ausbleibenden Unternehmenserfolge führen hier nicht zu Lösungen, sondern zu Schuldsuche und Schuldzuweisungen; fast immer zunächst von oben nach unten. Natürlich ist es richtig, bei temporärem Erfolgsversagen nach den Ursachen zu fragen und diese möglichst zu beseitigen. Wenn aber die Aktivität bei der Schuldfrage stecken bleibt, dann hat das Unternehmen zunächst ein Führungs- und dann ein Kulturproblem, denn automatisch folgt das mittlere Management dem Vorbild des Spitzenmanagements.

In einem gesunden Unternehmen vertraut man sich untereinander und traut sich gegenseitig zu, die jeweilige Aufgabe gut zu lösen. Aus diesem Vertrauen und Zutrauen erwächst die Kraft des Selbstvertrauens.

Wenn aber das Organizational Burnout einsetzt, dann wird aus Vertrauen die Suche nach Schuld und Verantwortung für das Versagen des Unternehmens. Aus der allgemeinen Schuldfrage folgen steigende Anforderungen an andere, denn – so sind wir Menschen – erst zuletzt suchen wir die Schuld bei uns selbst.

„Wenn nur der Vertrieb die Bestandskunden besser bearbeiten würde, dann ..." oder „Wenn die zugesagten Lieferzeiten von der Logistik eingehalten würden, dann könnten wir bei den Bestandskunden ..." sind Beispiele für typische Rechtfertigungen.

Dieser Anspruchsdruck wird zunächst von oben nach unten, dann seitwärts und in der späteren Phase des Organizational Burnout von unten nach oben ausgeübt und zwar mit zunehmender Kraft und immer lauter.

Bei Analyseinterviews höre ich dann Aussagen, wie: „Wenn die Geschäftsführung nicht weiß, was sie will, dann können wir hier arbeiten, wie wir wollen!" oder: „Wer weiß, ob das Unternehmen noch lange so weitermachen kann, wenn der Chef nicht bald begreift, dass unsere Preise einfach nicht mehr wettbewerbsfähig sind".

TESTFRAGEN:

Sie verstehen nicht, warum neuerdings in den anderen Bereichen Ihrer Firma so schlecht gearbeitet wird und warum der Vorstand nicht klar durchgreift?

Die Firmenleitung weiß offenbar nicht, wie es an der Front wirklich zugeht, und wenn sich das Management besser über den Markt informieren würde, dann würde es nicht diese unerreichbaren Ziele setzen?

Sie mögen es nicht, im privaten Kreis zu Ihrem Beruf gefragt zu werden, zumal in letzter Zeit doch vieles nicht so läuft, wie es soll?

4.8   Zynische Grundstimmung gegenüber Firma und Kollegen macht sich breit

Gelegentlich eine sarkastische Bemerkung im Berufsalltag ist befreiend und sollte den Vorgesetzten allenfalls zum Schmunzeln, aber nicht zur Sorge veranlassen. Anders verhält es sich mit Zynismus als kulturelle und akzeptierte Grundhaltung im Unternehmen oder in der Institution.

Während der Sarkasmus eigentlich nur bitter-schwarzhumorige Aussagen beinhaltet, geht der Zynismus hierüber hinaus und bezieht sich auf den Charakter und die Weltsicht eines Menschen oder einer Gruppe.

Es gibt im beruflichen Umfeld drei verschiedene – in der einschlägigen Literatur beschriebene – Arten des Zynismus:

■ *Berufszynismus:* Zynische Einstellungen gegenüber Aspekten der eigenen Arbeit. Darin spiegelt sich verlorener Stolz und geringer Respekt gegenüber der eigenen Arbeit wider.

■ *Organisationaler Zynismus:* Eine generelle oder spezifische Einstellung, die durch Frustration, Hoffnungslosigkeit, Desillusionierung und Misstrauen gegenüber der eigenen Organisation, dem Management oder anderen Aspekten der Arbeit gekennzeichnet ist.

■ *Zynismus in organisatorischen Veränderungsprozessen:* Pessimismus bezüglich des Erfolgs zukünftiger organisatorischer Veränderungen, der sich meistens aus negativen Erfahrungen vorheriger Transformationen ergeben kann. Verantwortliche für den organisationalen Wandel werden als inkompetent oder unwillig eingeschätzt.

Der Hang zum Zynismus ist eine schleichende Droge. Nicht selten tun sich hier die Mitarbeiter hervor, die eigentlich seit Langem in der Organisation oder Institution eher am Rande standen. Sie werden es selbst erlebt haben, vielleicht zunächst in halboffiziellen Situationen, z. B. beim kleinen Umtrunk anlässlich des Geburtstages einer Kollegin oder bei der Weihnachtsfeier, wie der sonst eher ruhige Kollege aus der anderen Abteilung zur Höchstform aufläuft und eine zynische Bemerkung nach der anderen unwidersprochen platziert. Seine Lieblingsziele sind das – möglicherweise in den fernen USA sitzende und keine Ahnung habende – Management, die –

angeblich wirklich wenig hilfreichen Nörgler – vom Qualitätsmanagement oder auch die – wissen die überhaupt, was wir an denen verdienen – ahnungslosen Kunden. Es fallen Bemerkungen, wie: „Das Management trifft sich heute zur Zukunftsstrategie, komisch, warum sie das nicht Fachleuten überlassen". Oder: „Die da Oben werden ja fürs Denken bezahlt; schade nur, dass für das viele Geld echt nicht viel rum kommt!"

Peter Sloterdijk[51] hat in seiner „Kritik der zynischen Vernunft" definiert, wie es sich mit dem Kynismus und dem Zynismus verhält. Danach sind Kyniker Menschen, die wissen, wie schlecht es um eine Sache bestellt ist, und uneigennützig diese Situation durch Ironie und Spott zu ändern trachten. Dagegen wissen zwar Zyniker ebenso um die Missstände, ändern aber nichts daran, sondern versuchen, aus der Situation ihren eigenen Nutzen zu ziehen.

Das für mich Verblüffende ist die Widerstandslosigkeit des jeweiligen Teams, der Kollegen oder der Vorgesetzten gegen aufkommenden organisationalen Zynismus. Es ist, als ob der Zyniker sofort als ein geistreicher „Durchblicker" akzeptiert würde, dem man am besten seinerseits mit einer zustimmenden, witzigen Bemerkung recht gibt. Vielleicht aus Sorge, selbst Ziel einer giftigen Bemerkung zu werden. Haben Sie das letzte Mal bei einer vergleichbaren Gelegenheit Widerstand gegen den „Brunnenvergifter" geleistet? Wo war da Ihre Zivilcourage? Wo war Ihre Identifikation mit Ihrer Organisation oder Institution?

Bei Organisationen oder Institutionen im Zustand des Organizational Burnout gehört Zynismus bereits zu den heimlichen Spielregeln der Firmenkultur. Mein früherer Kollege, Peter Scott-Morgan[52], hat die Macht der ungeschriebenen Gesetze in Unternehmen analysiert. Sie stehen in keiner Dienstanweisung, sie sind an keinem Schwarzen Brett angeschlagen und in keiner Vorschrift nachzulesen – und dennoch bestimmen sie das Arbeitsleben mehr als alle offiziellen Verlautbarungen.

---

[51] Sloterdijk, P. (1983) Kritik der zynischen Vernunft. 2 Bände. Frankfurt am Main
[52] Scott-Morgan, P. (1994) „Die heimlichen Spielregeln" Frankfurt am Main

Tatsächlich habe ich bereits bei den ersten Treffen mit Mitarbeitern einer bedeutenden Konzerntochter eines der größten deutschen Logistikkonzerne erlebt (übrigens in den Sitzungspausen in der erstklassigen Kantine), wie man sich gegenseitig in den neuesten Zynismen übertraf. Jeder hatte immer noch einen besseren und die Lacher auf seiner Seite. In einer ruhigen Ecke befragte ich später eine offenbar erfahrene Mitarbeiterin, ob das hier immer so lustig zuginge oder ob sie die ewige Nörgelei und die zynischen Bemerkungen nicht nerven würden. Sie sah mich etwas irritiert an und fragte nach, was ich denn meinen würde. Sie hatte die Situation als völlig normal und alltäglich erlebt.

Zynismus ist ein gefährliches, schleichendes Gift. Er höhlt das Selbstbewusstsein und den Stolz aus und vor allem ist man als Führungskraft dagegen fast völlig machtlos. Zynismus beschleunigt den Fortschritt des Organizational Burnout.

TESTFRAGEN:

Sie haben erst kürzlich wieder in einem Meeting eine lustige Zeit mit den Bemerkungen Ihrer Kollegen über die Unzulänglichkeiten Ihrer Firma gehabt? Und natürlich hat da keiner gegengehalten?

Manchmal stören Sie die zynischen Anmerkungen Ihrer Kollegen, aber irgendwie haben sie ja recht?

Sie waren als Vorgesetzter das Ziel einer zynisch-witzigen Bemerkung und haben herzlich mitgelacht, denn Sie wollten Sich keine Blöße geben?

Sie haben es sich als Führungskraft angewöhnt, Ihre Anweisungen in humorvolle Bitten einzukleiden, weil Sie im Grunde sonst zynischen Widerstand fürchten?

4.9   Simulation des persönlichen Engagements

Zynismus ist die sichtbare Spitze des Eisberges der „Inneren Kündigung". Während das Organizational Burnout zunimmt und Kontur gewinnt, werden sich mehr und mehr Beschäftigte innerlich von ihrer Organisation oder

Institution distanzieren. Die tatsächliche Identifikation hat bereits gelitten und immer häufiger fragt man sich selbst, ob das erhebliche persönliche Engagement noch in Relation zu den Zukunftsperspektiven der Organisation oder Institution steht. Die innere Kündigung, häufig zunächst unbewusst ausgesprochen, hat ihre Ursachen in der wiederholten Nichtachtung der persönlichen Leistung.

Zwei Drittel der Beschäftigten würden Dienst nach Vorschrift machen, ein Fünftel befinde sich sogar in der inneren Kündigung, will Gallup[53] 2009 herausgefunden haben. Gallup führt diese Ergebnisse in Deutschland hauptsächlich auf Defizite in der Personalführung zurück. Die Beschäftigen erhalten weniger Wertschätzung und Lob als gewünscht und können ihre Meinungen und Ideen nicht erfolgreich einbringen. Geprägt hat den Begriff der „Inneren Kündigung" Reinhard Höhn[54], Gründer des Harzburger Modells, als „bewussten Verzicht auf Engagement und Einsatzbereitschaft".

Die Gründe für eine innere Kündigung sind im Allgemeinen Führungsfehler – etwa in der Kommunikation, sowie durch geringe Entscheidungsspielräume bei den Mitarbeitern. Auch eine sehr arbeitsteilige oder hierarchiebetonte Führungskultur in einer Organisation oder Institution erhöht die Wahrscheinlichkeit einer inneren Kündigung. Befindet sich aber eine Organisation oder Institution im Zustand des Organizational Burnout, werden die Signale der Mitarbeiter hinsichtlich ihrer inneren Kündigung nicht mehr von dem sozialen System „Unternehmen" wahrgenommen, dagegen erleben die Beschäftigten vermehrt „Liebesentzug durch den Vorgesetzten".

---

[53] 67 Prozent der Arbeitnehmer in Deutschland fühlen sich kaum noch an ihr Unternehmen gebunden und machen Dienst nach Vorschrift, 20 Prozent haben innerlich bereits gekündigt. Lediglich 13 Prozent der Beschäftigten verspüren eine echte Verpflichtung gegenüber ihrem Unternehmen und arbeiten hoch engagiert. So lautet das Ergebnis des im Januar 2009 vorgestellten Gallup-Engagement-Index.

[54] Höhn, R.(1989) Die innere Kündigung in der öffentlichen Verwaltung. Ursachen - Folgen - Gegenmaßnahmen. Stuttgart/München

Ist die Distanz zwischen formaler Erfüllung der konkreten Anforderungen am Arbeitsplatz und der fehlenden, mentalen Identifikation mit den Zielen der zu erfüllenden Teilaufgaben nur für den Beschäftigten ein Problem oder auch für seine Kollegen, Mitarbeiter oder seine Vorgesetzten? Lange Zeit galten ja ein hoher Krankenstand und hohe Fluktuation als Gradmesser dafür, wie weit verbreitet die innere Kündigung in einem Unternehmen ist. In Zeiten der Wirtschafts- und Finanzkrise dürfte sich das Bild allerdings verschoben haben. Hier bleibt man sicherheitshalber, wo man ist, denn das Risiko des Wechsels ist groß. Dabei dürfte der Anteil der innerlich gekündigten Mitarbeiter in den vergangenen Jahren eher zugenommen haben, denn die verbreiteten Restrukturierungen, Budgetkürzungen sowie die hohe Medienpräsenz von Massenentlassungen dürften die Beschäftigten stark verunsichern.

Wann befindet man sich in der inneren Kündigung und gibt es tatsächlich einen psychologischen Point of no Return? Woran erkennt man den Zustand der inneren Kündigung bei Kollegen oder bei Mitarbeitern?

Sie, sollten Sie betroffen sein, werden die inneren Vorbehalte nicht zu Markte tragen. Sie entwickeln dann Fluchtfantasien und träumen sich entweder zurück in die Zeit der Sicherheit oder in eine wunderbare Zukunft. Diese Zukunft findet allerdings nicht an dem Arbeitsplatz der Gegenwart statt. Wenn Sie innerlich gekündigt haben und nur noch „Dienst nach Vorschrift", also das Allernötigste machen, ist das natürlich auch zum Schaden für Ihre Organisation oder Institution. Sie sind vielleicht der Meinung, dass das nur gerecht sei, denn Ihre Vorgesetzten haben ja Ihr Engagement nicht anerkennen und nutzen wollen. Dann eben nicht! Sie schrauben Ihr Engagement zurück. Sie rechtfertigen sich damit, dass Sie ja auch schließlich nur für das bezahlt werden, was Sie leisten. Die Firma ist eben selbst schuld: Sie hätte für ihr Geld noch mehr haben können. Eigentlich sind Sie ja ein motivierter Mitarbeiter, der mit Elan und Ideen an die Arbeit geht – aber hier hat das so wohl keinen Zweck.

Im schlimmsten Fall merkt Ihr Unternehmen vielleicht gar nicht, dass Ihr Engagement zurückgegangen ist. Vielleicht werden Sie aber doch darauf angesprochen und gefragt, ob Sie ein persönliches Problem haben. Jetzt könnte sich normalerweise alles zum Guten wenden und Sie könnten Ihren aufgestauten Frust herauslassen, Ihr Vorgesetzter ändert sich dann oder

Ihre Arbeitsbedingungen werden besser und alles wäre gut. Da Sie aber als engagierter Mitarbeiter Ihre Probleme bereits früher immer mal wieder angesprochen haben und das in der Organisation oder Institution im Organizational Burnout letztlich ohne Ergebnis blieb, ist die zweite mögliche Konsequenz wahrscheinlicher: Ihre Beurteilung fällt schlecht aus und Sie haben ein Problem. Denn was geschieht gerade mit den engagierten Mitarbeitern in einer Organisation oder Institution im sich verfestigenden Organizational Burnout? Sie leben und arbeiten gegen Ihre Überzeugungen. Das kostet Energie! Sich zurückzunehmen klingt einfach („… dann mach ich eben nur noch das Nötigste"), ist es aber nicht. Außerdem sind Sie frustriert. Und zwar doppelt: zum einen, weil Ihre Organisation oder Institution Ihr Talent und Ihr Engagement nicht anerkennt und für sich nutzt, zum anderen über sich selbst. Denn eigentlich wären Sie ja ganz anders.

Wenn sich die Symptome des Organizational Burnout auf Ihr persönliches Engagement belastend auswirken, ist dies besonders fatal, denn Sie werden damit künftig auch ein Teil des Problems und sind nicht mehr Teil der Lösung.

TESTFRAGEN:

Beobachten Sie als Vorgesetzter bei Ihren Mitarbeitern zunehmend weniger Bereitschaft sich, neuen oder erweiterten Aufgaben zu stellen?

Herrschte auffallende Stille im Raum, als die letzten Male vom Chef in der Leitungsrunde gefragt wurde, wer die neue Projektgruppe übernehmen werde?

Erleben Sie bei Ihren Kollegen neuerdings deutliche Zurückhaltung, wenn ein Problem schnell gelöst werden muss oder jemand wegen eines Kollegenausfalls einspringen müsste?

Hören Sie vermehrt etwas über den übervollen Arbeitstag des Kollegen, um dann auf dem gemeinsamen, elektronischen Kalender viel freien Raum zu entdecken?

Fragen Sie sich selbst zunehmend nach dem Sinn und Zweck des hohen Einsatzes und lassen Sie jetzt auch schon mal „fünf gerade sein?"

4.10   Innovationen finden (auch im Kleinen) nicht mehr statt

Innovationen sind immer und überall möglich, nur nicht in einer Organisation oder Institution, deren Klima innovationsfeindlich erkaltet und deren Management alle Energie auf das Überleben ausrichtet. Der menschliche Organismus erfriert von außen nach innen – und so stirbt auch eine Organisation oder Institution im Organizational Burnout. Zuerst sterben die innovativen Kräfte.

Das Gabler Wirtschaftslexikon[55] definiert Innovationsklima als die *„für ein Unternehmen spezifischen Rahmenbedingungen bzw. organisatorische Voraussetzungen für das Hervorbringen von Neuerungen. Innovationsklima ist Voraussetzung für unternehmerische Innovationsfähigkeit. Internes Innovationsklima ist eng verwandt mit dem Organisationsklima und -niveau und wird vor allem vom Führungsstil und dem Ausmaß der informellen Kommunikation geprägt".*

Ist das Klima kollegial, frei und beschwingt, wird es Innovationen im Kleinen und Großen stimulieren; ist dagegen das Klima angespannt, dumpf und kleinkariert, dann wird selbst das einfachste betriebliche Vorschlagswesen absterben. In meiner Untersuchung für die Zeitschrift „Absatzwirtschaft"[56] stellte ich 2005 die sieben kritischen Faktoren zur erfolgreichen Beschleunigung von Innovationen in Unternehmen aus der Erfahrung vieler Beratungsprojekte zusammen:

■ Es lohnt sich, Innovationen im Zusammenhang des Marktsystems voraus zu denken.

■ Erst durch professionelle Unnachgiebigkeit wird aus Innovation langfristiges Wachstum.

■ Erfolgreiche Innovationen adressieren gleichzeitig unterschiedliche Wertemotive.

---

[55] Gabler Wirtschaftslexikon, (2010) Wiesbaden

[56] Absatzwirtschaft, „Die glorreichen Sieben" 2/2005

- ■ Das Controlling muss dem Innovationsgeist Luft zum Atmen lassen.
- ■ Profitable Innovationen liegen oft näher, als man denkt.
- ■ Am Point of Sale ist der innovative Ansatz konsequent durchzuhalten.
- ■ Marketing ist nicht alles, aber ohne Marketing ist alles nichts.

Ohne auf die Punkte einzeln einzugehen, spannt sich doch über das gesamte Innovationsthema der Schirm des Innovationsklimas einer Organisation oder Institution.

Wie stellt sich die Situation bei einer Firma im Organizational Burnout dar? Interne Prozess- oder Verfahrensinnovationen wurden in einer ausgelaugten Organisation oder Institution in den letzten Jahren immer wieder erfolglos versucht. Jeder neue Ansatz erstickt nunmehr in seiner eigenen Unglaubwürdigkeit. Externe Produkt- oder Marktinnovationen werden nicht wirklich konsequent in den Markt gebracht, weil sich die Menschen an der Kundenfront von ihrer Organisation oder Institution allein gelassen fühlen. Gerade marktferne Institutionen bringen unter diesen Rahmenbedingungen keine, auch noch so bescheidene, Neuerungen mehr zustande. Gerade hier bedarf es dann eines vergleichsweise radikalen Neubeginns. Aber auch marktnahe Unternehmen treten auf der Stelle. Wenn Sie sich vor Augen halten, wie Ideen für Innovationen entstehen und aus welchen Quellen Innovationen sprudeln, dann werden Sie nachvollziehen können, dass man unter Zwang nicht kreativ und nicht innovativ sein kann. Versuchen Sie es selbst: Seien Sie jetzt sofort innovativ! Sie merken schon, so geht das nicht.

In einer Organisation oder Institution im Organizational Burnout sind die folgenden Innovationsquellen verschlossen oder versiegt:

- ■ *Kunden:* Um die Kunden wieder zur wichtigsten Quelle von Innovationen zu machen, muss man sich ergebnisoffen mit Kundenbedarfen auseinandersetzen und diese – ggf. interaktiv – weiterentwickeln. Dazu muss aber der Außendienst oder das Management mit den Kunden in einen kreativen Dialog treten, zu dem aber eine Unternehmung unter dem Einfluss des Organizational Burnout nicht mehr in der Lage ist.

- ■ *Wettbewerb:* Es geht hier um die Frage, wie die Wettbewerber ihr Business Modell betreiben, wie sie organisiert sind, welche Leistungsprozesse sie gestaltet haben oder welche operativen Vorteile sie für sich entwickelt haben. Es geht auch darum, welche Produkt- und Leistungskonzepte der Wettbewerb verfolgt, welches Know-how er dazu einbringt und was die Konkurrenz den Kunden zu bieten hat. Ein Unternehmen im Organizational Burnout hat aber das alles längst erfolglos versucht und bringt die Energie für einen neuen Ansatz der Wettbewerbsanalyse nicht mehr auf. Zudem erscheinen die Methoden des Wettbewerbs in internen Diskussionen – vor dem Hintergrund der eigenen Schwäche – schon lange als unredlich, unfair und rücksichtslos. Man weigert sich, vom Wettbewerb etwas lernen zu können.

■ *Lieferanten:* Eine nützliche Quelle von Innovationsideen können vertraute Lieferanten sein, wenn das Unternehmen sie als Partner behandelt, mit ihnen Innovationsanforderungen bespricht und Anregungen der Lieferanten konstruktiv aufnimmt, auch wenn ein Lieferant sich dadurch hier und da einen Vorteil verschafft. Wenn aber die Firma durch das Organizational Burnout geschwächt ist, wird sie Lieferanten nicht als zukunftsorientierte Partner, sondern eher als austauschbare Zulieferer sehen, von denen man sich nicht abhängig machen möchte. Auch die misstrauische Sorge, der Wettbewerb könnte über den Lieferanten etwas von den eigenen Innovationen erfahren, verschließt diese Quelle.

■ *Mitarbeiter:* Sie sind die beste, vertrauensvollste und kreativste Quelle für Innovationsideen. Nicht zuletzt, weil die Mitarbeiter diese Ideen überall sammeln können; von den Kunden, vom Wettbewerb, von den Lieferanten. Es sind ja die Mitarbeiter, die vor Ort die Kontakte haben und die mit den Netzwerkpartnern die Gespräche führen. Aber die Kollegen sind auch selbst eine wesentliche Ideenquelle, wenn sie sich engagiert mit dem Geschäftsgeschehen ihres Unternehmens beschäftigen würden und wenn ihre Kreativität entfacht und gefördert würde. Genau das aber unterbleibt in der Organizational-Burnout-Spirale, weil dafür weder die Energie noch die Zeit bleibt. Im Gegenteil, es ist nicht selten, dass Mitarbeiter mit Ideen misstrauisch betrachtet werden, entweder von den ermüdeten Kollegen oder von besorgten Vorgesetzten, die um ihre eigene Position kämpfen.

„Wer auf dem letzten Loch pfeift, bringt keine neue Melodie mehr zustande". Innovationen, auch im Kleinen, können während des Organizational Burnout nicht entstehen, werden auch nicht gefordert und – im Gegenteil – es gibt sogar die Neigung, Innovationen zu unterdrücken. Überwiegend glaubt man nicht mehr an sich selbst, auch nicht mehr an die eigene Kraft des Unternehmens und schon gar nicht daran, dass eine Innovation noch helfen könne. Schade!

> TESTFRAGEN:
>
> Sie gehörten früher immer zu denen, die eine gute Idee hatten, und manche Ihrer Innovationen fanden sogar Eingang in die Organisation und sind bis heute erfolgreich. Nur in letzter Zeit fällt Ihnen nichts mehr ein?
>
> Es gab durchaus spannende Innovationsideen in den Meetings im letzten Jahr, oder war es das Jahr zuvor? Jedenfalls wollte sich darum jemand kümmern, aber Sie haben lange nichts mehr davon gehört?
>
> Früher gab es regelmäßig Treffen mit Kunden, um über das Neueste aus der Branche zu sprechen, und da gab es auch immer die eine oder andere Idee. Aber diese Veranstaltungen fanden lange nicht mehr statt und das letzte Mal kam auch nicht mehr so viel dabei heraus?
>
> Wann war eigentlich die letzte wirkliche Innovation?

4.11   Die Führungskräfte schotten sich vom Tagesgeschäft ab

„Meine Türen stehen immer offen, Sie können jederzeit zu mir kommen!" Sie erinnern sich noch gut an diesen Satz Ihres neuen Vorgesetzen, als sich dieser vor einigen Monaten vorstellte? Heute sehen Sie ihn nur noch selten und eher von Weitem. Wahrscheinlich steht er „wahnsinnig" unter Druck und hat „unglaublich" viel zu tun. Viele Führungskräfte leiden unter hoher Arbeitsbelastung, nicht zuletzt weil sie weder delegieren können noch wollen. In der Situation des Organizational Burnout aber ist das Phänomen eines wirklichen "Cocooning"[57] des Managements zu beobachten. Was passiert?

Das Management hat längst gemerkt, dass es im Organizational Burnout einen harten Kampf gegen viele Widerstände zu kämpfen hat, auch wenn es nicht weiß, warum. Vieles wurde versucht, nichts scheint zu helfen. Und wenn nichts hilft, dann wird das Management hilflos. Wenn man mit den gebotenen Mitteln den Kampf nicht gewinnen kann, dann setzt der Fluchtinstinkt ein. Man will nur noch weg, aber darf und kann es sich nicht gestatten. Ich habe es erlebt: Am letzten Tag der Frist für den Insolvenzantrag seines Unternehmens fand ich den Inhaber in dem Café am See, denn in der Firma war er nicht. Vielleicht eine besonders krasse Ausnahme, aber die Flucht in Nebensächlichkeiten und in – für die Mitarbeiter unverständliche – ausgedehnte Geschäftsreisen ist ganz typisch für überforderte Führungskräfte.

Es beginnt mit der Kanalisierung von Informationen und einem sich zunehmend ausprägenden Kommunikationsdefizit. Der Chef informiert selbst seine engsten Mitarbeiter seltener über notwendige Dinge, auch die Sekretärin sieht sich häufiger in der Rolle derjenigen, die den abwesenden Chef decken muss. Keine schöne Situation.

Mitarbeiter sehen in ihren Vorgesetzten gerne auch ein Vorbild. Man arbeitet gern für Menschen, die man fachlich und menschlich akzeptiert und respektiert; schon aus Selbstachtung. Wenn nun aber der Chef diese wichtige Vorbildfunktion nicht mehr ausübt, haben seine Mitarbeiter und die Firma ein Problem. Vorgesetzter zu sein heißt immer, eine exponierte Stellung einzunehmen und „beobachtet" zu werden.

Gleichgültig, ob Sie als Chef positive oder negative Verhaltensweisen vorleben: Sie bleiben nicht ohne Folgen, sondern werden wahrgenommen und hinterlassen bei den Mitarbeitern Spuren. Wer als Chef in deprimierter Stimmung die Firma betritt und als Erstes mürrisch auf (...„mal wieder

---

[57] Als Cocooning (dt. *verpuppen*) wird die Tendenz bezeichnet, sich vermehrt aus der Gesellschaft und Öffentlichkeit in das häusliche Privatleben zurückzuziehen.

typisch ...") Fehler hinweist, sollte sich nicht wundern, wenn das Klima nicht mehr stimmt. Die persönliche Einstellung der Führungskraft zur Arbeit wird vom Team feinfühlig wahrgenommen. Sätze, wie: „Das hat ja offenbar alles keinen Zweck" oder „Wie soll denn das alles noch werden?", wirken alarmierend auf die Mitarbeiter. Das gilt auch für Verlässlichkeit, Pünktlichkeit und die Einhaltung von Zusagen und Versprechungen der Führungskräfte.

Durch ein aktives Kommunizieren signalisieren Sie zugleich dem Team, wie wichtig Ihnen der persönliche Umgang miteinander ist. Auch die aktive Weitergabe von Informationen ist ein Vorbildfaktor, der nicht zu unterschätzen ist. Wer nicht umfassend und klar informiert oder Informationen nur bestimmten Mitarbeitern zukommen lässt, kann auch von seinen Mitarbeitern nichts anderes erwarten. Gerade wenn „die Nerven blank liegen", sind Mitarbeiter besonders sensibel.

Einen kühlen Kopf bewahren, nicht in Hektik verfallen, die richtigen Prioritäten setzen, klare Entscheidungen treffen und motivierend mit anpacken sind Verhaltensmaßnahmen, die einer Führungskraft Punkte bringen. Gerade wenn der Druck hoch ist, braucht ein Team Ruhe und eine sichere Führungshand. Sich auszuklinken, wenn es brennt, oder den Druck einfach an das Team weiterzugeben, führt zu noch mehr Stress und häufig vermehrt zu Fehlern.

Auch wenn vielleicht bislang der „Absentismus"[58] von der Führung nicht deutlich praktiziert wurde, zeigt sich für die Mitarbeiter auch in vielen kleinen Signalen die „abwesende Anwesenheit" des Chefs. So fehlt er beispielsweise bei wichtigen Meetings oder lässt sich nur inkompetent vertreten, ist in Gesprächen nicht wirklich bei der Sache oder reagiert ungewöhnlich lange nicht auf Rückrufbitten oder E-Mails. Jedes kommunikative Signal wirkt von oben nach unten überdeutlich und wird interpretiert.

---

[58] Gabler-Wirtschaftslexikon (2010) Wiesbaden: In der Arbeits- und Organisationspsychologie bezeichnet Absentismus (lat.: absentia: Abwesenheit) Fehlzeiten, die auf Probleme im privaten Umfeld oder motivationale Ursachen, nicht aber auf krankheitsbedingte Gründe zurückzuführen sind.

In einer stärkeren Stufe des Cocooning sind nonverbale Signale des schwindenden Selbstvertrauens zu beobachten. Das Management verschiebt schwierige Termine, sagt Besprechungen ab, lässt Stellvertreter auftreten und produziert selbst nichts mehr. Es passiert sogar, dass sich das Management fremde Erfolge aneignet, um vor sich und anderen eine Kulisse aufrechtzuerhalten.

Im schlimmsten Fall kommt man eines Tages in die Firma und der Chef ist nicht mehr da. Man weiß nichts Genaues, er wird wohl gleich kommen. Überraschendes Fehlen der zentralen Verantwortungsträger stürzt die Organisation oder Institution in Verwirrung, insbesondere wenn sich dann herausstellt, dass der Chef auf Dauer ausfällt, sei es wegen Depressionen, sei es wegen seines Suizids. Zwar zeigt sich nach kurzer Schockstarre, dass es Mitarbeiter in der zweiten Reihe gibt, die unerwartet Führungsfähigkeiten entwickeln, sich selbst an die Spitze stellen und dort auch akzeptiert werden, aber für die Firma ist zunächst einmal eine schlimme Phase der Paralyse zu durchlaufen.

TESTFRAGEN:

Sie haben schon seit Längerem bemerkt, dass sich Ihr Vorgesetzter nicht mehr wie sonst in jedes Detail einmischt, ja eigentlich den Eindruck vermittelt, es sei ihm gleichgültig, wie Sie die Probleme lösen?

Es gab tatsächlich in den letzten Monaten wiederholt die Situation eines angesetzten Meetings, das dann ohne Ihren Vorgesetzten stattfand und auch ohne Ergebnis blieb. Alle fragten sich, was denn da los sei?

Wenn Sie bei Ihrem Chef sind, erleben Sie ihn fast teilnahmslos, resignierend und er stimmt ihren Vorschlägen ungewohnt schnell zu?

Sie als Chef wollen eigentlich nicht mehr mit allen Details behelligt werden, schließlich haben Sie doch gute Mitarbeiter, die auch mal etwas entscheiden können?

Sie fühlen vor dem Berg der Probleme selbst zunehmend eine Müdigkeit und Antriebslosigkeit, die Sie veranlasst, manchmal gar nicht in die Firma zu gehen?

4.12 Gefühl der Macht- und Sinnlosigkeit auf allen Ebenen

Nach vielen Aktivitäten des Managements erschöpfen sich deren Kräfte. Maßnahmen werden durch die wiederholte Ankündigung nicht glaubwürdiger. Hilf-, Macht- und Sinnlosigkeit verbreiten sich. Resignation ist so einfach und doch so schwer. Einfach, weil man sich in den Zustand der Resignation fallen lassen kann und man dann ständig eine Selbstbestätigung der eigenen Hilflosigkeit erfährt. Schwer, weil dieser Zustand eben auch die Botschaft des eigenen Versagens und auch der Hilflosigkeit, es zu ändern, enthält. Wer feststellt, dass er trotz aller Anstrengungen in seiner Organisation oder Institution nichts (mehr) bewirken kann, der wird früher oder später resignieren, aufgeben und dafür vor sich selbst eine Reihe guter (wenn auch nicht wahrer) Gründe anführen können.

Der amerikanische Sozialpsychologe Martin Seligman[59] hat für dieses Ohnmachtssyndrom bereits 1975 den Begriff *„Gelernte Hilflosigkeit"* geprägt. Seine Theorie besagt, dass diese Hilflosigkeit vorhersagbar drei Störungen nach sich zieht:

■ *Motivationsverlust:* Wer erwartet, dass die Ereignisse unkontrollierbar sind, für den gibt es keinen vernünftigen Grund mehr zu versuchen, sie dennoch zu beeinflussen – damit würde er sich nur zusätzliche Frustration einhandeln. Infolgedessen ist der Handlungsantrieb bei Hilflosen sehr gering; sie neigen zu Passivität und Apathie.

■ *Einschränkung der Lernfähigkeit:* Wer davon überzeugt ist, dass die Dinge sich seiner Kontrolle entziehen, ist kaum noch dazu in der Lage, Möglichkeiten zu entdecken, wie und wo er doch Einfluss nehmen kann – seine Lernfähigkeit ist beeinträchtigt. Die Überzeugung, nichts machen zu können, wird zur sich selbst erfüllenden Prophezeiung.

---

[59] Seligman, M. (2001): Pessimisten küsst man nicht – Optimismus kann man lernen, München

■ *Depression:* Wer sich als ohnmächtig ansieht, reagiert mit Niederge-
schlagenheit; einem Zustand, den Seligman zunächst als Hilflosigkeits-
und später als Hoffnungslosigkeitsdepression bezeichnete. Die erste
Reaktion auf drohenden Kontrollverlust ist jedoch Angst und Reaktanz,
das heißt das heftige Bemühen, die Kontrolle wiederherzustellen.

Seligmans Erkenntnisse sind von größter praktischer Bedeutung für das
Management während des Organizational Burnout, denn eine „Hoffnungslosigkeitsdepression" kann nicht nur einzelne Menschen befallen,
sondern – bei entsprechender Konditionierung – auch Organisationen oder
Institutionen. Wie kann es dazu kommen? Zum Beispiel durch mehrere
Wellen von Personalabbau, die jeweils als letztmaliger Einschnitt und
Voraussetzung für einen Neubeginn angekündigt werden; oder durch
immer neue Projekte, von denen die meisten nicht sauber abgeschlossen
werden, sondern irgendwie im Sande verlaufen; oder durch einen Eigentümerwechsel, nachdem dann aber die erhofften Verbesserungen oder
versprochenen Investitionen ausbleiben.

Interessanterweise gilt das Phänomen der Resignation nicht nur in Bezug
auf unangenehme Dinge. Auch in Bezug auf positive Erfahrungen kann
diese Rat- und Hilflosigkeit entstehen und zwar immer dann, wenn Belohnungen des Vorgesetzten völlig unabhängig vom eigenen Verhalten eintreten. Erhalten Mitarbeiter ohne Anlass – und nach Lust und Laune des
Chefs – lobende Worte oder gar Anerkennungen, tritt Irritation ein, weil
die Beschäftigten daraus nicht richtiges oder falsches Verhalten ableiten
können. Unter dem Dach der Motivationstheorie ist es gerade in internationalen Firmen üblich geworden, immer zu loben, ständig positiv zu formulieren und immer nett zu sein.

Noch fataler trägt zur Förderung von Rat- und Hilflosigkeit der Mitarbeiter
ein Wechselbad der Gefühle bei. Eine unberechenbare Mischung von positiven und negativen Reaktionen der Vorgesetzten – ohne nachvollziehbaren Anlass – ist dann eher Ausdruck der momentanen Befindlichkeit eines
launenhaften Chefs.

Das Gefühl der Macht- und Sinnlosigkeit entsteht im Kopf – wer sich oder
seine Organisation als hilflos ansieht, ist hilflos! Dagegen ist übrigens der
Umkehrschluss nicht zulässig: Wer glaubt, Macht und Einfluss zu haben,
hat deswegen nicht unbedingt Macht und Einfluss.

Optimistische Sichtweisen der eigenen Kraft oder der Kraft der eigenen Firma, ermöglichen neue Erfahrungen; eine pessimistische Einstellung verhindert sie. Entscheidend ist demnach, worauf Mitarbeiter ihre Erfolge und Misserfolge zurückführen. Wer sich den Misserfolg mit veränderbaren Ursachen erklärt, zum Beispiel schlechter Tagesform oder Pech, wird sehr viel weniger in Resignation verfallen als jemand, der die Misserfolge auf stabile Faktoren – wie zum Beispiel mangelnde Wettbewerbsfähigkeit des Unternehmens oder fehlende Innovationen in der Organisation – zurückführt.

TESTFRAGEN:

Es ist zum Verzweifeln, aber nach Ihrer Erfahrung werden auch die neuen Maßnahmen und Anweisungen am Grundproblem der Firma nichts ändern?

Denken Sie inzwischen häufiger: „Da haben wir doch ganz andere Probleme als diese Kleinigkeit!"?

Sie erleben das Management zunehmend resignativ und ohne wirkliche Ideen?

Sie selbst haben eigentlich keine Energie mehr, gegen den Strom zu schwimmen, und lassen sich eben treiben?

Sie wissen eigentlich nicht mehr, wie Sie Ihren Mitarbeitern vermitteln sollen, wie es jetzt weitergeht?

Wenn es nach Ihnen ginge, würden Sie schon ganz anders vorgehen und die Probleme anpacken, aber es macht ja keiner mit?

4.13   Überraschende Wechsel im Management

Wenn nichts mehr hilft, wird eben die Führung ausgetauscht. Heidrick & Struggles[60] stellte im September 2009 fest, dass mehr als jeder zweite Vorstand der 30 Dax-Unternehmen seit Anfang 2006 seinen Posten räumen musste. Von den 192 Top-Managern, die in den 30 Unternehmen beschäftigt sind, haben nach dieser Studie 98 ihren Job eingebüßt.

Das Personalkarussell in den Führungsetagen der Wirtschaft dreht sich immer schneller. Das zeigt auch eine Studie vom Mai 2010[61]. Danach musste 2009 jeder fünfte Unternehmenslenker seinen Posten räumen. Es wurden die Personalien von über 2.500 börsennotierten Unternehmen in aller Welt analysiert. Überraschendes Ergebnis: Im deutschsprachigen Raum – und nicht etwa in den USA – tauscht man die Chefs am häufigsten aus. Mit über 20 Prozent liegt die Fluktuationsrate im Management deutscher, österreichischer und schweizerischer Unternehmen deutlich höher als in anderen Ländern. Der europäische Durchschnitt beträgt nur 15 Prozent. Interessant dabei: Fast ein Viertel dieser Wechsel erfolgte zwangsweise – zum Beispiel wegen schwacher Leistungen des CEOs.

Insbesondere kurz vor Jahresende setzt in den Gesellschafterversammlungen und Aufsichtsräten eine ungewöhnliche Hektik ein, wie jeder Personalberater zu berichten weiß. Dann nämlich zeichnen sich unter Umständen die desaströsen Unternehmensergebnisse ab, und bevor jemand den Aufsichtsräten Untätigkeit vorwirft, wird eben etwas getan.

Ganz typisch für eine Organisation oder Institution im fortgeschrittenen Organizational Burnout ist diese „ultima ratio" des überraschenden Wechsels im Management. Wird es für das Unternehmen dadurch besser? Zunächst wird die Situation schwieriger, auch wenn fast immer mit dem Abgang („ ...sucht neue Herausforderungen im Markt".) zeitgleich die

---

[60] DIE WELT „Dax-Vorstände sitzen auf dem Schleudersitz" 18. September 2009

[61] Studie Booz & Company, 18. Mai 2010, Fluktuationsrate im Topmanagement website

neue Lösung („ …übernimmt mit sofortiger Wirkung die Aufgaben und wir sind erfreut, mit … eine ganz hervorragende Persönlichkeit …") verkündet wird. Die Gesamtlage wird problematischer, weil mit dem Abschied der bisherigen Führungspersönlichkeit das aufgebaute Netzwerk einreißt, die Mitarbeiter hinsichtlich ihrer eigenen Zukunft verunsichert werden und in der Regel auch nicht unerhebliche Transaktionskosten (Abfindungen, doppelte Gehaltszahlungen, Berater- und Einarbeitungskosten) verbunden sind.

Die Kosten des Wechsels sind allerdings nicht nur monetärer Natur. Dieser Neubeginn birgt auch eine Reihe von Risiken in sich. Wenn sich die Organisation oder Institution im Organizational Burnout befindet, wird nämlich dieser überraschende Wechsel im Topmanagement von den Beschäftigten nur als eine weitere Eskalationsstufe auf dem Weg ins Abseits angesehen.

Mit einem Wechsel an der Spitze allein ist es oft nicht getan. Die Mitarbeiter wissen, es folgen anschließend Wechsel in der mittleren Ebene, es wechseln die Berater, es wechseln die Strategien. War bislang Verunsicherung ein Gefühl, ist nun die Unsicherheit Gewissheit.

Ferner ist der rigorose Wechsel an der Spitze tatsächlich ein Instrument, das sich bereits nach einmaliger Nutzung verschleißt. Wie oft kann man einen solchen Wechsel als Signal praktizieren? Einmal, denn jeder erneute Wechsel wird nicht mehr als Schwäche des Managements selbst, sondern als Schwäche der Eigentümer oder des Aufsichtsrates angesehen.

War die Führungskraft an der Spitze der Organisation oder Institution tatsächlich eine Fehlbesetzung, oder hatte sie vielleicht nicht mehr das strategische Vertrauen der Eigentümer – was ja auch vorkommt –, ist es in jedem Fall verkehrt, diesen Wechsel als einen Akt der „Hinrichtung" zu zelebrieren. Damit sendet der Eigentümer ein Signal an das gesamte Team, dass die Wertschätzung für den Menschen in dieser Organisation oder Institution nur so lange besteht, wie dieser Mensch seine Funktion wunschgemäß erfüllt. Im Falle der „Fehlfunktion" wird er durch ein „Ersatzteil" ersetzt. Die weitere Demotivation der Mannschaft – insbesondere der zweiten Führungsebene – kann die Folge sein, es sei denn, der gerade freigesetzte Chef hätte sich in eine „Hassfigur" hineinmanövriert und alle atmen auf.

Gerade im fortgeschrittenen Organizational Burnout ist es typisch, dass die Schuld für die fortdauernde Unfähigkeit der Organisation, sich aus der lähmenden Umklammerung zu befreien, von den Beschäftigten, aber auch von den Eigentümern, immer dem Top-Management zugewiesen wird. Volksweisheiten des Geschäftslebens, wie: „Der Fisch stinkt am Kopf zuerst" oder „Die Treppe muss man von oben kehren", ermutigen zu dieser Ansicht. Dabei ist es irrelevant, ob das Versagen des Managements wirklich zutrifft, wichtig ist nur, dass es geglaubt wird. Vielleicht ist gerade dieser Chef erst vor zwei Jahren neu eingesetzt worden, um „aufzuräumen", und er nun alle Fehler der Vergangenheit zugewiesen bekommt und ebenfalls geopfert wird. Vielleicht aber will die Eigentümerschaft einfach nur denjenigen loswerden, der die schmutzige Arbeit erledigt hat?

Welche Gründe auch immer in Wahrheit zu dem plötzlichen Wechsel im Management führen, es ist einer der letzten (untauglichen) Versuche, das fortschreitende Organizational Burnout aufzuhalten.

TESTFRAGEN:

Sie haben erst kürzlich – für alle überraschend – einen neuen CEO bekommen und der bisherige war ohne vorherige Signale sofort freigesetzt worden?

Man spricht vom bisherigen Chef nicht mehr; es ist, als wenn man seinen Namen nicht mehr nennen darf, ohne nicht selbst in „Solidarhaft" genommen zu werden?

Unter der Hand fragt man sich in Ihrer Organisation oder Institution seit einiger Zeit, wie lange der Chef wohl noch bleiben wird, denn die Kritik an ihm spitze sich zu und auch letztes Mal war ja von einem Tag auf den anderen der Neue da?

Eine Kollegin sagte dieser Tage: „Die da oben kommen und gehen, für uns bleibt es immer gleich bescheiden!", und Sie mussten ihr im Stillen zustimmen?

4.14 Fluktuation nimmt zu

Die Besten gehen immer zuerst. Wenn die Identifikation abnimmt, nimmt der Wechselwunsch zu. Gerade wenn die Wechsel an der Spitze häufiger werden, wird auch die eigene Position unsicher. Besser man geht, bevor man „gegangen wird".

Sieben von zehn Arbeitnehmern mit qualitativ anspruchsvollen Beschäftigungen überlegen – laut einer Studie des Instituts für Mittelstandsforschung[62] –, ihre Stelle zu wechseln. Auch wenn die aktuelle Situation der Wirtschaftslage einen Stellenwechsel risikoreicher gestaltet, belegt die Studie die Tatsache, dass sich gerade qualifizierte Arbeitnehmer in der aktuellen Position nicht wohl fühlen.

Gründe sind der verschärfte (interne) Wettbewerbsdruck um attraktive Arbeitsplätze, der wachsende Leistungsdruck, dass häufig die Qualität der Tätigkeit nicht der Qualität der Ausbildung entsprecht, was zu Karriereenttäuschung führt, und dass qualifizierte Arbeitnehmer, die mit ihrem Arbeitsplatz unzufrieden sind, schneller bereit sind, an dieser Situation etwas zu ändern. Nur 37 Prozent der Befragten wollten versuchen, beim jetzigen Arbeitgeber eine bessere Stelle zu erhalten. Fach- und Führungskräfte allerdings, die sich mit ihrem Arbeitgeber identifizieren, haben einen deutlich geringeren Wechselwunsch.

Als Chef weiß man, dass eine Fluktuationsrate – je nach Branche und Hierarchieebene – von vier bis zehn Prozent durchaus üblich und gesund ist. Der Wechsel ist normal, in jungen Jahren häufiger als später, in operativen Bereichen häufiger als in dispositiven Aufgabenfeldern. Eine normale Fluktuation sorgt für Wissensauffrischung, innovative Sichtweisen und neuen Schwung.

---

[62] Veröffentlicht: 12.06.2008 Institut für Mittelstandsforschung der Universität Lüneburg gemeinsam mit dem Hanseatischen Personalkontor Hapeko und dem Online-Jobportal StepStone. Für die Studie befragte das Institut 1.650 Fach- und Führungskräfte.

Wenn aber der Weggang von Kollegen zur täglichen Normalität wird, die Nachbesetzung nicht immer oder nur zeitverzögert erfolgt und auch mehrere Kollegen einen kollektiven Abgang planen und ausführen, dann ist höchste Alarmstufe gegeben. Wenn Angebote des Chefs, über ein Verbleiben zu sprechen oder zu verhandeln, mehr oder weniger öffentlich zurückgewiesen werden und dann zunehmend gar nicht mehr angeboten werden, ist die Schwäche der Organisation oder Institution mit Händen zu greifen. Gerade im Organizational Burnout werden diese Serien an Abgängen von den Mitarbeitern und Vorgesetzten nicht mehr als überraschend angesehen, sondern als weitere, fast schon erwartete, Substanzverluste gewertet. Jede weitere Kündigung wird nun als Trendbestätigung kolportiert und zunehmend fatalistisch hingenommen. Besonders peinlich wird es, wenn die Mitarbeiter aus ihrem beruflichen Netzwerk gefragt werden, was denn wohl bei ihnen los sei, es würden so auffallend viele Mitarbeiter weggehen.

Sobald die Kollegen in den letzten Tagen vor dem endgültigen Ausscheiden den Verbleibenden ihr Bedauern aussprechen, bleiben zu müssen, und die Bleibenden es auch so hinnehmen, ja selbst so empfinden, ist das Organizational Burnout nicht mehr aufzuhalten. „Love it, change it or leave it" – diese golden Lebensregel, insbesondere für das berufliche Umfeld, wird von den Mitarbeitern, die in einer geschwächten, ausgebrannten Organisation oder Institution arbeiten, zunehmend mit „leave it!" entschieden, denn die Phase des „change it" ist bereits vorbei und an die Phase des „love it" kann man sich nur noch mit Wehmut erinnern.

Die „stolze Kündigung" ist das letzte Mittel für engagierte Mitarbeiter der Organisation oder Institution zu signalisieren, dass man nunmehr zu Kompromissen nicht mehr bereit sei und die Konsequenzen ziehen müsse. Dieses Signal kann in einer gesunden Organisation oder Institution vom Vorgesetzten aufgenommen und in einem Bleibegespräch sogar zukunftsorientiert und positiv für alle gewendet werden, denn es sind ja die besonders guten und engagierten Kollegen, die zuerst den Hut nehmen wollen. Wenn man den Mitarbeiter zum Bleiben bewegen kann und bei dieser Gelegenheit die bis dahin unausgesprochenen Unstimmigkeiten nachhaltig verbessert werden, wird aus diesem Kollegen wahrscheinlich ein besonders loyaler, engagierter Leistungsträger.

In einer Organisation oder Institution im Organizational Burnout allerdings fehlen den Führungskräften die Kraft und die Argumente, denn niemand glaubt mehr daran, dass es besser werden könnte oder Zusagen des Managements tatsächlich Bestand hätten. Dann ist es eben Zeit zu gehen.

TESTFRAGEN:

Sie fragen sich zunehmend, ob Sie sich nicht auch nach einem neuen Arbeitgeber umsehen sollten, nachdem immer mehr wichtige Kollegen die Firma verlassen?

Sie haben sich seit Monaten gefragt, wann das Team um den Kollegen X wohl die Firma verlassen wird, und tatsächlich ist es dann passiert. Das war ein Schock – und der Chef tauchte ab?

Ein Kollege, den Sie eigentlich bewundert haben, hat Ihnen anvertraut, dass er wohl nicht mehr lange bleiben werde, und Sie wissen nicht, wie Sie damit umgehen sollen?

Von den letzten Kündigungen hatte bereits jeder unter der Hand gewusst, als die Geschäftsführung diese dann erst nach Monaten mitteilte, nämlich erst zu dem Zeitpunkt, als die Abgänge unmittelbar bevorstanden?

4.15 Ritualisierte Neustarts

Die Umsätze stagnieren, das Arbeitsklima wird rauer, die Führungskräfte sieht man seltener, die Fluktuation nimmt zu und insgesamt herrscht Mut- und Hilflosigkeit. Mit dem neuen Management wurde alles in Frage gestellt und es gab eine arbeitsintensive Phase der Analysen und Befragungen.

Und nun – so heißt es – werde man mit einem *12 Punkte-Programm* die Situation drehen. Die Sprache des neuen Managements färbt auf die mittlere Ebene ab. Der neue Ton wird stringent, unnachgiebig und kompromisslos. Man hört, „der Laden brauche nun mal eine enge Führung und klare Ansage", und man weiß, dass nun ein neuer Besen kehren soll und will. Es gibt Strategieklausuren, Projektteams, Arbeitsgruppen, Vertriebsmeetings und eine neue Stabsstelle „Controlling" direkt beim CEO. Die Aufbauorganisation wird vertikal schlanker und die Prozesse werden wertschöpfungsorientiert verkürzt. Von nun an gilt: „Der Kunde steht im Mittelpunkt" oder „Stabilität durch Qualität" oder „Wir wachsen im Wettbewerb", oder ähnlich beliebte Leerformeln.

Sie kennen dieses Phänomen des Neustarts, entweder nach einem Führungswechsel oder nach dem Durchzug einer Truppe der Business Consultants oder nach beidem, beispielsweise aufgrund eines Eigentümerwechsels.

Ein Neustart verliert mit jeder Wiederholung an Glaubwürdigkeit. Man kann die Aufbauorganisation von einem Tag auf den anderen ändern, die Ablauforganisation kann in wenigen Wochen in neuen Bahnen laufen, aber wenn die Kultur der Organisation oder Institution ausgepowert ist, dann kann das nur mit langem Atem und viel Geduld, mit Glaubwürdigkeit und Konsequenz geheilt werden. Wiederholte, lautstark verkündete „Resets" sind hier ganz klar schädlich.

Es muss in Unternehmen oder Institutionen gelegentlich grundsätzliche Neustarts geben, das ist sowohl vor dem Hintergrund der sich verändernden Umweltbedingungen als auch aufgrund von technischem Fortschritt oder der sich verändernden Kundenanforderungen notwendig. Im Organizational Burnout allerdings besteht die Gefahr, mit oberflächlichen Maßnahmen des Change Managements nicht den Kern des Problems zu treffen und somit zwar eine Verbesserung zu simulieren, aber nicht im Innersten zu erreichen. Analog: Nach einer medizinisch notwendigen Diät ist zwar das Körpergewicht reduziert, meistens nicht aber die mentale Einstellung zur Ernährung. Der sogenannte Jojo-Effekt tritt ein und der Patient ist mutloser als je zuvor.

Welche Fehler charakterisieren den ritualisierten Neustart und müssen vermieden werden?

Tabelle 4.1   Fehler bei einem Neustart der Organisation

Fehler	Auswirkung	Maßnahme
Versuch, alles sofort und zeitgleich zu verändern (Implementierung zu komplexer Systeme).	Ansatz wird bezweifelt und in der Praxis nicht angewandt. Erfolg bleibt aus, Zeit geht verloren.	Praxistauglichkeit muss mit den verantwortlichen Teams besprochen werden; Mitarbeiter in Verantwortung setzen.
Umsetzung wird zu schnell und zu umfangreich Mitarbeitern übertragen, die dazu noch nicht bereit sind.	Falscher Stolz führt zu chaotischer Projektorganisation und die anderen Kollegen mauern.	Mitarbeiter schrittweise in die Verantwortung stellen und begleiten, ggf. qualifizieren. Hinter ihnen stehen.
Informationen fließen unvollständig und entstellt über die informellen Kanäle und schaffen schnell Verwirrung und Unglaubwürdigkeit.	Mitarbeiter sind ohne Orientierung und verunsichert, verlassen das Unternehmen: Wissens- und Kompetenzverlust.	Direkte Informationen ohne Umwege mit sachlich richtigem Inhalt und einem Prozess direkter Kommunikation.
Keine ehrliche Kommunikation der Vision und der Strategie; Mitarbeiterfeedback ist nicht gewünscht.	Vision und Strategie bleiben Worthülsen: Eine Identifikation der Beschäftigten ist unmöglich; Widerstand über informelle Kanäle.	Erst abstimmen, den „buy in" erhalten, dann gemeinsam kommunizieren und Feedback einholen.

Fehler	Auswirkung	Maßnahme
Strategische Ziele werden nicht mit operativen Zielen und Maßnahmen unterlegt.	Mitarbeiter verlieren sich in der Abstraktion und schaffen nicht die Ableitung: „Was bedeutet das für mich?"	Operative Ziele und Maßnahmen gemeinsam mit den Betroffenen ableiten und als Prozess implementieren.
Keine Kontinuität und Konsequenz des Veränderungsprozesses; nach den ersten Erfolgen wendet sich Management dem Tagesgeschäft zu.	Neue Maßnahmen wirken nur kurz; Rückkehr zu gewohnten Abläufen; Unternehmenskultur bleibt, wie sie war.	Vorleben der neuen Kultur; nicht nachlassen, sondern Erfolge feiern; dran bleiben.

Der obigen Tabelle ist die hohe Bedeutung einer starken und kontinuierlichen Führung zu entnehmen. Neustarts, die abgebrochen werden oder im Alltag versickern, sind schlimmer als Neustarts, die nicht stattfinden.

> TESTFRAGEN:
>
> Sie haben in den letzten Jahren viele Berater kommen und gehen sehen, aber kein Projekt hatte tatsächlich eine nachhaltige Veränderung gezeigt?
>
> Sie glauben eigentlich nicht mehr an einen Neubeginn, nachdem Sie den Eindruck haben, es wurde doch bereits alles versucht und nichts hatte wirklich Sinn?
>
> Als Sie sich das letzte Mal in einer Projektgruppe engagiert haben, mussten Sie die Erfahrung machen, dass die Führung nicht wirklich dahinter stand, und als es dann zur Sache gehen sollte, ließ man Sie allein?
>
> Sie erleben gerade eine umfassende Reorganisation oder ein Change-Management-Projekt in Ihrer Organisation oder Institution, aber Sie wissen heute schon, dass sich damit nichts ändern wird?

4.16 Das Management erreicht die Mitarbeiter nicht mehr

Die Basis der Zusammenarbeit von Führung und Mitarbeitern ist Vertrauen. Jeder von uns weiß es aus Erfahrung: Wenn man kein Vertrauen in den Vorgesetzten oder Inhaber hat, dann ist jeder Arbeitstag mit Vorsicht und Unsicherheit belastet. Fehlendes Vertrauen zu den Mitarbeitern muss durch Kontrolle ersetzt werden. Wenn aber die Mitarbeiter versuchen, sich der Kontrolle zu entziehen, die Chefs zu manischen Kontrolleuren werden und sich ein Klima des Misstrauens durchsetzt, dann gibt es keine wirkliche Zusammenarbeit mehr. Anweisungen des Vorgesetzten werden so lange unterlaufen oder hinterfragt, bis sie nicht mehr gelten. Mitarbeiter werden so intensiv beobachtet, bis man zunehmend von deren Fehlerhaftigkeit überzeugt ist. Man versteht sich nicht mehr, man erreicht sich nicht mehr, man will nicht mehr miteinander arbeiten.

In einem fortgeschritten Organizational Burnout ist das gegenseitige Vertrauen bereits oft enttäuscht worden. Die Führung glaubt nicht mehr daran, dass die Mitarbeiter mitziehen wollen, und die Mitarbeiter glauben nicht mehr daran, dass die Vorgesetzten wirklich zu ihrem Wort stehen. Jeder wartet eigentlich nur noch ab und fragt sich, wie lange das Ganze noch halten wird.

Nur 84 Prozent vertrauen ihren Kollegen, 77 Prozent vertrauen ihren unmittelbaren Vorgesetzten und nur 67 Prozent vertrauen den Aussagen des Top-Managements, oder anders ausgedrückt: Ein Drittel der Beschäftigten vertraut dem Top-Management nicht. Dies ist das erschütternde Ergebnis des repräsentativen Vertrauensindex[63] vom Februar 2010.

„Vertrauen ist gut, Kontrolle ist besser". Natürlich heißt Vertrauen nicht Blauäugigkeit und Kontrolle nicht strikte Überwachung. Geschickt zwischen Vertrauen und Kontrolle zu balancieren, ist eine der wichtigsten Führungsaufgaben. So wie der Kapitän zu kontrollieren hat, ob der angesagte Kurs auch anliegt, so hat die Führungskraft zu kontrollieren, ob ge-

---

[63] Wirtschaftswoche 8/2010 Seiten 94-95

tan wird, was vereinbart und versprochen wurde. Blindes Vertrauen ist gefährlich, weil erstens in einem Unternehmen immer auch Geld auf dem Spiel steht und zweitens eine Führungskraft, die nicht kontrolliert, nicht ernst genommen wird.

Vertrauen zu geben bedeutet, in Vorleistung zu gehen; Vertrauen entgegenzunehmen, bedeutet, das Vertrauen zu rechtfertigen. Gegenseitiges Vertrauen baut sich über die Zeit durch die Erfahrung auf, dass man dem Partner zuverlässig glauben kann und Versprochenes gehalten wird. Genau da liegt aber das Defizit der Organisation oder Institution im Organizational Burnout. Hier wurden nämlich seit Langem immer wieder Versprechen gebrochen. Oft nicht nur hinsichtlich rettender Investoren oder zukünftigen Verbesserungen der Organisation oder der Produkte, sondern auch hinsichtlich persönlicher Entwicklungschancen oder künftiger Arbeitsentlastungen. Enttäuschtes Vertrauen führt zu Sprachlosigkeit, denn dann ist die gemeinsame Basis verloren.

Es gibt einen weiteren Grund, warum Führungskräfte ihre Mitarbeiter im Organizational Burnout nicht mehr erreichen können. Die Mitarbeiter sind nicht nur von dem enttäuschten Vertrauen bedrückt, sondern sie haben auch den Glauben in die Befähigung des Managements verloren. Wenn Eltern ihren Kindern Versprechungen geben, die sie dann nicht einhalten, werden ihre Kinder ihren Versprechungen künftig nicht mehr vertrauen; wenn Eltern in den Augen ihrer Kinder nicht alle Probleme dieser Welt lösen können – was sie ihnen zunächst zutrauen –, reduziert sich das Vertrauen in die Eltern, die Kinder sind von ihren Eltern enttäuscht und ärgern sich über sich selbst, wie sie nur glauben konnten, dass ihre Eltern Übermenschen seien. So darf man sich die psychologische Reaktion von Mitarbeitern in dieser Phase des Organizational Burnout vorstellen. Der CEO wird entzaubert, der Chef ist vor Irrtümern nicht gefeit und ob man ihm weiter zutrauen kann, die Organisation oder Institution zu führen, ist zunehmend zweifelhaft. Nun will der Mitarbeiter vor sich selbst nicht das Gesicht verlieren und stellt sich im Stillen die Frage, warum er der Führung vertraut hat und warum er dem Management die Führung überhaut zugetraut hat. An diesem Punkt wird sich der Mitarbeiter verschließen wie eine angepiekste Auster, auch um sich vor weiteren Verletzungen zu bewahren.

Wenn dieser Punkt erreicht ist, kann die Führung den verschlossenen Mitarbeiter nicht mehr überzeugen, schon gar nicht mehr begeistern und nur noch dessen Erwartungen enttäuschen.

TESTFRAGEN:

Sie glauben nicht mehr an die Versprechungen des Managements, denn es wurde bereits viel versprochen und eigentlich nie etwas gehalten?

Sie wissen als Vorgesetzter, dass Sie nicht immer Wort halten konnten, weil sich die jeweiligen Situationen verändert hatten, aber Sie wissen auch, dass die Betroffenen das so nicht sehen?

Sie haben gerade in letzter Zeit erleben müssen, dass der Chef keinen Rat mehr wusste und Sie mit Ihrem Problem allein ließ?

Wenn Sie interne Mitteilungen lesen, fragen Sie sich, was wirklich gemeint ist und was das für Sie im schlechtesten Fall zu bedeuten hat?

Sie möchten gerne an die Zukunft Ihres Unternehmens glauben, Sie wissen aber auch, dass es mit dieser Führung keine Zukunft geben wird?

4.17   Kontrollverlust

Wer an der Spitze einer Organisation oder Institution im fortgeschrittenen Organizational Burnout steht, wird sich immer stärker bewusst, wie seine Steuerungsinstrumente versagen. Der führungsgewohnte Manager bekommt intuitiv Angst vor dem Verlust der Souveränität und davor, nicht jederzeit die angemessene Kontrolle zu haben und auszuüben. Auch für psychisch stabile Manager ist es extremer Stress, wenn sie plötzlich realisieren, wie ihnen vermehrt die Kontrolle aus der Hand zu gleiten droht und sie hilflos zum Spielball der Ereignisse werden. Wenn Großaufträge platzen, wichtige Mitarbeiter zum Wettbewerb gehen oder der Wettbewerb gar versucht, ein sehr unfreundliches Übernahmeangebot zu platzieren, dann liegt – in der Wahrnehmung des Managements – von einem Moment auf den anderen der weitere Verlauf nicht mehr in den eigenen Händen, sondern wird durch Entscheidungen anderer bestimmt. Ein solcher Kontrollverlust löst Angst, vielleicht Wut und verzweifelten Widerstand aus. Ein Gedanke wird bestimmend: Wenn es jetzt nicht gelingt, das Ruder in die Hand zu nehmen, bleibt mein Unternehmen, bleibe ich auf der Strecke; wenn ich jetzt versage, gibt es keinen zweiten Versuch. Panik!

Die Wahrnehmung des Kontrollverlustes ist eine ernste Bedrohung für die Führungskraft und wird im Hirn die gewohnten Funktionen einschränken oder ausschalten. Eines der drei archaischen Notfallprogramme wird aktiv, welches dann ohne bewusste Kontrolle abläuft. Der menschliche Körper reagiert auf Stresssituationen nach einem seit Jahrmillionen verankerten Schema. Flucht, Kampf und Starre (Sich-Tot-Stellen) sind die Grundreaktionsmuster. Der Organismus mobilisiert kurzfristig sämtliche Reserven. Stresshormone werden freigesetzt. Sie mobilisieren Energiereserven wie Zucker und Fett, erhöhen den Blutdruck und die Pulsfrequenz, beschleunigen die Atmung. Die Muskulatur wird auf Leistung eingestellt. Anspannung ist die Folge. Andere Funktionen werden heruntergefahren wie die Immunabwehr, die Verdauung und Sexualfunktionen. Dies alles geht einher mit einer Drosselung der körpereigenen regenerativen Funktionen. Unter Dauerstress versucht sich der Organismus, mit immer neuen Mobilisierungsprozessen an die Herausforderungen anzupassen, allerdings nutzen diese im Büro wenig. Krankheit droht, die Belastung wird unerträglich, der Manager stellt seine Prioritäten um; jetzt geht es um das eigene, nackte Überleben bei Wahrung der Würde.

Es kommt zur Reaktanz des Managements. Das heißt, man will die nunmehr eingeschränkte Handlungssouveränität unbedingt wieder freibekommen. Auf diese Weise möchte sich der Betroffene seine Position der Stärke zurückerobern, selbst wenn es gar nicht mehr möglich ist. Ganz typisch für die Reaktanz ist eine Aufwertung der verlorenen Möglichkeiten, d. h., gerade diejenigen Freiheitsgrade, die der Person genommen werden, sind nun die, die von dem Manager als besonders wichtig erlebt werden. War es ihm eben noch relativ gleichgültig im Beirat einer der Konzerntöchter zu sitzen, wird es bei Wegfall nun zu einer Frage des Prestige. War der Manager eben noch allein zeichnungsberechtigt und soll sich nun die Vollmacht teilen, empfindet er eine Degradierung, selbst wenn sie objektiv nicht vorhanden ist.

Was ist unter den Begriffen Kontrolle und Kontrollverlust zu verstehen? Kontrolle zu haben bedeutet, dass es einen eindeutigen Zusammenhang zwischen dem eigenen Handeln und den darauf folgenden Konsequenzen gibt. Unkontrollierbarkeit (bzw. ein Kontrollverlust) liegt dann vor, wenn es keinen oder nur einen zufälligen Zusammenhang zwischen eigenem Handeln und erzielter Wirkung gibt. In diesem Fall macht es für das Ergebnis keinen Unterschied, ob man überhaupt etwas tut oder nicht. Wer plötzlich feststellen muss, dass er keinen Einfluss mehr auf das Geschehen im eigenen Steuerungsbereich hat, bekommt Angst bis hin zur Panik. Die erste Reaktion nach Überwinden der Schrecksekunde ist hektisches Bemühen, die verloren gegangene Kontrolle wieder herzustellen. Manager berufen eine Konferenz ein und holen Anwälte oder Berater dazu. Mitarbeiter, die Gerüchte von einer bevorstehenden Fusion hören, diskutieren in den Fluren aufgeregt und alarmieren den Betriebsrat.

Wenn aber die hektische Betriebsamkeit nichts bewirkt, setzen Frustration und Resignation ein: Der Manager starrt aus dem Fenster oder ruft seine Frau an. Die Mitarbeiter gehen benommen an ihre Arbeit zurück und nehmen unkonzentriert ihr Tagesgeschäft wieder auf. Hilflosigkeit und Ohnmacht sind dann die dominierenden Gefühle.

Bei sich abzeichnenden Veränderungen im Unternehmen entschließen sich erfahrungsgemäß die meisten Menschen erst einmal zum Abwarten. Wobei diese Entscheidung meistens nicht bewusst getroffen wird, sondern indirekt, nämlich durch Unterlassen gezielter und planmäßiger Aktivitäten. Nur wenige Mitarbeiter und Führungskräfte beginnen bereits zu diesem Zeitpunkt, ihre beruflichen Alternativen zu sondieren. Stattdessen warten sie ab, wie die Dinge sich entwickeln. Starre tritt ein, man stellt sich tot, will nicht auffallen.

In den meisten Fällen kann dann die befürchtete Veränderung relativ schnell gehen und es herrschen wieder klare Verhältnisse. Nicht so bei einer Organisation oder Institution im Organizational Burnout: Die Ungewissheit wird sich hier über lange Zeit hinziehen. Je länger die Zeit des Wartens dauert, desto höher ist die Belastung für die Betroffenen, denn umso länger dauert der Zustand an, dass sie keine Kontrolle über das eigene berufliche Schicksal haben und dem Gang der Dinge mehr oder weniger hilflos ausgeliefert sind.

In solchen Fällen steht jede Führungskraft und jeder Mitarbeiter vor einer schwierigen Entscheidung: Fügt er sich in sein Schicksal und wartet ab oder entscheidet er sich, die Initiative zu ergreifen? Erstaunlich viele wählen erfahrungsgemäß den Weg des Stillhaltens: Sie lassen die Entwicklung in Duldungsstarre über sich ergehen. Auch hier dominieren unsere kulturethnohistorischen Wurzeln, die uns befehlen abzuwarten und Energie aufzusparen, um für den schlechtesten Fall Kräfte zu sammeln und bis dahin Risiken zu vermeiden. Eine Minderheit dagegen – und das sind in der Regel die tüchtigen, auch sonst aktiven Mitarbeiter – entschließt sich, ihr Schicksal in die eigene Hand zu nehmen. Manche bemühen sich sogar aktiv um die Mitarbeit in Projekt- oder Changeteams, um so Einblick in die Veränderungen und Einfluss auf sie zu bekommen; manche machen sich aktiv auf die Suche nach beruflichen Alternativen; manche tun auch beides. Das heißt, je länger der Kontrollverlust an der Spitze und die allgemeine Ungewissheit andauern, desto größer wird die Wahrscheinlichkeit, dass gute Mitarbeiter abwandern.

Diese Alternative hat die Unternehmensspitze nicht so ohne Weiteres. Ein Eigentümer kann nicht kündigen, der geschäftsführende Gesellschafter hat sich möglicherweise verschuldet, um Teilhaber zu werden, und selbst der angestellte Vorstand kann nach dem Aktienrecht nicht zur Unzeit seinen Rücktritt erklären, wenn er damit die AG handlungsunfähig zurücklassen würde und später nicht böse Nachhaftungen erleben will. Dennoch kann man – als angestellter Vorstand oder Geschäftsführer – die Handlungsfähigkeit gut zurückgewinnen, wenn man sich selbst und damit seine liebgewordenen Privilegien zur Verfügung stellt. Dann nämlich muss der Eigentümer/Aufsichtsrat handeln und im Zweifel wird er – mangels Alternative – dem Vorstand das Vertrauen erklären.

Interessant ist es, wenn man solche Führungskräfte nach ihrer Kündigung fragen kann, weshalb sie sich zu einem Wechsel entschlossen haben. Man hört dann fast immer die gleiche Begründung: Man habe ihnen zwar manches in Aussicht gestellt, aber eben keine definitive Zusage gemacht. Dies klingt sehr rational und vernünftig; die Betreffenden haben offenbar die Sicherheit eines festen Vertrags höher gewichtet als die guten Worte der Eigentümer. Nicht selten jedoch steht dieses Sicherheitsargument im Widerspruch zu der Art der neuen Aufgabe, die der Betreffende nun übernommen hat – ganz abgesehen davon, dass jeder Wechsel auf dieser Ebene mit einem gewissen Risiko verbunden ist. Vieles spricht dafür, dass ein wesentlicher Grund für die Entscheidung zu einem Wechsel das unbewusste Motiv ist, auf diese Weise durch eigenes aktives Handeln die verlorene Kontrolle und die Würde zurückzugewinnen.

In dieser Stufe des Organizational Burnout ist nahezu berechenbar der Eintritt des Kontrollverlustes der Führung zu prognostizieren. Oft kommen dann – scheinbar zufällig – mehrere unglückliche Ereignisse zeitgleich zusammen. Die Orientierung geht verloren, die Energie reicht nicht mehr zur Gegenwehr, die Organisation oder Institution strauchelt tiefer in die Organizational-Burnout-Spirale hinein.

TESTFRAGEN:

Sie hören von ungewöhnlich vielen Sitzungen oder informellen Treffen des Aufsichtsrats und Ihr Management scheint kraftlos und angeschlagen?

Sie haben gehört, dass einige Kollegen dabei sind, sich nach einer anderen Firma umzusehen, weil sie das Führungsdefizit nicht mehr länger ertragen wollen?

Sie selbst haben als Führungskraft den Eindruck, dass gerade jetzt so viel auf Sie einstürzt, dass Sie kaum zum Luft holen kommen?

Sie fragen sich, ob Sie dem Ganzen noch gewachsen sind?

Sie haben den Eindruck, dass es eigentlich fast egal ist, ob oder was man tut, aber das Unternehmen schleudert immer weiter auf den Abgrund zu?

4.18   Diffuse Sehnsucht nach dem „Big Bang" des Neubeginns

Der emotionale Wunsch, einen früheren – wohltuenden – Zustand wieder herzustellen, nennt man Sehnsucht. Man kennt das frühere gute Gefühl und möchte es wieder spüren; es war einmal schön und es soll wieder schön werden. Es ist die Sehnsucht nach dem früheren Erfolg, aber auch die Sehnsucht nach Ruhe, Geborgenheit und Gelassenheit. Von älteren

Menschen kennt man die wehmütige Aussage: „Zu meiner Zeit war alles besser". Sie vermitteln uns damit ihre Sehnsucht nach dem „Früher" und nach dem, was für sie einmal gut war.

Im Organizational Burnout wächst zunehmend eine kollektive Sehnsucht, die früheren Erfolge wieder zu erleben, die Möglichkeiten des Marktes wieder aktiv mitzubestimmen und insgesamt wieder Herr des Handelns zu sein und nicht – wie typisch in einer dieser letzten Symptomphasen des Organizational Burnout – dem Handeln anderer ausgeliefert zu sein. Man würde wieder so gerne handeln und nicht behandelt werden. Allerdings bleibt diese gemeinsame Sehnsucht diffus, d. h., es bleibt ein nebelhaftes Gefühl des einzelnen Mitarbeiters und der Einzelne trägt es nicht auf den informellen Informationsmarkt der Firma.

Warum? Wir sind in den Organisationen als rationale, starke, selbstbewusste und stets nach vorn denkende, immer berechenbar funktionierende Menschen sozialisiert worden. In dieses heroische Selbstbild passen keine nostalgischen Gefühlsbilder. Wer in der Cafeteria seine Sehnsucht nach der guten alten Zeit zum Ausdruck bringt, gilt als von Gestern und dem heute nicht mehr gewachsen. Und so ist eine kollektive Sehnsucht nach dem Gestern in einer Organisation oder Institution von Heute, die morgen erfolgreich sein soll, kontraproduktiv. Hier binden sich wertvolle, emotionale Energien an falsche, mentale Ziele!

In der Folge wird die Sehnsucht nach dem früheren Glanz kompensiert. Man ruft also nicht nach dem Gestern, sondern nach dem großen Neubeginn, nach dem Big Bang, der alles zum Guten, Besseren und somit zu alter Stärke wendet. Das mittlere Management ruft nach einer grundsätzlich neuen Strategie und meint im Grunde den Wechsel an der Spitze; der Betriebsrat ruft nach einer zukunftsorientierten Personalplanung und meint konkret Arbeitsplatz- und Gehaltsgarantien – und die Führungsspitze formuliert „kristallklare" Erwartungen an die Mannschaft und meint, dass es mit dieser trägen und rezeptiven Haltung der zweiten Ebene so nicht weitergehen kann. Das lautstarke Fordern eines strategisch grundsätzlichen Neubeginns soll im Kern nur das „Zähneklappern der Zukunftsangst" übertönen.

Der Big Bang in der Spätphase des Organizational Burnout wird nicht stattfinden und nicht stattfinden können. Dazu fehlen einfach die Prämissen.

Die grundsätzlichen Voraussetzungen für einen emotionalen und faktischen Neubeginn – der in dieser Phase des Organizational Burnout ernst genommen und gemeinsam gelebt würde – sind die Folgenden (Sie können dann selbst beurteilen, wie unwahrscheinlich es ist, dass in der kritischen Spätphase des Organizational Burnout ein Neubeginn stattfindet):

■ Ehrliche Bereitschaft zur selbstkritischen Analyse

Jetzt geht es darum, nicht nur zu sehen, was man zu sehen erwartet, sondern die Probleme offen zu benennen und das Kernproblem wirklich zu lokalisieren. Dazu muss man die zu starke Eingrenzung des Problems vermeiden und die Ursachen und Folgen unparteiisch von allen Seiten betrachten. Es müssen die relevanten Daten von den verfügbaren Daten unterschieden werden und vor allem sind wirklich sämtliche Informationen auch zu nutzen.

Nach meiner Erfahrung wirken diese Analysehürden schon bei der ersten Lösungssuche hinderlich. Dies kann und wird zu einer falschen Standortbestimmung und zur Entwicklung von schlechten Lösungen führen, die bis zum Kern des eigentlichen Problems nicht vordringen. Im Ergebnis ist es dann eine Verschwendung bzw. fehlgeleiteter Einsatz von finanziellen, personellen und zeitlichen Ressourcen.

■ Bereitschaft Risiken einzugehen und Fehler zuzulassen

Sie dürfen jetzt keine Furcht haben, einen Fehler zu machen bzw. zu versagen, vielmehr brauchen Sie die Gelassenheit, auch zweideutige Informationen zu verarbeiten und zu akzeptieren. Sie müssen sich enthalten – trotz des Erfolgsdrucks –, Ideen sofort zu bewerten oder zu verwerfen, vielmehr müssen Sie Raum für die Kreativität Ihres Teams schaffen, um neue Ideen generieren zu können. Sie brauchen die Bereitschaft, in Ruhe eine Lösung zu suchen, obwohl angeblich die Notwendigkeit zur schnellstmöglichen Lösung besteht. Diese emotionalen Behinderungen sind ein Problem, da sie sich ungünstig auf die Generierung neuer Ideen und Lösungsansätze auswirken; da sie zwar Hoffnungen generieren, aber zu Enttäuschungen führen werden.

■ Entschlossenheit, kulturelle Hürden einzureißen

Sie werden nun die bekannten Tabus über Bord werfen, denn bestimmte Sachverhalte in einer Organisation oder Institution haben bekanntlich Tabu-Charakter und können daher nicht analysiert und verändert werden. Sie sind bereit, die Kultur in Frage zu stellen, denn die meisten Organisationskulturen legen Wert auf zielgerichtete Denkweisen und so sind Gedankenspiele und Fantasie wegsozialisiert. Sie wissen aus Ihrer Erfahrung in Ihrer Firma, dass Problemlösung kein Vergnügen ist und Humor keinen Platz im Prozess der Lösungsfindung hat, obwohl dieser stark mit der Erzeugung von Kreativität und Gedankensprüngen verbunden ist. Nein, hier hat man nichts zum Lachen.

Die kulturellen Bremsklötze behindern die Entwicklung und Evaluation von Lösungsmöglichkeiten und begrenzen den Radius der Lösungsideen.

■ Der Wille auf allen Ebenen zur gegenseitigen Akzeptanz

Veränderungen werden oft als Gefahr für den eigenen Status gesehen und durch die Veränderungen werden sowohl Mitarbeiter als auch das Unternehmen aus der eigenen „Komfort-Zone" herausgerissen. Sie wissen das und können damit umgehen, wenn die Teilnehmer des Prozesses versuchen, neue Ideen zu stoppen oder sie zu ignorieren.

Sie lassen sich von der mangelnden Akzeptanz Ihrer berechtigten und konstruktiven Kritik nicht stören. Gerade Ihre eigene Fähigkeit, Kritik zu akzeptieren, ist für die Bildung von Vertrauen und Unterstützung wichtig. Dies führt letztendlich zu einer Verbesserung, die notwendig ist, um Ideen zu erzeugen und diese umzusetzen. Sie gehören nicht zu den Chefs, die die Antworten immer bereits kennen. Denn nur, wenn Sie Ihren Mitarbeitern tatsächlich zuhören, werden Sie in der Lage sein, deren Kreativität zu nutzen.Die Akzeptanzhindernisse wirken insbesondere für die Entwicklung des Klimas, in welchem ein Big Bang abliefe.

■ Ehrliche Kommunikation auf Augenhöhe und ohne jeden Zynismus

Sie kommunizieren empfängerorientiert und wissen, wie Sie mit attraktiven Zukunftsszenarien begeistern. Sie wissen, der Einsatz der richtigen Sprache ist mitverantwortlich für die Erzeugung von Kreativität beim Lösen von Problemen.

Wenn Sie sich diese fünf Voraussetzungen für einen wirklichen „Big Bang" des Neubeginns vor Augen führen, stellt sich kaum noch die Frage, warum eine Organisation oder Institution im fortgeschrittenen Organizational Burnout dazu kaum mehr in der Lage ist.

TESTFRAGEN:

Nachdem bereits viele Maßnahmen neu eingeleitet wurden und sich eigentlich nichts geändert hat, haben Sie das Gefühl, Ihnen läuft die Zeit weg und es müsste jetzt wirklich einen Neustart geben?

Sie fragen sich, wie lange die Gesellschafter eigentlich noch zusehen, bis es gründlich kracht?

Ihre Kollegen und Sie warten längst darauf, dass in Ihrer Firma an irgendeiner Stelle bald etwas zusammenbricht und dann – so hoffen Sie – muss ja etwas geschehen?

Sie haben als Manager bereits unauffällig mit einem potenziellen Käufer Kontakt aufgenommen?

4.19   Hoffnungslosigkeit

„Das hat ja doch keinen Zweck!", ist nun die gemeinsame Überzeugung von Management und Mitarbeitern. Wirklich alles ist im letzten Jahr schiefgegangen und davor war es auch nicht besser. Selbst mit dem neuen CEO ist im Kern alles gleich geblieben, dabei hat der Wettbewerb trotz mancher Probleme am Markt im Vergleich zu Ihnen eine gute Performance gezeigt. Es ist zum Verzweifeln, zumal eine ganze Reihe guter Mitarbeiter bereits gegangen sind bzw. gekündigt haben. Man selbst hat auch bereits mehrfach über einen Wechsel nachgedacht, aber das ist nicht ohne Risiko und außerdem würde man auf eine gute Abfindung verzichten. Insgesamt ist es eine Sisyphusarbeit geworden, immer härter und dennoch ohne Erfolg. Die Situation ist kaum noch zu ertragen und wenn die Kollegen nicht wären, würde man am liebsten gar nicht mehr in die Firma gehen.

„Die Hoffnung stirbt zuletzt", so sagt man. Wenn allerdings in einer Organisation oder Institution das Handeln vom Hoffen abgelöst wurde und nur noch das Hoffen bleibt, ist die Lage buchstäblich hoffnungslos geworden. Wenn das Tagesgeschäft nur noch energielos und reaktiv abgewickelt wird und tatsächlich aktives Planen und Handeln nicht mehr stattfinden, wird das Unternehmen in den Wellen und Stürmen des Marktes hin und hergeworfen, wie ein Schiff auf hoher See, dessen Ruder gebrochen ist.

Die Stimmung ist depressiv, scheinbar hat sich Mehltau auf die Organisation gelegt. Die letzten bisher aktiven Mitarbeiter einschließlich des Managements spinnen sich in einen Kokon ein, um auf eine andere, vielleicht eine bessere, Zeit zu warten. Man will einfach nicht mehr. Aus Hoffnungslosigkeit wird Stillstand, aus Stillstand Paralyse. Spätestens in dieser Phase ist aus der strategischen und operativen Krise auch eine Liquiditätskrise geworden. Man kann es bereits vorauszusehen, ab wann die Liquidität erschöpft ist und die bestehenden Kreditlinien überschritten werden.

Die Hoffnungslosigkeit ist die vorletzte Phase des Organizational Burnout. Ohne sie könnte es die letzte Phase der organisationalen Suizidbereitschaft nicht geben. Das Unternehmen ist bereits klinisch tot, es weiß es nur noch nicht.

TESTFRAGEN:

Sie haben bereits Ihre persönlichen Gegenstände aus dem Büro mitgenommen, weil Sie damit rechnen, dass es am Ende ganz schnell gehen kann?

Sie wissen es längst, es ist nur noch eine Frage der Zeit und der Insolvenzverwalter übernimmt?

Sie können sich nicht vorstellen, wie die Firma noch gerettet werden könnte, selbst ein Wunder käme jetzt zu spät?

Wenn jetzt jemand käme und die Verantwortung übernehmen würde, wären Sie als Eigentümer sogar bereit, die Firma für einen Euro zu verkaufen, Hauptsache Sie sind raus?

Sie spüren, dass Sie es auch körperlich nicht mehr lange aushalten werden?

Eigentlich braucht man gar nicht mehr in die Firma zu gehen?

4.20 Unbewusste Duldung des Organisationssuizids

Kann sich eine Organisation in den Tod stürzen? Den letzten Stoß in den Abgrund geben Dritte, denn in dieser finalen – letalen – Phase sind das Management oder die Eigentümer selbst dazu zu schwach, um beispielsweise noch eine stille Liquidation zu organisieren. Selbst wenn die Substanz, sprich die „Masse" und die liquiden Mittel des Unternehmens, diesen ehrenvollen Schritt erlauben würde. Die Entscheider verharren in Duldungsstarre oder sehen sich im Geheimen nach einem Käufer um, in der Hoffnung, dann selbst zu überleben. Die zweite Ebene geht klar auf Distanz und versucht – nach dem Motto „rette sich wer kann" – nur noch das Netzwerk für einen schnellen Wechsel zu nutzen. Man nimmt Urlaub oder meldet sich krank, um nicht vor Ort zu sein, wenn es zum Äußersten kommt, und in der Hoffnung nicht im Abwärtssog mitgerissen zu werden. In der operativen Ebene (und nicht nur dort) finden ebenfalls letzte Ausnahmeaktivitäten statt. Konkret: Es kommt zu Absentismus und zu Diebstählen von Daten, Produktionsmitteln und – wo es möglich ist – sogar von Geld. Wenn nicht immer noch einige Wenige beherzt und ehrenhaft ihren Job machen würden, käme es regelrecht zur still geduldeten Ausplünderung des Unternehmens, nach dem Motto, „Bevor das in der Insolvenzmasse untergeht und verschleudert wird, nehmen wir es besser mit". Tatsächlich gehen in dieser letzten Phase des Organizational Burnout die ethischen Maßstäbe über Bord.

Leider musste ich diese Situation selbst erleben, als ein US-basiertes Unternehmen kurz vor dem Antrag von Chapter 11[64] stand und nicht wenige Mitarbeiter entlassen und Niederlassungen geschlossen werden sollten. Man kam eines Morgens in die Berliner Niederlassung und es fehlten Laptops und sogar Chefsessel aus den Büros. Es konnten nur die eigenen Mitarbeiter gewesen sein. Man rief die Polizei und ließ alle Mitarbeiter befragen, allerdings verzichtete man auf eine Anzeige mit nachfolgenden Hausdurchsuchungen, um den ehrlichen Mitarbeitern diese Peinlichkeit zu

---

[64] Der US bankruptcy code ist Buch 11 (*Title 11*) des United States Codes. *Chapter 11* dieses Codes regelt eine vom Gericht überwachte Reorganisierung der Firmenfinanzen.

ersparen. Anschließend wurde nichts mehr entwendet, allerdings tauchten die Gegenstände auch nicht wieder auf.

Nicht selten wird die Entscheidung für eine finale Lösung durch den Aufsichtsrat oder ein vergleichbares Gremium getroffen, zum Beispiel durch den Konzernvorstand, der über die Zukunft einer Auslandstochter oder Beteiligung zu Gericht sitzt. Leider habe ich erleben müssen, dass in solchen Besprechungen nicht allein rationale Motive eine Rolle spielen. Vielmehr ging es darum, wer im Konzernvorstand sein Gesicht wahren wollte, wer möglicherweise schon immer gegen diese Beteiligung war oder wer einem „Kollegen" eine Niederlage gönnen wollte. Man könnte es – zugegeben – etwas resignativ nennen: „Firmentot aus Eitelkeit im Wettbewerb der Helden". Natürlich kommen diese Fälle immer einmal vor und gehören nicht nur zum Bild des OBO, allerdings ist die Gefahr in einem OBO signifikant höher, denn das Immunsystem der Organisation ist schwach und die Abwehr unlauterer Angriffe im Vorfeld einer solchen Krisensitzung kaum noch möglich.

Es stellt sich die Frage, ob eine öffentliche Institution in den Organisationssuizid gehen bzw. getrieben werden kann? Ein Präsident eines Bundesamtes kann sein Amt nicht abwickeln, nicht verkaufen oder liquidieren. Allerdings können die zuständigen Gremien veranlassen, die Existenzberechtigung prüfen zu lassen. Der Bundes- oder die Landesrechnungshöfe beispielsweise sind Einrichtungen, die zu solchen Prüfungen herangezogen werden. Historisch kam es zu solchen Veränderungen, wenn man beispielsweise an die Auflösung des Bundesministeriums für Post und Telekommunikation im Januar 1998 oder des Bundesministeriums für innerdeutsche Beziehungen im Januar 1991 denkt, wenn auch selbstverständlich das Thema des OBO hier keine Rolle spielte. Die Beispiele zeigen nur, dass selbst das Undenkbare – die Auflösung eines Bundesministeriums – möglich ist. Vielleicht ist der Fall der Bundesanstalt für Arbeit noch am ehesten geeignet, als Beispiel zu dienen, denn man erinnert sich an die allgemein empörte Diskussion um die Megainstitution. Am 1. Januar 2003 traten die drei „Gesetze für moderne Dienstleistungen am Arbeitsmarkt" in Kraft. Sie setzen wesentliche Module der Hartz-Kommission um: nämlich die Umbenennung der „Bundesanstalt für Arbeit" in „Bundesagentur für Arbeit", ihre Reform, die teilweise Deregulierung am Arbeitsmarkt und die Änderungen im Leistungsrecht.

Zurück zu den Unternehmen: Wenn der Vorstand oder die Geschäftsführung nun nicht selbst und fristgerecht den Insolvenzantrag stellt, muss oder wird es die Eigentümerschaft tun. Dazu sind die rechtlichen Rahmenbedingungen eindeutig und der weitere Ablauf obliegt dann nicht mehr der Organisation oder Institution, auch nicht mehr den bisherigen Organen. Die Wahrscheinlichkeit, aus dieser Lage nochmals zu einem markt- und wettbewerbsfähigen Unternehmen zu kommen, ist verschwindend gering; jedenfalls nicht, wenn die davor liegende Ursachenkette aus einem Organizational Burnout hervorging. Damit endet dann die Geschichte eines vermutlich alten, großen und ehemals erfolgreichen Unternehmens.

TESTFRAGEN:

Wenn Sie glauben, Ihre Organisation oder Institution sei in dieser letzten Phase des Organizational Burnout bereits angekommen, dann haben Sie an dieser Stelle nicht mehr das Bedürfnis, Testfragen zu beantworten. Wenn eine Firma von außen betrachtet kurz vor dem Abgrund steht, dann ist es leider auch nicht mehr relevant, ob die Ursache das irreversible OBO ist. Dann ist es einfach zwingend notwendig, die Reißleine zu ziehen.

Sie kennen jetzt die 20 typischen Symptome der Entwicklung des Organizational Burnout und Sie haben eine ziemlich genaue Einschätzung bekommen, ob in Ihrem Unternehmen oder in Ihrer Organisation nur erste oder bereits fortgeschrittene Anzeichen für das Problem zu erkennen sind.

Die folgende Grafik (Abbildung 4.2) zeigt die systemischen Zusammenhänge der Burnout-Entwicklung in Unternehmen, denn die Symptome stehen nicht allein im leeren Raum. Es gibt eindeutige Zusammenhänge und Ursache-Folge-Beziehungen, die in jeder Organisation leicht differenziert sein können, aber prototypisch zwangsläufig sind. Auch wenn ein oder zwei Symptome der beschriebenen Entwicklung allein nicht reichen, um mit Sicherheit von einem OBO zu sprechen, so wird man bei der vergleichenden Analyse mit dem eigenen Unternehmen feststellen, dass jedes aktuelle Problem eine Vorgeschichte hat.

Die Grafik soll auch die Zusammenhänge von Ursache und Folge der 20 geschilderten Symptome sichtbar machen. Das OBO nimmt einen zunächst schleichenden und dann immer stärker zu spürenden Verlauf. Aus diesen

Zusammenhängen kann man geradezu unter Laborbedingungen Prognosen des weiteren Verlaufs erstellen, wenn man aus den eigenen Beobach-
tungen ableiten kann, wie weit bereits das OBO in der eigenen Organisation oder Institution entwickelt ist. Mithilfe dieser Abbildung können Sie
verproben, in welcher der vier Phasen des OBO Ihre Firma ist und ob es
noch Chancen gibt, mit eigener Kraft eine Selbstheilung einzuleiten. In
jedem Fall werden Sie ggf. erkennen, dass es höchste Zeit zum Handeln ist.

Nun stellen Sie sich vermutlich die Frage, ob Ihrem Unternehmen oder
Ihrer Institution noch geholfen werden kann? Es hängt – wie so häufig –
von mehreren Voraussetzungen ab:

a. die Metastasenbildung des Organizational Burnout,

b. die Bereitschaft der Führung Ihre heroische Unfehlbarkeit aufzugeben,

c. die Entschlossenheit der mittleren Ebene zur harten Wende,

d. eine ausreichende Liquidität, um genug Zeit für eine OBO-Therapie zu
    haben.

Bis auf den ersten Punkt werden die Themen in den Folgekapiteln behandelt. Tatsächlich kann das Organizational Burnout unter der Oberfläche
bereits tief in den lebenswichtigen Elementen der Organisation oder Institution festsitzen und ist unheilbar geworden. Beispielsweise wenn die
Entwicklung oder der Vertrieb bereits der diffusen Sehnsucht nach dem
Neubeginn verfallen ist, während die Produktion oder Logistik immer
noch darüber diskutiert, warum die Ressourcen abnehmen.

Bei der Betrachtung des Gesamtorganismus des Unternehmens kann in der
ersten (latenten) Phase des Organizational Burnout noch von einer unprob-
lematischen Revitalisierung der Organisation oder Institution ausgegangen
werden. Bis dahin wäre eine Selbstheilung absolut möglich, wenn das
Organizational Burnout selbst verbindlich diagnostiziert worden ist und
die obigen Voraussetzungen gegeben sind. Allerdings fällt es schwer sich
vorzustellen, dass eine Selbstdiagnose in einem so frühen Stadium erfolgen
würde; zu oft ist das Problembewusstsein bis dahin einfach zu wenig ausgeprägt.

In Phase 2 (akutes OBO) ist die Therapie des Organizational Burnout noch vergleichsweise schnell – also innerhalb eines Jahres – möglich, wenn die kollektive Bereitschaft zur Therapie gegeben ist und es als reale Chance begriffen wird, gemeinsam entschlossen zu handeln. Hier wird es dann nur einer Wegbereitung durch einen begleitenden Coach bedürfen.

Später, in Phase 3 des chronischen OBO, wird es schwierig, denn nun bedarf es tatsächlich einer „Operation am offenen Herzen". Wie bei jeder Operation muss dann Risiko und Chance sorgfältig abgewogen werden. Man muss jetzt schnell die Frage beantworten, ob man auch ohne jeden Eingriff noch genug Unternehmenssubstanz (beispielsweise: Markenwert, Patente oder Vertriebsnetz) retten kann, um quasi durch eine „Transplantation" auf einen neuen Firmenkörper einen sicheren Neubeginn zu starten, oder ob das nicht mehr möglich ist und man die Organisation seriös abwickeln muss, um größere Kolateralschäden zu vermeiden.

Wenn erst in der vierten, letalen Phase, eingegriffen werden kann, steuert die Organisation unaufhaltsam in den Abgrund. Wenn bereits der Kontrollverlust eingetreten ist, kann durch die Führungsmannschaft keine Wende mehr erreicht werden. Nun gilt es schnell zu sein, denn mit jedem Tag werden irreversibel Werte vernichtet. Jetzt taumelt die Organisation oder Institution durch das Tagesgeschäft, immer mehr Kunden und Lieferanten, Banken und Medien bemerken den paralysierten Zustand und das noch bestehende Vertrauen zerfällt zu Staub.

Abbildung 4.2   Vernetzung der OBO-Symptome

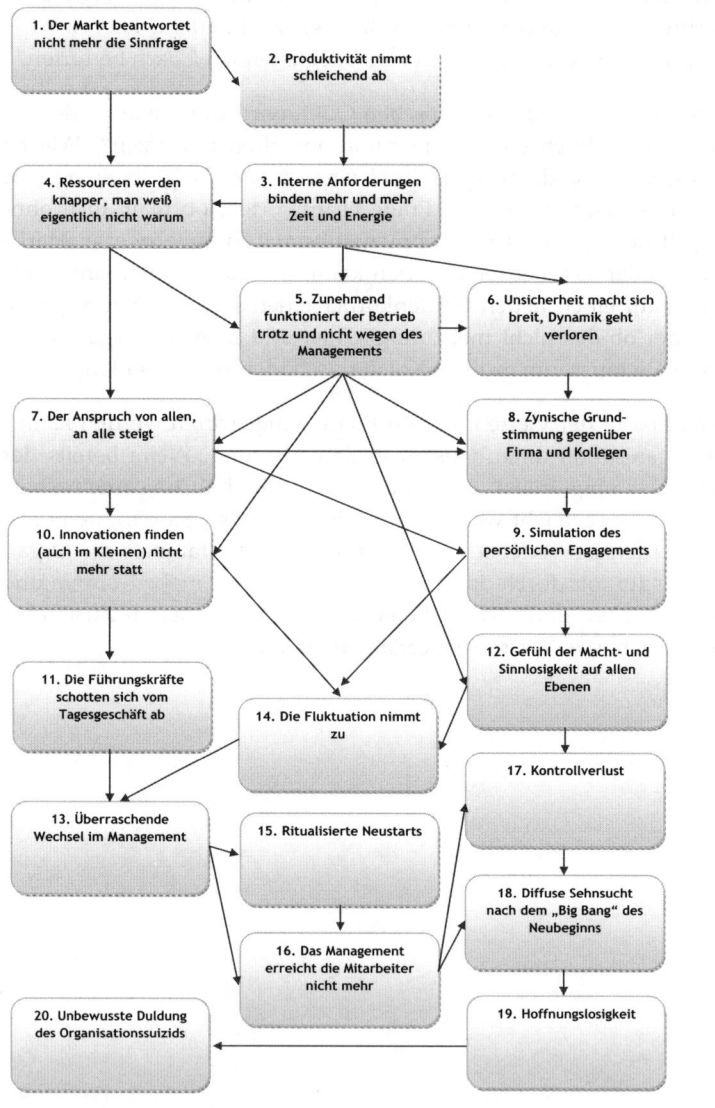

5 Folgen des Organizational Burnout

Die ersten vier Kapitel haben die Ursachen und erkennbaren Symptome und deren Interdependenzen behandelt. Kapitel 5 fragt nach den sichtbaren Folgen des OBO, bevor wir uns danach – in Kapitel 6 – der Diagnose zuwenden. Die jetzt beschriebenen Folgen des Organizational Burnout sind die sicht- und wahrnehmbare Grundlage für eine eindeutige Diagnose des OBO.

Das OBO ist nicht zuletzt deshalb so gefährlich, weil die Folgen bereits ihr zerstörerisches Unheil anrichten, noch bevor der „Symptomträger Organisation" bemerkt, dass eine „Burnout-Infektion" vorliegt. Dazu tritt der fatale Effekt der Realitätsverweigerung des Managements. Diese Realitätsverweigerung gibt dem Management eben nicht das Gefühl von Hilflosigkeit, sondern im Gegenteil: die Führung ist überzeugt davon die Lage „voll im Griff" zu haben.

Die wichtigste *externe* und messbare Folge eines sich ausbreitenden OBO ist das zunehmende Marktversagen der Organisation oder Institution. Wie bereits in Kapitel 2 sowie in Kapitel 4.1 beschrieben, nimmt das OBO zunehmend dem Unternehmen die Kraft, in seinem Markt erfolgreich zu sein. Es werden mehr und mehr die Lieferverpflichtungen tagesgeschäftlich und routiniert abgewickelt, aber es gehen keine Impulse mehr vom Unternehmen aus; die Erfolgsquote des Vertriebs sinkt kontinuierlich und selbst Stammkunden wenden sich von dem paralysierten Unternehmen ab.

Wenden wir uns im Folgenden den wesentlichen *internen* Folgen des Organizational Burnout zu:

5.1   Kraftlose Führung: „Vogel Strauß" in der Chefetage

Nicht erst in der chronischen Phase des OBO (ab Stufe 11) wird das Management seinen Energievorrat aufgebraucht haben; jetzt allerdings wird es auch für alle sichtbar, dass sich die Führungskräfte erschöpfen. Wie in Kapitel 4.11 dargestellt, greift mentale Realitätsverweigerung in der Chefetage um sich. Es werden zwar weiter Entscheidungen getroffen, aber zum einen häufen sich die Fälle, in denen diese Entscheidungen bereits nach kürzester Zeit revidiert werden, zum anderen aber sind diese Entscheidungen nicht bis zu Ende durchdacht und nicht mit den Exekutivkräften abgesprochen. Es wird immer peinlicher, weil die Führung, kaum hat sie eine Anweisung und Richtlinie intern veröffentlicht, ständig gezwungen ist die eigene Anweisung zu widerrufen.

Wenn sich diese Fälle wiederholen, beginnt ein bemerkenswerter Prozess bei den Mitarbeitern der mittleren und unteren Ebene. Die Unentschlossenheit und Diskontinuität der Entscheidungen führen natürlich zu Zweifeln an der Kompetenz und der Zuverlässigkeit der Führung. Mehr noch beginnt ein interner Wettbewerb der mittleren Manager unterhalb der Spitzenebene um das *„Privileg des Entscheidungskillers"*, mit anderen Worten: Wer als Erster die neue Anweisung des Chefs zu Fall bringt, hat gewonnen und qualifiziert sich als „Held". In der Folge erhält dieser Mitarbeiter deutlich mehr Aufmerksamkeit vom Management, sowohl in positiver wie in negativer Hinsicht. Einerseits wird er in die Entscheidungsfindung – jenseits der offiziellen Hierarchie – öfter einbezogen, um sicherzustellen, dass sie nicht wieder an ihm scheitert und andererseits kommt dieser „Kollege" auf die mentale schwarze Liste derjenigen, die man als Mitarbeiter und „Rädelsführer" bei nächster Gelegenheit elegant loswerden sollte. Fraglich ist allerdings, ob es noch dazu kommt, denn vermutlich steht der Chef selbst bereits auf einer solchen Liste.

Die Energie und das Charisma der Führungsperson erschlaffen, es tritt eine Art „Entzauberung" der Persönlichkeit ein. Sie haben es sicher auch erlebt, dass es nicht immer so sehr darauf ankommt *was* der Inhalt einer Führungsbotschaft ist, sondern es vielmehr darauf ankommt *wer* diese Botschaft *wie* ausspricht. Wenn sich dann aber das Charisma einer Führungspersönlichkeit immer mehr verflüchtigt, sehen wir plötzlich den „Kaiser in seinen neuen Kleidern". Für diejenigen, die so ein Desaster als enger Mitarbeiter – beispielsweise eines Konzernvorstandes – miterleben mussten, bricht eine Welt, auch hinsichtlich des Selbstwertgefühls, zusammen. Das liegt daran, dass man ja eben noch an diesen Menschen als eine Art „Guru" geglaubt hat, und dieser Mensch enttäuscht nun gerade dann, wenn es darauf ankommt.

Das Management taucht mehr und mehr ab, wird unsichtbar. Die Ursache dafür ist die Angst vor noch schlimmeren Veränderungen. Die Top-Ebene erträgt einfach keine schlechten Nachrichten mehr und will sie auch nicht mehr hören. So erlebte ich einen Eigentümer einer mittelgroßen Logistik AG in der chronischen Phase des OBO während einer Besprechung mit dem Aufsichtsrat als den obersten Verweigerer jeder Kosteneinsparung. Obwohl jeder eingesparte Euro den Umsatzdruck um das Fünffache des Betrages reduziert hätte, stemmte sich der Eigentümer, der gleichzeitig Alleinvorstand war, in den Boden und erklärte die Unmöglichkeit jeder Einsparung, insbesondere in den Personalkosten. Objektiv war seine Haltung nicht nachvollziehbar; subjektiv lag es an der puren Angst, die notwendigen Konflikte mit der Mannschaft nicht durchzustehen. In solchen Fällen haben Betriebsräte oder Gewerkschaften leichtes Spiel und sie setzen sich nahezu widerstandslos durch.

Mit der mentalen Führungsverweigerung der Spitzenkräfte sind – je nach Branche unterschiedlich schnell – eine Akzeptanzverweigerung des Marktes und ein Versagen in der Marktbearbeitung zu beobachten. In den meisten kleinen und mittleren Unternehmen, auch in fast allen Non-Profit-Organisationen, ist der Spitzenmanager auch gleichzeitig der erste Verkäufer. Die Mitarbeiter werden Augenzeugen, wie der Chef bei der Akquisition versagt. Immer mehr weigern sich die Vertriebsbeauftragten (oder wie immer die Bezeichnungen für den Verkäufer in dieser Organisation sind), ihren obersten Chef zum Kunden mit zu nehmen. Erst vor wenigen Monaten erlebte ich genau dieses Phänomen: Der „Senior Vice President" einer namhaften internationalen Finanzberatungsgesellschaft kam zu Kundenterminen regelmäßig zu spät, war nicht vorbereitet und sprach dann noch lange und weinerlich von den wegbrechenden Umsätzen der eigenen Gesellschaft. Die sehr qualifizierten „Directors" der Firma verabredeten unter der Hand, in Zukunft auf den Chef zu verzichten, auch wenn es vom Protokoll eigentlich geboten gewesen wäre ihn einzubinden.

Die Reflexivität des persönlichen Versagens wird immer deutlicher. Weil der Chef sein eigenes Versagen an der Kundenfront und bei internen Führungskonflikten erwartet, versagt er dann unweigerlich tatsächlich.

Die zweite Ebene nimmt die Führung des Vorgesetzten nun auch immer weniger ernst. Wenn die Kernaufgaben der Führung nicht mehr ausgefüllt werden und die nächste Ebene ständig das Versagen der Spitze ausgleichen muss, stellen sich eher früher als später Verwunderung, Respektlosigkeit, Verachtung und im schlimmsten Fall sogar Mitleid ein.

Der Mensch an der Spitze der Organisation oder Institution will von all dem nichts wissen und bemerken. Die Realitätsverweigerung im Chefbüro kann absurde Züge annehmen. So erlebte ich es einmal, als ich zu dem verabredeten Termin in das Büro des Firmenchefs kam, dass dort jemand mit abwesendem Blick mechanisch versuchte, Golfbälle einzuputten und wie aufgezogen die Bewegungen ständig wiederholte und kaum ansprechbar war. Kurz entschlossen nahm ich den sehr ins Innere gekehrten Herrn mit nach draußen, fuhr mit ihm zu seinem Golfplatz, stellte ihn tatsächlich auf das ihm vertraute Putting Green und begann dann viel später mit ihm, die Konsequenzen eines dringenden Urlaubs zu besprechen. Aber so dramatisch habe ich es nur einmal erlebt.

5.2   Komplexe Überorganisation der Prozesse: Viele E-Mails und lange Listen, nichts wird besser

Vor dem Hintergrund des schwächelnden Managements werden die Ansprüche der zweiten und dritten Ebene nach visionärer und konsequenter Führung lauter. Das Management aber verwechselt Führung mit Aktionismus. Immer neue Anweisungen, Regelwerke, Formulare und sogar Ganttcharts, die eine zunehmende Zahl von Aktivitäten auf einer Zeitachse sicht- und kontrollierbar machen sollen, werden per „par ordre de mufti" eingeführt. Und regelmäßig geraten diese Anweisungen in das Räderwerk der Fachkritik der oben beschriebenen „Entscheidungskiller". Jetzt passiert etwas Spannendes: Nach dem Motto: „Wenn du eine kleine Veränderung verhindern willst, fordere eine große", werden nun von den Blockierern grundsätzliche (gern auch strategisch genannte) Verbesserungen verlangt. Harmloses Beispiel: Der Chef weist an, dass ab sofort die Reisekosten an jedem Freitag statt nur einmal im Monat abgerechnet werden sollen, um zeitnah Kostentransparenz zu haben. Da man es aber nicht nur lästig findet, nun jede Woche das Formular auszufüllen, sondern auch testen möchte, ob man erfolgreich Widerstand leisten kann, wird diese Anweisung von einem betroffenen Mitarbeiter per E-Mail an den Chef (mit cc an alle) begrüßt. Aber im Namen einiger Kollegen – die es angeblich auch so sehen – wird gebeten – bevor die Anweisung nun verbindlich würde – die bisherige Spesenregelung grundsätzlich neu zu durchdenken. Diese sei ja bereits vom letzten Jahr und die neuesten steuerrechtlichen Regelungen, z. B. zur Umsatzsteuer bei Bewirtungen, seien möglicherweise noch nicht berücksichtigt und die Gefahr bestehe, ggf. Steuern nachzahlen zu müssen. Was wird nun der Vorgesetzte tun? Er kann kaum anders – will er nicht ein Risiko eingehen – als die Überarbeitung der Spesenregelung in Auftrag zu geben und dabei darauf zu beharren, dennoch wöchentlich abzurechnen. Doch damit hat es nicht sein Bewenden, denn nun wird der zweite Akt eingeläutet. Ein anderer Kollege der „Jagdmeute", die ihre Grenzen erproben will, wird zum Schlag ausholen. Er wird – nach Rücksprache mit einem Anwalt – firmenöffentlich feststellen, dass die gegenwärtige Spesenregelung hinsichtlich der Nutzung des Firmenwagens bereits seit Jahren zweifelhaft ist und vermutlich die Gehaltsabrechnungen der letzten drei Jahre nachberechnet werden müssten. Und so weiter und so weiter. Jede „kleine Baustelle" im Betrieb wird nun zu einer Art „Dauerbaustelle".

Das „Gabler Wirtschaftslexikon[65]" kennt den Begriff der „Überorganisation" und definiert ihn wie folgt: „Ein meist überaus formular- und vorschriftenreicher Zustand der Organisation des Betriebes als Folge einer Gestaltung der Betriebsstruktur (z. B. Leitung, Instanzenbau, Aufgabengliederung, Befugnis- und Verantwortungsregelung) und des Betriebsprozesses (Arbeits-, Verkehrsabläufe etc.), die über das fallweise Notwendige

---

[65] Gabler Wirtschaftslexikon (2010), Wiesbaden, Website des Gabler Verlages

und Zweckmäßige weit hinausgeht und daher mehr Arbeitskräfte und Hilfsmittel bindet, als ökonomisch optimal ist".

Vielleicht liest sich die obige Beschreibung zu sehr so, als wenn die frustrierende Überorganisation nur durch ein renitentes, quasi adoleszentes Mittelmanagement verursacht ist. Nein, das Hauptmotiv für eine tiefgestaffelte Prozessorganisation liegt in der steigenden Verunsicherung der Organisation oder Institution im wachsenden OBO und daran, dass der Anspruch von allen an alle ständig steigt. Zunehmend will man die Eigenverantwortung abgeben und lieber nach einer klaren Vorschrift handeln, denn die Erfahrungen der Mitarbeiter einer Organisation oder vor allem bei Institutionen im OBO zeigen ihnen das wachsende Risiko, wenn sie zwar nach ihrer Erfahrung und nach verantwortlichem Ermessen handeln, aber dann erfolglos bleiben oder sogar Fehler machen, denn im OBO wird der Apparat immer intoleranter im Umgang mit Fehlern.

Das Management versucht mit mehr Prozessen, mehr Regelungen und mehr Anweisungen immer detaillierter zu beschreiben, nicht nur WAS, sondern auch WIE es zu tun sei. Die operative Ebene wehrt sich einerseits gegen diese Entmündigung und sucht andererseits den Schutz der eindeutigen Weisung, zur Reduktion des persönlichen Risikos. So geht mit der fortschreitenden Bürokratisierung der Organisation die Motivation auf allen Ebenen verloren.

5.3   Schneller, härter, erfolgloser! Personalführung in der Sackgasse

Das Management wird in der latenten Phase des OBO das tun, was es am besten kann, nämlich den Anspannungsgrad der Mannschaft erhöhen und bessere und schnellere Leistungen verlangen. Nun ist aus dem Marathonlauf bekannt, dass es ab dem Kilometer 32 bis 35 wirklich kritisch wird und ein Pacemaker, der dann aufdreht und verlangt, man möge endlich einmal schneller laufen, sein Ziel verfehlen wird. Eher treibt dann eine zu herausfordernde Führung das Team vom latenten in den akuten OBO.

Wenn sich eine Organisation oder Institution in einem akuten – oder gar im chronischen – OBO befindet, wird von den Personalleitungen und Führungskräften eine besondere Führungsstärke erwartet. Sie müssen dann unangenehme Entscheidungen vertreten, gleichzeitig Vertrauen und Zuversicht ausstrahlen und die verbleibenden Mitarbeiter motivieren. Dabei als Führungskraft in persönlicher Unsicherheit zu leben und dennoch in einer solchen Phase motiviert zu führen, ist natürlich eine ganz besondere Herausforderung. Gerade beispielsweise als Personalleiter sind Sie selbst verunsichert und wissen nicht, was auf Sie oder Ihre Abteilung zukommt, und doch müssen Sie so tun, als wenn alles in geordneten Bahnen liefe. Ein Vorgesetzter aber, der selbst über die Krise lamentiert, treibt die Mitarbeiter zuerst in die Verunsicherung, dann zur Verzweiflung und verliert schließlich den Respekt seiner Mitarbeiter.

Gerade jetzt sollte der Personalverantwortliche den Mitarbeitern die Unsicherheiten nehmen und klare Orientierung bieten und sie müssen die herausfordernde Phase nicht nur durchstehen, jetzt müssen die Prozesse gestaltet werden und sie müssen sich bewusst darüber sein, welche Problemlösungsvariablen sie haben.

Sicherheit unter Unsicherheit zu geben ist die besondere Herausforderung für die Personalführung im OBO. Ein Ansatzpunkt aller Aktivitäten zur Bewältigung von Herausforderungen im Zusammenhang mit dem OBO sollte daher sein, aus einer reaktiven in eine aktive, agierende Rolle zu wechseln.

Auch wenn sich HR-Manager gerne als beratender Partner des Top-Managements verstehen, sind sie in der Praxis jedoch meist auf die Rolle des administrativen „Vollstreckers" beschränkt. Im OBO rücken die HR-Leitungen in eine zentrale Position. Sie können viel Frustration von den nachgeordneten Mitarbeitern und zu harte Maßnahmen von der Führung abfedern. Ob sie dazu die Stärke haben, kommt auf ihre Positionierung vor dem Eintritt des OBO an. Waren sie in den guten Zeiten ein verlässlicher Partner für die Beschäftigten wie für die Führung, werden sie nun in den harten Zeiten des OBO davon profitieren und vielleicht sogar angemessen intervenieren können, wenn die vorgegebenen Einschnitte in die Personaldecke unangemessen groß ausfallen sollen.

Gerade wenn der interne Wettbewerbsdruck auf die – und dann unter den
– Beschäftigten stärker wird, kommt es sehr auf den moderierenden
Transmissionsriemen der Personalabteilung an. Wenn die Fluktuation
zunimmt, wird es schwierig. Nach aller Erfahrung nimmt nun die unge-
plante Fluktuation von Leistungsträgern zu und reißt Lücken, die kurzfristig mit noch nicht ausreichend qualifizierten Mitarbeitern geschlossen
werden müssen, wobei die „Lückenbüßer" zunächst natürlich nicht das
entsprechend höhere Gehalt bekommen. Es fehlt außerdem die Zeit für
eine fachgerechte Einarbeitung, es fehlt das Geld für ein externes Training
und es fehlt den Mitarbeitern von Anfang an die Motivation, wenn sie für
eine höherwertige Tätigkeit nicht angemessen bezahlt werden. Ist dann die
monetäre Anerkennung von besonderer Leistung nicht möglich – weil das
Management dafür keine Spielräume sieht – ja, wenn sogar bestehende
Incentivevereinbarungen ignoriert oder gekündigt werden, weil die Unternehmensführung im Rahmen des gegenwärtigen Aktionismus glaubt,
überall sparen zu müssen, dann ist das Personalmanagement in der Sackgasse.

5.4   Innovationslücke: „Wer auf dem letzten Loch pfeift, bringt keine neue Melodie zu Stande"

Das OBO verbraucht tückischerweise alle organisationale Energie der Organisation oder Institution für die ständige neue Selbstorganisation unter
Stress. Das heißt, es fehlen die kreativen Energien für neue Lösungen bestehender Probleme oder gar für Innovationen, die über den bisherigen
Bedarf des Marktes hinausgehen.

Das Management ist bereits in der ersten, latenten Phase des OBO kaum
noch in der Lage, einen Innovationsprozess zu gestalten; in der zweiten,
akuten Phase wird es auch wegen der Widerstandskraft der Mannschaft
nahezu unmöglich. In den beiden folgenden Phasen des OBO gilt alle Or-
ganisationskraft der Rettung und dem Überleben; da ist weder Zeit, Geld
noch Kreativität für – auch nur ansatzweise – innovative Projekte.

Nun müssen wir konstatieren, dass auch „gesunde" Unternehmen meistens keine klar formulierte Innovationsstrategie haben, dort kein organisiertes Innovationsmanagement existiert oder auch nur eine etablierte Zuständigkeit für Innovationen vergeben wurde. Gerade im Mittelstand sind Innovationen meistens Zufallsereignisse oder vom Markt erzwungen, da ein Budget für die Weiterentwicklung von Produkten oder Dienstleistungen, für die Kreation innovativer Programme oder Prozesse oder gar für tatsächliche Basisinnovationen nicht existiert. Die meisten Innovationen werden von den Kunden abverlangt und allenfalls wird, wenn der Wettbewerb Innovationsdruck aufbaut, ein Projekt zur evolutionären Weiterentwicklung gestartet.

Neben verschiedenen anderen Rahmenbedingungen hängt die Innovationskraft einer Organisation oder Institution von der Organisationskultur und der Innovationsorganisation ab. Die Kultur des Unternehmens muss wirkliche Freiräume bieten; sie sollte von selbstverständlicher Mitarbeiterbeteiligung und einem Teambewusstsein geprägt sein, das Top-Management muss Innovationen fordern und fördern und es muss vor allem eine gesunde Konfliktkultur gegeben sein, denn nicht immer läuft ein Kreativprozess in eleganten und kollegialen Bahnen ab. Die ideale Organisationsbasis für Innovationen ist durch Vernetzung, Kontinuität des Teams und des Themas, erfahrenes Projektmanagement, angemessenes Budget und die Zusammenarbeit mit dem Marketing charakterisiert.

Kann man sich diese Rahmenbedingungen in einer Organisation oder Institution in der zweiten bis vierten Phase des OBO vorstellen? Schwerlich! Leider wäre aber gerade eine Innovation ein stabiler Rettungsanker im Strom des Organizational Burnout. Allein die Fähigkeit, das Gleiche anders zu machen, wäre eine Hilfe.

Die Forderung vom Vertrieb nach konkurrenzfähigen Produkten oder Services wird in der latenten Phase des OBO häufig gestellt – gerade wenn die Organisation oder Institution in der Vergangenheit erfolgreich innovative Maßstäbe im Markt gesetzt hatte, früher einmal das Vorbild für den Wettbewerb war und nun zurückgefallen ist. Dann rufen nicht nur der Vertrieb, sondern alle Mitarbeiter nach einer neuen Positionierung an der Spitze des (Nischen-)Marktes. Das Selbstbewusstsein der Mannschaft verlangt danach. Leider wird die Innovationslücke als Folge des OBO jeden Tag größer.

5.5 Kommunikation: Asymmetrie der Informationen

Die Genese des Organizational Burnout ist in allen vier Phasen mit asymmetrischer Information und informeller Kommunikation verbunden. Wäre stets zeitgerecht, gleichmäßig und umfassend informiert worden und wäre es weder zu schleichenden Gerüchten noch zu Vertraulichkeitsbrüchen gekommen, dann hätte ein latentes OBO vermutlich bereits im Keim erstickt werden können. Das OBO braucht für seine Entwicklung die Informations- und Kommunikationssünden wie das Feuer den Sauerstoff. Insoweit sind Kommunikationsfehler Ursache und Folge zugleich.

Das Management informiert sich und andere häufig auch im normalen Alltag selektiv und lückenhaft. Erst kürzlich begleitete ich eine Mitarbeiterbefragung in einem noch jungen, mittelständischen Unternehmen aus dem CeBIT-Umfeld. Im Unternehmen herrscht aus den Anfängen der IT-Branche eine lockere Umgangsform, alle mögen die „Duz-Kultur" und jeder ist immer „gut drauf". Umso verblüffter, ja geradezu geschockt, war die Geschäftsführung, als die Ergebnisse der Mitarbeiterbefragung mit sehr hoher Quote zu wenig Information und Kommunikation der Geschäftsführung beklagten. Es ist eine durchgängige Erfahrung in allen Consultingprojekten, dass die interne Kommunikation aus der Sicht der Unternehmensspitze als umfassend, ja als übertrieben angesehen wird, während die Beschäftigten gleichzeitig das Gefühl haben, „im Dunkeln zu tappen".

In der Folge des OBO kommt es zur asymmetrischen Information und informellen Kommunikation, weil:

- das Management aus der ersten und zweiten Ebene im Verlauf des OBO andere Prioritäten setzt, die Kommunikation als notwendige, aber nicht entscheidende Aktivität ansieht und folglich nicht proaktiv einplant.

- die Vorgesetzten auf allen Ebenen Information mit Kommunikation verwechseln und somit zwar ihre Mitarbeiter (beispielsweise per E-Mail) informieren, aber mit ihren Kollegen nicht in den Dialog treten, auch weil sie wissen, dass sie nicht jede Nachfrage aus eigener Kompetenz beantworten können.

■ nicht immer alle zur gleichen Zeit alles wissen können und somit versuchen, sich Informationen auf informellen Wegen zu beschaffen. Gerade in Zeiten des OBO brodelt die Gerüchteküche und es werden Wahrheiten mit Schlussfolgerungen plausibel vermengt. Aus einem „vermutlich" wird ein „wahrscheinlich", aus „wahrscheinlich" wird ein „relativ sicher" und daraus entwickelt sich dann ein „sicher noch schlimmer".

■ in kritischen Phasen des OBO Entscheidungen des Managements zunächst vertraulich bleiben müssen, sich aber nicht jeder daran hält. Nie kommt es zu so vielen und fast berechenbaren Vertraulichkeitsbrüchen wie in den letzten beiden Phasen des OBO.

■ die Mitarbeiter oder der Betriebsrat oder die Gewerkschaften über den Vorstand bzw. die Geschäftsführung hinweg (öffentlich) mit dem Aufsichtsrat oder mit den Medien reden, um ihre Interessen durchzusetzen.

■ die Öffentlichkeit (von börsennotierten Unternehmen) zu wenig über die internen Vorgänge weiß – aber auch aus Anlegersicht mehr wissen will und muss – wird versucht, durch informelle Kanäle an Informationen zu gelangen.

In der Folge des brüchigen Vertrauensklimas des OBO werden alle Mitteilungen der obersten Ebene von den Mitarbeitern (und der Öffentlichkeit) besonders kritisch analysiert. Jetzt wird nicht nur analysiert, *was* und *wann* kommuniziert wird, sondern auch genau hinterfragt *wer* es *wie* mitteilt. Lässt die Geschäftsführung etwas mitteilen oder stellt sie sich selbst vor die Beschäftigten? Erfolgt die Mitteilung knapp und sachlich oder ausführlich und begründend, verhält sich der Inhaber, bzw. Geschäftsführer larmoyant und unkonzentriert oder doch selbstsicher und authentisch? Alles wird gesehen und gespürt, alles wird analysiert und interpretiert und nichts wird zum Nennwert genommen.

Das Hauptproblem in der Folge des fortschreitenden OBO ist es, dass die Sinnfrage der Organisation oder Institution weder gestellt noch beantwortet wird. Alle Beteiligten vergraben sich immer tiefer in der Symptombekämpfung, ohne sich darauf zu „besinnen", was eigentlich Sinn und Zweck ihrer Organisation oder Institution ist. Diese „Besinnung" könnte helfen, sich auf eine gemeinsame Plattform der Sicht der Dinge zu begeben und einen Ausweg zu finden. Ohne eine wirkliche Kommunikation findet das aber nicht statt. Dabei würde die Organisation oder Institution zur Eindämmung des OBO die qualifizierten Informationen und die partnerschaftliche Kommunikation so dringend brauchen wie Sauerstoff zum Atmen. Leider erstickt das Organizational Burnout das Unternehmen oder die Institution langsam immer weiter.

6 Diagnose nach Selbsterkenntnis

Zunächst die schlechte Nachricht: Eine Selbstdiagnose des OBO ist nicht sehr wahrscheinlich. Die Voraussetzungen für eine Selbstdiagnose wären:

- die mentale Bereitschaft der Führung den bisherigen Weg, d. h. alle bisherigen Anweisungen, aber auch das Geschäftsmodell selbst, bis hin zur Sinnfrage des Unternehmens, auf den Prüfstand und so vielleicht sogar sich selbst in Frage zu stellen,

- eine Initiative der Führung ergebnisoffen in einen Diagnoseprozess einzutreten, dazu die Ressourcen zur Verfügung zu stellen und diesen Prozess selbst und authentisch zu steuern,

- die Glaubwürdigkeit des Managements müsste in dieser Phase noch gegeben sein, um wirklich eine vertrauensvolle und offene Diagnose zu ermöglichen, denn nur wenn die Beschäftigten es nicht als einen weiteren „Trick" des Zeitgewinns ansehen, kann die Selbstdiagnose beginnen.

Vor diesem Hintergrund ist eine freiwillige Selbstdiagnose des OBO nicht gut vorstellbar; erlebt habe ich sie bislang nicht.

Nun die gute Nachricht: Es gibt einen Weg zu einem realistischen Anfangsverdacht zu einem Organizational Burnout – entweder in der eigenen oder in einer anderen – beobachteten – Organisation oder Institution. Bislang war der Begriff des Organizational Burnout und dessen Bedeutung einfach nicht existent. Ähnlich wie ein erkrankter Patient, der einen zunehmenden Leidensdruck verspürt, sich selbst fragt, was wohl die Ursachen sein könnten, dann aber die Symptome seiner Krankheit nicht einordnen kann und die Krankheit, unter der er leidet, vielleicht noch nie gehört hat, so ergeht es dem Management mit dem OBO. In dem Moment aber, wenn der Patient vom Arzt die vermutliche Diagnose erfährt und dann im Internet oder im „Pschyrembel"[66] recherchiert, findet er alle Symptome bestätigt und weiß nun eindeutig, woran er leidet.

So dürfte es Ihnen ergehen, wenn Sie das vorliegende Buch lesen. Sie haben nun ein relativ klares Bild von den Symptomen des OBO und können nun auch für sich die Frage beantworten, ob in Ihrem Unternehmen „nur" eine normale Krise zu bewältigen ist oder ob das OBO in der Kultur und Struktur Ihrer Organisation bereits nachhaltigen Schaden angerichtet hat.

6.1   Akzeptanz: Das Organizational Burnout ist da!

Was (Akzeptanzobjekt) wird durch wen (Akzeptanzsubjekt) in welchem Kontext akzeptiert? So müsste man wohl korrekt nachfragen, wenn man die Situation der Akzeptanz eines OBO beschreiben wollte. Wie entsteht Akzeptanz und ist sie eigentlich notwendig, um das OBO anzugreifen?

Was ist zu akzeptieren? Zunächst geht es darum zu verstehen und anzuerkennen, dass die Organisation oder Institution ihren Sinn und Zweck mit den gegeben Ressourcen nicht nachhaltig zufriedenstellend erreicht. Die bislang durchgeführten Maßnahmen haben versagt, insgesamt wird die Zukunft kritisch gesehen und das Zutrauen in die Fähigkeit und den Willen zur Selbstorganisation sinkt. Nun ist zu akzeptieren, dass eine realistische Möglichkeit besteht, in eine OBO-Spirale geraten zu sein.

Wer muss es akzeptieren? Akzeptanz wird zuerst von der Spitze der Organisation verlangt. Niemand in der Hierarchie kann der Spitze diesen ersten Schritt abnehmen, ohne um seine berufliche Zukunft fürchten zu müssen. Die Primärakzeptanz durch die oberste Ebene beinhaltet Selbstkritik! Wenn aber – ggf. mit Billigung durch den Aufsichtsrat oder vergleichbare Instanzen – die Spitze diese Primärakzeptanz des OBO (oder zunächst

---

[66] „Pschyrembel" ist das bekannteste Klinisches Wörterbuch und mittlerweile in der 261. Auflage

zumindest die Möglichkeit eines OBO) verkündet hat, können alle anderen Hierarchieebenen ihre Deckung verlassen und selbstkritisch ihrerseits die Möglichkeit des OBO (als Sekundärakzeptanz) einräumen. So kann – das Gesicht wahrend – die Akzeptanz eingeleitet werden. Insgesamt sind die Primär- und Sekundärakzeptanz des OBO die Sache der Führungskräfte und nicht die der operativen Kräfte.

In *welchem Kontext* muss die Akzeptanz erfolgen? Die Anerkennung der Wahrscheinlichkeit, in eine OBO-Spirale geraten zu sein, muss in der konstruktiven und entschlossenen Absicht erfolgen, nun gemeinsam und ernsthaft zu analysieren, ob ein OBO tatsächlich vorliegt. In der Konsequenz ist dazu kollektiv der Weg aus dem OBO zu suchen, ja dafür zu kämpfen wieder frei und erfolgreich zu sein.

Wie kann die Akzeptanz eines OBO eingeleitet und erreicht werden? Oft stellt sich nach meiner Erfahrung die Akzeptanz einer OBO-Gefahr schlagartig bei den Führungskräften ein, wenn die Möglichkeit eines OBO ernsthaft diskutiert wird. Sollte diese Spontanakzeptanz ausbleiben, empfehlen sich die vier folgenden Instrumente, um die Akzeptanzsituation ggf. herbeizuführen.

■ Die Zukunftsbefragung

   Man befragt repräsentativ ausgewählt Mitarbeiter aller Ebenen und Einheiten. Dabei sollten je nach Unternehmensgröße 1 Prozent (bei sehr großen Firmen) bis 20 Prozent (bei kleinen Firmen) der Beschäftigten zu Wort kommen. Die einzige Frage lautet: „Was müsste sich in der Zukunft konkret ändern, damit wir wieder erfolgreich wie früher werden?"

   Im Ergebnis hat man ein zunächst buntes Kaleidoskop beliebiger Antworten, die allerdings Struktur gewinnen, wenn die Fragenden die Antworten mit den 20 Symptomen in Kapitel 4 in Deckung bringen. Falls ein OBO vorliegt, dürfte sich eine sehr hohe Deckung ergeben.

■ Der Managementspiegel

   Mit den Ergebnissen der Zukunftsbefragung führt man mit dem Topmanagement, ggf. nur mit dem Eigentümer oder dem Vorstand, Einzelgespräche. In diesem Gespräch konfrontiert man den Manager mit

den Ergebnissen der Zukunftsbefragung und der Interpretation daraus
und hält dem Manager den Spiegel vor. In diesem Spiegel soll für den
Adressaten zu erkennen sein, wie die Mannschaft die Führung wahr-
nimmt, in welcher Phase das OBO-Spirale sich seine Firma ggf. befindet
und welche Erwartungen an ihn gerichtet sind.

Zwei Alternativen sind denkbar: Der Manager nimmt den Persönlich-
keitsspiegel konstruktiv auf und bittet in einer Art Selbstreflexion um
Hinweise zur angemessenen Verbesserung; oder der Manager weist die
Interpretationen als sachfremd und unangemessen, ja als einen Akt der
Insubordination zurück und verlangt den Abbruch des Gesprächs, ggf.
den Abbruch der gesamten Analyse.

Im ersten Fall ist die Akzeptanz des OBO eingeleitet und es sind alle
Wege zum Ausbremsen des OBO offen, im zweiten Fall ist man einer
der Ursachen des fortgeschrittenen OBO spürbar näher gerückt. Mit
Feingefühl muss man den Manager abfangen und ihm vorsichtig dabei
helfen, die Situation im richtigen Licht zu sehen.

■ Der Stresstest

Man lässt einen neutralen Dritten (externen Berater), ggf. auch mittels
der Befragung ausgewählter Kunden, eine realistische Außensicht der
Organisation oder Institution beschreiben. Dabei sollte der neutrale
Dritte nicht in den Anfangsverdacht eines OBO eingeweiht sein, um die
Neutralität nicht zu kanalisieren. Man organisiert eine Vorstellung dieser (vermutlich sehr kritischen) Außensicht im Führungskreis und in
ausgewählten Kreisen der Mitarbeiter und bittet anschließend die Teilnehmer, diese Fremdsicht der Organisation oder Institution zu kom-
mentieren.

Nun treten drei alternative Effekte ein: Entweder bezweifelt die Führung die Ergebnisse und die operative Ebene stimmt den Ergebnissen
zu. Oder beide Ebenen stimmen den Ergebnissen zu oder beide Ebenen
bezweifeln die Ergebnisse.

In der Folge deutet die erste – unterschiedliche – Reaktion darauf hin,
dass die Organisation oder Institution bereits in einem akuten Stadium
des OBO ist, da die Mannschaft sich der Unzulänglichkeiten sehr wohl
bewusst ist und hier einen Hilferuf startet, dagegen die obere Ebene

noch in heroischen Ritualen verharrt. Wenn beide Ebenen zustimmen, ist das OBO noch in einem latenten Stadium und gemeinsam kann relativ schnell ein Ausweg gefunden werden. Theoretisch könnte diese zustimmende Einigkeit auch im finalen – letalen – Stadium erfolgen, weil alle wissen, dass es schlecht um die Organisation oder Institution steht; praktisch allerdings würde es in diesem Endstadium zu solch einer externen Befragung nicht mehr kommen. Wenn beide Ebenen die Ergebnisse übereinstimmend anzweifeln, dann waren entweder die befragten Kunden im Unrecht (wenig wahrscheinlich) oder man befindet sich bereits in der dritten – chronischen – Phase des OBO. Das kollektive Leugnen objektiv bestehender Missstände deutet relativ klar auf das gemeinsame Gefühl der Macht- und Sinnlosigkeit und der allgemeinen Angst vor den Konsequenzen des Versagens hin.

■ Die Analogieforen

Je nach Größe der Organisation oder Institution werden in mindestens zwei oder in mehreren Runden – von jeweils bis zu 15 Mitarbeitern verschiedener Hierarchie- und Wertschöpfungsstufen – die 20 typischen Symptome des OBO durch einen Moderator vor- und zur Diskussion gestellt. Dabei kann zunächst die Frage behandelt werden, ob man diese Symptome bei Kunden- oder Lieferantenfirmen (je nach Arbeitsfeld der Teilnehmer) beobachtet habe. Unvermeidlich wird sich in den Köpfen der Teilnehmer die Frage nach Analogien hinsichtlich der eigenen Organisation oder Institution stellen. Gegebenenfalls kann man das provozieren, aber nach meiner Erfahrung ist es nicht nötig, da die Selbstbezogenheit der Menschen stets zuverlässig vorhanden ist. Es ist im weiteren Verlauf ein Leichtes herauszuarbeiten, welche Symptome in welcher Intensität bereits beobachtet wurden und inwieweit auch beobachtet wurde, dass es gleichzeitig eine Neigung zum Kaschieren der Symptome gibt.

Als Resultat werden Analogieforen in der Summe ein verlässliches Bild der Eigenwahrnehmung über den Fortschritt des OBO liefern. Zusätzlich erreicht man mit den Analogieforen einen Aha-Effekt bzw. einen Paradigmenwechsel. Es fällt den Teilnehmern meistens „wie Schuppen von den Augen", dass sich tatsächlich ihr Bereich, ihr Unternehmen oder ihre Organisation in einer OBO-Spirale befindet.

Für die Primär- und Sekundärakzeptanz des OBO sind die vorgenannten vier Instrumente in dieser Reihenfolge notwendig. Dann ist der Boden für die Behandlung des OBO bereitet.

Ein besonders wichtiger Punkt für die Akzeptanz der Möglichkeit eines OBO ist die gesicherte Diagnose. Kritiker könnten in der frühen Akzeptanzsituation fragen, ob es sich denn wirklich um einen Organizational Burnout handeln muss oder ob es sich nicht beispielsweise auch um eine periodisch immer einmal vorkommende Unternehmenskrise handeln könne und woher man die Sicherheit der Diagnose nähme.

Damit stellt sich die entscheidende Frage, ob für die Akzeptanz des OBO eine gesicherte Diagnose eine zwingende Voraussetzung ist? Nein, weil es eben nicht darauf ankommt, dass *objektiv* ein OBO gegeben ist, sondern ob die Idee eines OBO *subjektiv* als Lösungsplattform von der Führung und den aktiven Mitarbeitern anerkannt wird. Wichtiger als eine eineindeutige, analytisch unwiderlegbare Diagnose ist die Bereitschaft, sich auf einen Paradigmenwechsel einzulassen. Nur dann ist ein gemeinsamer Weg aus der OBO-Spirale zu finden.

Während idealerweise eine sichere Diagnose des OBO wünschenswert wäre und häufig auch möglich ist, weil Symptome und Befund spezifisch für einen OBO sind, kann in der Realität – je nachdem, ob sich die Organisation oder Institution in Phase 1 bis 4 befindet – die Diagnose möglicherweise nur als eine Differenzialdiagnose[67] erfolgen. Dabei werden durch weitere Analysen alle anderen in Frage kommenden Erklärungen ausgeschlossen.

Folgendes soll nicht verschwiegen werden: die Akzeptanz eines beginnenden oder fortgeschrittenen OBO ist kein Selbstläufer. Es gibt mindestens vier Akzeptanzhürden:

■ Das Selbstbildnis des Managers als unfehlbarer Held. Dieses Selbstbild darf durch den OBO-Coach und den Diagnose-Prozess nicht fundamental erschüttert werden, weil wir sonst eine Akzeptanzblockade auf

---

[67] Als Differenzialdiagnose bezeichnet man die Gesamtheit aller Diagnosen, die alternativ als Erklärung für die erhobenen Symptome in Betracht zu ziehen sind.

entscheidender Ebene haben. Hier hilft es, den Leidensdruck sehr deutlich herauszuarbeiten, die ritualisierten Demonstrationen der Stärke und alle bisherigen Männlichkeitsrituale der Helden als unnötig und unprofessionell zu entlarven.

- Das reflexartige Verlangen nach Sofortlösungen. Manager sind es gewohnt, sofort einen klaren Plan zur Problemlösung auf den Tisch zu legen, kaum dass ein Problem aufgetaucht ist. So wird jetzt sinngemäß die Frage gestellt: „Angenommen, wir befinden uns auf dem Weg in eine OBO-Spirale, was ist jetzt zu tun?" Zugegeben, die Frage klingt dynamisch und: „Wer fragt, der führt", aber hilfreich ist die Frage nicht, verhindert sie doch die Analyse der wirklichen Ursachen.

- Der Angriff als beste Verteidigung. Dominantes oder aggressives Verhalten gehört zum routinierten Repertoire jedes Managers. Er hat gelernt, wie man angreift, um sich zu verteidigen. So kann es gut sein, dass nunmehr behauptet wird, dass die Befragungen und Analysen unseriös, unwissenschaftlich, aufgebauscht, nicht mit Datenreihen belegt und nur blitzlichtartig seien und – wer weiß nicht noch alles – hier weder gelten, noch verwendet werden können. Im Zweifel wird die Qualifikation des Gesprächspartners bzw. des OBO-Coachs diskriminiert oder seine Reputation hinterfragt.

- Kognitive Dissonanz von Handlungsdruck und Gelassenheit. Der Markt wartet nicht und das Tagesgeschäft verlangt ständig schnelle und kompetente Reaktion. Das Management geht mit der Akzeptanz des OBO das Risiko ein, in der Konsequenz eine Vielzahl von Veränderungen, Umorganisationen und zeitaufwändige Aktivitäten loszutreten. Deshalb würde man als Management den OBO am liebsten schnell erledigen, zum Tagesgeschäft zurückeilen und natürlich anschließend mit dem Schwung neuer Sicherheit wieder auf dem richtigen Weg sein. Dagegen steht die Erfahrung, dass die Rekonvaleszenz des OBO nicht in zwei Monaten zu haben ist. Die Ungeduld ist nachvollziehbar, aber kontraproduktiv. Das OBO ist nicht von gestern auf heute entstanden und er ist nicht von heute auf morgen zu beseitigen. Am Anfang steht die Akzeptanz!

6.2   Anamnese: Weg mit den Scheuklappen!

Nach der hierarchisch von oben nach unten kaskadierenden Akzeptenz des OBO als notwenige, aber bei Weitem noch nicht hinreichende Bedingung zur Heilung des OBO, muss nun die Vorgeschichte analysiert werden. Es bedarf der gesteuerten, objektiven, ergebnisoffenen und kollektiven Anamnese, somit der Aufarbeitung der Ursachen und der Folgen des bisherigen Verlaufs des OBO.

Leider ist dazu eine Reihe von Herausforderungen zu überwinden, die vor allem den Mut der Führungsetage erfordern, sich der Anamnese zu stellen. Dieser Prozess lässt sich weder von außen durch einen Berater noch von unten nach oben durch die Mitarbeiter steuern oder ernsthaft betreiben.

Die Herausforderungen in der Phase der Anamnese sind:

- ■ Die Bereitschaft des Topmanagements, ein Projektteam einzusetzen, das hierarchiefrei die Ursachen neutral auflistet und die Folgen bewertet.

- ■ Die Realisierung einer neutralen Befragung ausgewählter Kunden und Lieferanten, die die Folgen des OBO verifizieren oder falsifizieren.

- ■ Der Verzicht auf Sofortlösungen, die bereits während der Anamnese den Ausgangszustand der Organisation oder Institution verändern sollen.

- ■ Die kollektive Bereitschaft zur emotionslosen Selbstkritik und zum Verzicht auf Schuldzuweisung.

- ■ Die Bereitschaft des Einzelnen im Interesse des Unternehmens, den Zustand beim Namen zu nennen, auch wenn damit Vorgesetzte in die Kritik kommen könnten.

- ■ Das Hinterfragen bestehender Tabus der Firma, um jede Anamneseblockade zu verhindern.

Wie kommt es zur Selbstanamnese? Zuerst braucht es eben ein selbstbewusstes Management oder einen starken Aufsichtsrat, der selbst einen Paradigmenwechsel durch Helikoptersicht einleitet. Von oben betrachtet und mit dem richtigen Abstand verschwinden die Scheuklappen des Tagesgeschäftes. Solange zwischen den horizontalen oder vertikalen Ebenen einer Organisation oder Institution Sichtblenden bestehen, bleibt die Landschaft von Ursachen und Folgen des OBO verborgen.

Für die praktische Anamnese ist folgende einfache Denkstruktur und grafische Aufbereitung in Abbildung 6.1 hilfreich:

Zuerst wird eine zentrale Aussage in die Mitte der Grafik gestellt, die zunächst weder Ursache noch Folge zu sein scheint, also beispielsweise: „Unsere Firma befindet sich im OBO!" Darunter werden alle Ursachenkategorien aufgelistet, dann jeweils die Ursachen, die zu diesen Ursachen führten und auf der weiteren Ebene die Ursachen der Ursachen der Ursachen. Anschließend werden darüber die Kategorien der Folgen gezeichnet und darüber die Folgen der Folgen usw. Im Ergebnis hat man eine Ursachen-Folgen-Landschaft, die gut erkennen lässt, in welchem Stadium des OBO sich die Organisation oder Institution aktuell befindet. Diese Diskussion sollte in mehreren Gruppen mit Teilnehmern aus allen Bereichen der Firma geführt werden, um anschließend die Ergebnisse zu vergleichen. Die Steuerungsgruppe der Anamnese sollte dann gut in der Lage sein, aus den Resultaten ein Gesamtbild zu zeichnen und den tatsächlichen Status der Metastasenbildung des OBO festzustellen. Die folgende Grafik ist eine Arbeitsvorlage für diese Ursachen-Folge-Diskussion.

Das Unternehmen, auf das sich die Abbildung 6.2 bezieht, befand sich noch in der latenten Phase des OBO und der Inhaber hatte selbst die Initiative ergriffen, gegen den OBO anzukämpfen. Tatsächlich musste einer der beiden Geschäftsführer das Unternehmen verlassen. Interessant: Wir ließen parallel eine Mitarbeiterbefragung laufen und die Fragebögen vor und nach der Kündigung und sofortigen Freisetzungen des Managers unterschieden sich deutlich; sie waren danach sehr viel positiver, weil man die Handlungsfähigkeit des Eigentümers anerkannte.

Abbildung 6.1   Beispiel für Ursachen-Folge-Analyse

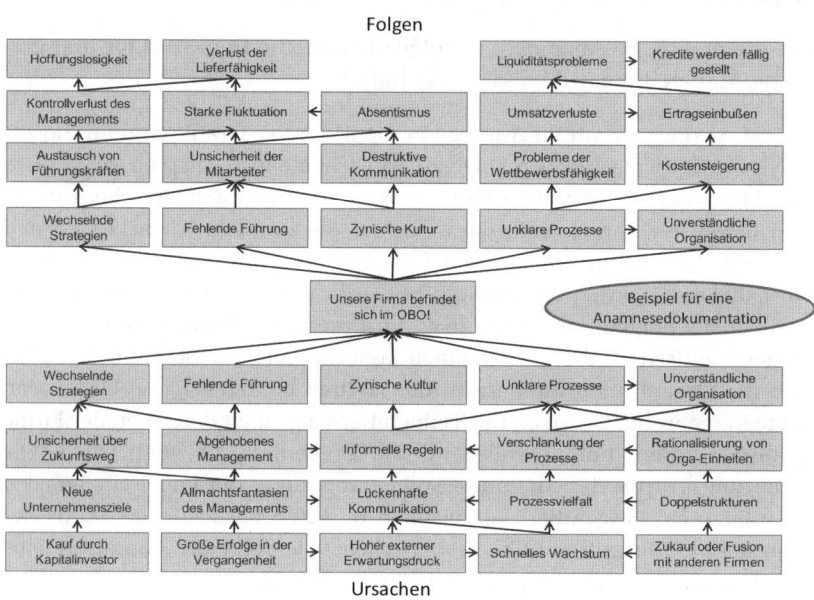

Es gibt einen weiteren – unauffälligen – Weg der Anamnese, wenn das Management Gewissheit über den Status des OBO haben möchte, ohne die operativen Mitarbeiter und die Kunden/Lieferanten über den Anfangsverdacht eines bestehenden OBO zu informieren. Das ist nicht der ideale, aber ein nachvollziehbarer Ansatz zur Anamnese, denn die Führung ist nicht immer bereit, die eigene Unvollkommenheit zu Markte zu tragen. Es wäre auch verständlich, wenn die Spitze zunächst den Verdacht auf einen OBO in seiner ganzen Bedeutung nicht kommunizieren möchte. Das Mittel der Wahl ist dann der Aufruf zu einer „Produktivitätsinitiative", in der alle Mitarbeiter Vorschläge zur Verbesserung der Effektivität der Organisation oder Institution einbringen können.

Abbildung 6.2   Praktisches Beispiel einer Ursachen-Folge-Diskussion

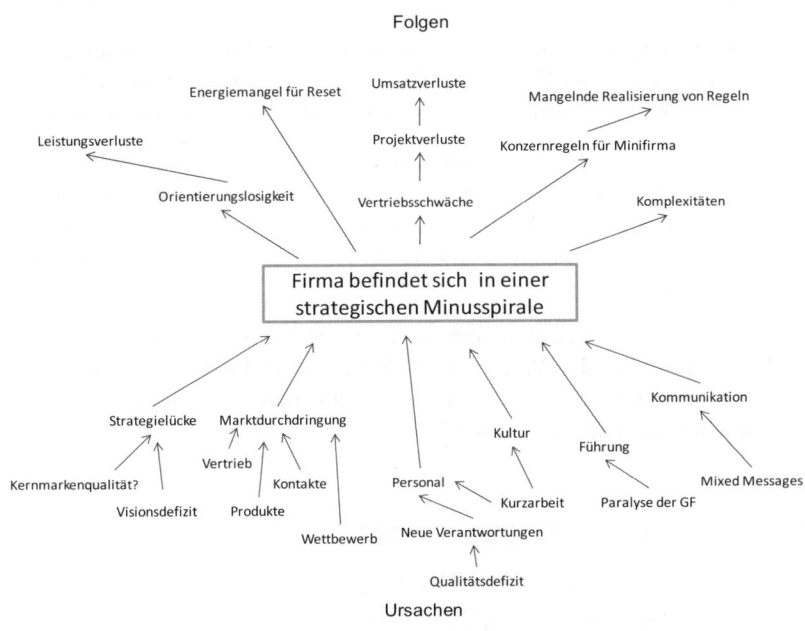

Wenn es bei der Produktivitätsinitiative eine Reihe von hierarchieübergreifenden Produktivitätsworkshops in allen Einheiten der Organisation oder Institution gab, werden viele Hundert Ideen für Maßnahmen vorliegen, deren Themenschwerpunkte sich insbesondere um die typischen Ursachenkategorien des OBO anordnen werden. Zwar muss dann ein externer Berater oder – ein wirklich neutraler Projektleiter – aus diesen Ergebnissen Ableitungen zur Symptomdichte und zum Fortschritt des OBO ableiten, aber die Anamnese erreicht auch so eine hinreichende Tiefe und Treffsicherheit.

In Kapitel 6.1 wurde beschrieben, wie mit vier Instrumenten die Primär- und Sekundärakzeptanz des OBO hergestellt werden kann. Hier in Kapitel 6.2 haben Sie nun erfahren, wie die Ursachen und Folgen des OBO aus der aktuellen Situation der Unternehmung beschrieben werden können. Wenn Sie in der praktischen Diagnosesituation beide Ergebnisse miteinander vergleichen, erhalten Sie ein verlässliches Bild über folgende Aspekte:

- Ist meine Organisation oder Institution auf dem Weg in das OBO? Wenn ja, in welcher Phase des OBO befinden wir uns? Wenn nein, welche Ursachen sind sonst für die Schieflage der Firma verantwortlich?

- Besteht bei den Mitgliedern der Organisation oder Institution die Bereitschaft für einen wirksamen Ansatz, das OBO zu bewältigen, oder sind die destruktiven Kräfte bereits so dominant, dass von innen die Heilung – oder wenigstens eine deutliche Besserung– nicht mehr wahrscheinlich ist?

- Gibt es aus der Akzeptanzuntersuchung und aus der Anamnese ein Gesamtbild, das den Weg in die Zukunft vorzeichnet und die notwendigen Energien, diesen Weg bis zum Ende zu gehen, freisetzt oder brauchen wir Hilfe von außen?

6.3 Teamansatz: Statt Schuldzuweisungen gemeinsam „die Suppe auslöffeln"!

Es liegt in der Natur des OBO, dass es sich zu lange hinter den heroischen Fassaden des omnipotenten Managements, zwischen den unzähligen Zuständigkeiten oder hinter der kollektiven Verantwortungslosigkeit verstecken kann. Man kommt immer zu spät! Deshalb kann und darf die Zeit der OBO-Diagnose nicht die Zeit der Schuldzuweisungen sein. Schuld und Verantwortung einseitig zuzuweisen und von anderen die Lösungen zu verlangen, war ja ein wesentliches Element für den sich ausbreitenden OBO und der Nährboden für seine Metastasierung.

Wir brauchen in der Diagnosephase den Teamansatz, d. h. die Ursachen und Folgeanalyse im hierarchieübergreifenden Team und auch die Offenheit der Teams für die Beseitigung des OBO.

Was erreichen wir durch diese Einbeziehung aller Beschäftigten?

■ Ehrliche Anamnese, denn zunächst bedarf es einer klaren und gründlichen Beschreibung der wirklichen Problemsituation. Ein Problem muss dabei jeweils einerseits in einer angemessenen, emotionslosen Weise beschrieben werden, andererseits aber eng genug gefasst sein, damit man später effektiv damit umgehen kann und vor allem – im Fall der späteren Diskussion von Problemen – das berühmte „not invented here" vermieden wird.

■ Überwiegend realistische Hinweise zur späteren Problemlösung, denn das Management selbst ist nicht selten zu weit von den tatsächlichen operativen Anforderungen entfernt.

■ Einen angemessenen Enthusiasmus des Teams, denn da nicht immer alle Teammitglieder effektive Beiträge leisten oder konsequent mitarbeiten, scheitert die Anamnese und Diagnose sonst bereits an der zu oberflächlichen Bestimmung der Ursachen.

■ Eine vergleichsweise logische Prozess- und Problemdarstellung, denn das Team kann aus seiner eigenen Praxis die Probleme priorisieren, analysieren und überprüfen.

■ Nebenbei die Aktivierung der eigenen theoretischen Fertigkeiten des Teams, denn die Teammitglieder können ihre Erfahrungen in Statistik und Problemlösungsmethoden einbringen und vertrauen somit den selbst erzielten Ergebnissen.

■ Vielleicht sogar das Ausbremsen der Ungeduld des Managements, denn oftmals sind es die mangelnden Kenntnisse des Managements zum Thema, die das Management ständig nachfragen lassen, wann das Detailproblem nun endlich gelöst sein wird. Der dadurch entstehende Druck kann vom Team besser als von dem einzelnen Mitarbeiter abgefangen werden und ermöglicht dem Team schließlich die gründliche Anamnese.

■ Eine gründliche Ursachenanalyse, denn eine potenzielle Ursache oder ein Symptom wird im Team vielleicht zu schnell und somit fälschlich als die grundlegende Ursache definiert. Andernfalls würde eine mögliche Ursache voreilig als die Hauptursache identifiziert und die Problemuntersuchung würde zu früh abgeschlossen. Dann träte das Problem später wieder auf, weil die eigentliche Ursache nicht erkannt wurde.

■ Bessere Chancen zu einer später erfolgreichen Implementierung anhaltender Verbesserungsmaßnahmen; denn das Team hat das eigentliche Problem, die Ursachen und Symptome selbst herausgearbeitet und will nun auch deren erfolgreiche Verbesserung der Situation ermöglichen.

■ Der typische Mangel an Information und Kommunikation in der Anamnesephase lässt sich durch den Teamansatz gut vermeiden, denn sonst besteht die Gefahr, dass unzureichende Informationen zur Anamnese oder zur Akzeptanz des OBO zu nachhaltiger Abwehrkonditionierung der Beschäftigten führen.

Es ist übrigens nicht ganz trivial, tatsächlich die Beschäftigten auf allen Ebenen für einen Teamansatz der Diagnose zu gewinnen. Wir dürfen nicht vergessen, dass unsere Organisation oder Institution erst der Diagnose zugeführt wird, wenn bereits viel Porzellan mit verfehlter Kommunikation und schwer nachvollziehbaren Organisationsmaßnahmen zerschlagen wurde. Wir befinden uns zu dieser Zeit nicht auf einem unschuldigen Feld des gegenseitigen Vertrauens, sondern vermutlich haben die Mitarbeiter bereits einige Vorgesetzte kommen und gehen sehen. Vielleicht gab es bereits einen Eigentümerwechsel, vielleicht war auch schon der eine oder andere Berater im Unternehmen. In jedem Fall ist die Vertrauensbasis angeschlagen.

Auf der anderen Seite haben sich die meisten Mitarbeiter, auch das mittlere Management, in ihrer Nische der Nichtverantwortung eingerichtet. Mental herrscht nämlich bei den Beschäftigten in den Phasen 2 bis 4 des OBO eine große Distanz zwischen der beobachteten Situation der Organisation und dem Gefühl der eigenen Mitverantwortung. Im Gegenteil, fast immer haben sich gerade die früher engagierten Mitarbeiter inzwischen einen Panzer des Selbstschutzes und der Unverantwortlichkeit wachsen lassen. Nun werden sie aufgefordert, aus ihrer Zurückgezogenheit in eine aktive Rolle zurückzukehren, ohne bereits wissen zu können, ob dies tatsächlich risikolos möglich ist, was keine leichte Überzeugungsaufgabe für die Führung darstellt. Hier hilft es, wenn man sich eines erfahrenen, externen Coachs bedient, der keine interne Vorgeschichte hat.

6.4   Coaching: Hilfe zur Selbsthilfe organisieren

Im nachfolgenden Kapitel werden die typischen Versuche der Selbstheilung beschrieben, die in der Regel ohne Erfolg bleiben, es sei denn, das OBO befindet sich noch in einem latenten Frühstadium und es gab bislang wenig innere Zerstörungen. Daraus folgt, und das soll hier beleuchtet werden, dass eine Organisation oder Institution im OBO klugerweise neutrale Hilfe von außen dazu holt, um das OBO zu bewältigen.

Ohne die Hilfe zur Selbsthilfe wird es nicht gehen. Wenn Sie zunehmend kurzatmig werden und Ihre seelische und körperliche Belastungsfähigkeit spürbar nachlässt, können Sie entscheiden, ob Sie einen Arzt aufsuchen oder nicht. Die Wahrscheinlichkeit, ohne eine ärztliche Konsultation und Behandlung ihre frühere Fitness zurückzuerlangen, ist gering. Das wissend, verzögern Sie dennoch den Arztbesuch, bis der Leidensdruck zu hoch wird (oder Ihr Lebenspartner Sie einfach lang genug überredet hat). Vielleicht ist es möglicherweise zu spät und es hilft vielleicht nur noch die Bypass-Operation. Wenn Ihre Organisation oder Institution unter schwindender Belastungsfähigkeit leidet, müssen Sie zum Arzt! Sie sind es – wenn Sie in der Verantwortung stehen – Ihren Mitarbeitern und dem Überleben der Firma schuldig. Es gibt dazu keine Alternative.

Ein Tipp: Nehmen Sie einen OBO-Coach an Bord, bevor Sie dazu gezwungen werden. Wenn Sie selbst die Initiative ergreifen, dann können Sie auswählen und bleiben Herr des Verfahrens.

Was können und müssen Sie von einem OBO-Coach erwarten?

■ Persönliche Anforderungen:

- – Wirkt der Coach erfahren, gelassen, lebenserfahren und sympathisch?
- – Fühlen Sie, dass Sie ihm als Mensch vertrauen?
- – Ist der Coach einer bestimmten Methode oder Denkschule verhaftet?
- – Liegt Ihnen das Angebot vor, Referenzen einzuholen?

- Wie empathisch, aber auch offen kritisch ist er?
- Spüren Sie genug Selbstreflexion, aber auch ein starkes Charisma?

■ Anforderungen an die sozialen Kompetenzen:

- Sind seine Kommunikationsfähigkeiten stark ausgeprägt?
- Hat er das richtige Maß an Konfliktfähigkeit?
- Erscheinen Ihnen die gestellten Fragen treffend?
- Wird der Coach versuchen, Sie in seine Abhängigkeit zu bringen?

■ Anforderungen an das fachliche, wirtschaftliche und psychologische Wissen

- Waren die von Ihnen eingeholten Referenzen überzeugend?
- Hat er Ihr Businessmodell durchschaut?
- Hat er die Fähigkeit, Ihre Organisationsmuster zu erkennen?
- Hat er Coaching-Erfahrung in Ihrer Branche und in der Größenordnung Ihrer Organisation oder Institution?
- Hat er selbst in unternehmerischer Verantwortung gestanden?
- Wird der Coach einen Ausweg aus dem OBO finden?

■ Anforderungen an die Methoden und Handlungskonzepte:

- Hat der Coach die Kompetenz für die Diagnostik?
- Trauen Sie dem Coach zu, Sie bei der Therapie des OBO zu begleiten?

Wenn Sie in der Auflistung von einem männlichen Coach gelesen haben, dann war es nicht so gedacht, dass Sie sich nur für einen männlichen Begleiter entscheiden sollten. Oft verfügen Frauen im Coaching über Vorteile gegenüber einem männlichen Coach. So können weibliche Coachs den männlichen Coachees eher deutlich machen, dass Denken und Fühlen zusammengehören und heroische Masken nur Zeit kosten, aber nicht helfen. Auf der zweiten Ebene verursachen weibliche Berater weniger Konkurrenzangst, da ein männlicher Coach unbewusst die Gefahr signalisiert, möglicherweise plötzlich in die operative Führung berufen zu werden und dann nicht mehr Berater, sondern Vorgesetzter zu sein. In einem solchen Fall wird der mittlere Manager vorsichtig und dann wird er im Vieraugengespräch der Anamnese lieber vorsichtig in seinen Äußerungen bleiben. Auf der anderen Seite verbringen Coach und Coachee viel Zeit miteinander und besprechen auch sehr persönliche Dinge. Hier ist ein Coach des gleichen Geschlechts unproblematisch und bietet keinen Anlass zu unsachlichen Bemerkungen, wenn beispielsweise der Chef und sein OBO-Coach eine Bergwanderung miteinander machen. Es gibt somit Pro und Contra; tatsächlich wird die Wahl davon abhängen, ob es in dem Moment der Auswahl eines externen Coachs diese Entscheidungsalternative überhaupt gibt. Letztlich wird der zu coachende Manager aus dem Gefühl heraus entscheiden und es dann rational zu begründen wissen.

Warum sollten Sie kein großes Team einer Unternehmensberatung mit einem umfassenden Change-Management-Projekt oder Business Process Reengineering beauftragen? Zum einen helfen die bekannten Consultingansätze hier zunächst nicht weiter. Später, wenn es an das Abarbeiten operativer Fragestellungen geht, kann sich das ändern. Zum Zweiten erzeugen größere Beratertruppen mit ihrem nicht selten etwas dominanten und überprofessionellen Auftreten Misstrauen bei den Beschäftigten. Die Mitarbeiter, bereits relativ alarmiert von verschiedenen Initiativen des Managements, vermuten nun jede Art von Reorganisation, Arbeitsplatzabbau oder Due Diligence; jedenfalls vermuten sie nichts Gutes. Entsprechend wird die Kooperationsbereitschaft der Mitarbeiter und der mittleren Führungskräfte gegenüber den Beratern entweder nur simuliert oder verweigert. Außerdem: Gelegentlich entgleiten die Consultingprojekte dem direkten Auftraggeber. Wenn nämlich der führende Manager des beauftragten Business Consultant nach kurzer Zeit versteht, wo wirklich die Macht für Folgeaufträge sitzt, kann es gut sein, dass der bisherige CEO vom Aufsichtsrat entmachtet wird, weil der Berater eine Direktkommunikation zu eben diesem Aufsichtsrat oder Eigentümer aufgebaut hat.

Sie brauchen jetzt Hilfe zur Selbsthilfe von einem erfahrenen Coach auf Augenhöhe!

Bleibt die Frage, wann der richtige Zeitpunkt ist, einen OBO-Coach ins Boot zu holen. Die Antwort ist einfach: das erste Mal, wenn Sie daran denken! Jeder weitere Tag ist ein verlorener Tag und kostet Sie mehr Energie, Zeit und Geld.

7 Typische Versuche der Eigentherapie

7.1 Statt einer Therapie sollen Erfolge helfen

„Wir brauchen keine neue Strategie, wir brauchen Aufträge und Erfolge!", so fasste entschlossen der Aufsichtsratsvorsitzende einer nicht unbedeutenden Engineering Company seine (uneinsichtige) Ansicht der Lage zusammen. Ich war erstmals in der Sitzung dieses Aufsichtsrates zu dem Punkt „Strategie der Marktrevitalisierung" dabei und sehr überrascht; ich dachte: „Haben die Herren denn nichts gelernt?"

Hier müssen wir einen Moment bei der Psychologie der Macht verweilen. Bereits 1975 hat Niklas Luhmann mit seinem Werk „Macht"[68] in Kapitel VII über die Risiken von Macht geschrieben und festgestellt: *„Sobald zentralisierte Macht sichtbar und disponibel wird, kommt das Problem des Tyrannen auf, der despotisch und willkürlich über die Macht verfügt"*.

„Macht ist die Chance, nicht lernen zu müssen", wie ein Bonmot sagt.

Es ist nun einmal zu beobachten, dass alle unternehmensinternen Veränderungen auch die bisherigen Machtpositionen, seien sie formell verankert, seien sie informell gelebt, in Frage stellen. Wer aber eine Machtposition errungen hat, der will sie nicht aufgeben. Hohe Positionen, ob in der Wirtschaft, in der Politik, in der Wissenschaft oder in einem Verein, sind mit Weisungsbefugnis, gelegentlich mit hohem Einkommen, mit Ansehen und nützlichen Netzwerkkontakten verbunden. Aus einer hohen Machtposition sieht die Welt einfacher aus, andere Personen werden kleiner oder nur oberflächlich und stereotyp wahrgenommen. Die eigene Peergroup auf gleicher Höhe der Gesellschaft wird favorisiert und andere Gruppen wer-

---

[68] Luhmann, N. (1975) „Macht", Stuttgart

den tendenziell diskriminiert. Bei einem geringen Machtpotenzial ist das Verhalten eher gehemmt, sehr situationsabhängig und Normen werden noch stärker beachtet.

Wir Menschen streben nach Macht, um begehrte Ressourcen zu erhalten und um uns der Kontrolle anderer zu entziehen.

Wir kennen aber auch die Kehrseite: Hohe Machtpositionen in einer Organisation oder Institution verführen zum Missbrauch und dieser Missbrauch hat auch negative Folgen auf die Machtausübenden selbst. Sie büßen nicht nur an Mitmenschlichkeit ein, sondern auch an Einsichtsfähigkeit. Der „Mächtige" hat in seinem Werdegang eine persönlich nachhaltige Erfahrung gemacht, er hat nämlich aus seiner Sicht durch die Nutzung seiner Macht seine Mitarbeiter zu hoher Leistung gebracht. Vielleicht, ja wahrscheinlich, wären die Leistungen ohne diese Machtausübung genauso hoch gewesen. Das kann man immer dann beobachten, wenn ein allmächtiger Chef ausgewechselt wird oder in den Ruhestand geht. Danach sinkt die gewohnte Produktivität selten ab, im Gegenteil: Sie steigt eher. Jedenfalls führt diese Erfahrung den Machtinhaber zu einer verzerrt wahrgenommenen Kausalkette: Die erreichten Leistungen werden von ihm nicht mehr den Mitarbeitern angerechnet, sondern als nur durch die eigene Machtausübung verursachte Erfolge gesehen. Die Abwertung der Leistungsbeiträge der Mitarbeiter ist die Folge. Aus der Sicht des „Übermächtigen" sind seine Leute „nicht fähig, haben kein Recht, verdienen es nicht besser …" Sich selbst werten die Machtausübenden dagegen auf. Damit tritt ein Distanzierungsprozess gegenüber den Betroffenen ein und in Zukunft werden die Machtausübenden noch eher geneigt sein, ihre Überlegenheit auszuspielen. Darunter leidet auch die Effektivität. Durch Machtausübung werden – im Unterschied zu Führung und Vertrauen – selten neue oder bessere Prozesse oder höherwertiges Wissen produziert.

Es besteht immer die Gefahr – und das muss unbedingt vorsorgend beachtet werden –, dass die Diagnose- und Entscheidungsprozesse im OBO durch mächtige Persönlichkeiten vorzeitig abgebrochen werden; insbesondere immer dann, wenn sie ihre Interessen oder ihr Image gefährdet sehen. Die Mitarbeiter und Führungskräfte mit abweichender Meinung geraten zunehmend unter Anpassungsdruck und die Mitarbeiter mit relevantem Wissen, aber mit geringem Status in der Organisation, werden einfach nicht gehört oder von den Diskussionen ausgeschlossen. Die mangelnde Lern- und Einsichtsfähigkeit von hochrangigen Machtausübenden gipfelt dann in der Verstärkung des Falschen, das heißt, immer mehr und auch skrupellosere Mittel werden eingesetzt, um den als richtig geglaubten Weg weiterzugehen.

Warnzeichen, dass man auf dem falschen Weg sei, werden missachtet und auch von den verunsicherten Untergebenen nicht nach oben gemeldet, aus lauter Angst, für schlechte Nachrichten bestraft zu werden. Am Ende werden die Folgen des OBO noch stärker ausfallen. Wir kennen das: Machthaber umgeben sich im Laufe der Zeit zunehmend mit solchen Menschen, die ihnen nach dem Munde reden, und ignorieren solche, die ihnen widersprechen oder abweichende Meinungen vertreten. Nicht selten lässt sich in dieser Phase des OBO ein fataler Zyklus beobachten: Zunächst sind es Wissen, Können, Geschicklichkeit sowie ein Wille zur Macht, die talentierte Menschen in höhere Machtpositionen bringen. Dort tendieren sie allerdings zunehmend zu Machtausübung anstelle von Führung und Einflussnahme. Sie lernen wenig dazu, machen zunehmend Fehler, versuchen die Fehler unauffällig durch möglicherweise noch größere Fehler zu korrigieren und treiben so sich und die von ihnen dominierte Organisation oder Institution in den Ruin.

Ein Beiratsmitglied von Lehman Brothers schilderte mir 18 Monate nach dem Untergang der Investmentbank die Untugenden des letzten CEO, Richard Fuld, der seine Position seit 1994 bis zum Ende des Unternehmens im September 2008 innehatte. Er berichtete: „Von den führenden Bankern bei Lehman hat da keiner mehr durchgeblickt; sie haben Fuld einfach vertraut. Und der machte Geschäfte, deren extrem hohe Risiken er zwar ahnte, aber billigend in Kauf nahm. Er musste immer höhere Margen erzielen, um die Verluste auszugleichen". Seit 2001 gab es wohl ein Geschäft mit dem Namen *Repo105*. Was passierte da? Lehman „verlieh" für bis zu 50 Mrd. US-Dollar Assets an andere Banken gegen eine Gebühr, verbuchte aber den Deal als Verkauf, um Schulden zum Stichtag zu tilgen. Anschließend wurden die Assets gegen Rückzahlung der Gebühren zurückgenommen. Das Ganze fand aber nicht in den USA statt, weil es dort verboten gewesen wäre, sondern in London.[69] Es war wohl ein wenig so wie bei einem Spieler am Roulettetisch, der immer risikoreicher setzt, um zu gewinnen, weil er gewinnen muss. Allerdings ist Fuld bis heute zutiefst überzeugt, alles richtig gemacht zu haben. „Macht macht blind!"

Was kann man, was sollte man tun? Die gewohnte Machtausübung der Führung muss durch einen Prozess den Beteiligung und empfängerorientierter Führung ersetzt werden, bei dem die Interessen der Mitarbeiter gewahrt bleiben. Das muss vor allem durch Partizipation geschehen.

Seit langem ist bekannt, dass Partizipation nicht nur die Zufriedenheit der Mitarbeiter fördert, sondern auch individuelles Lernen und die betriebliche Produktivität. Lester Coch und John French widmeten 1948[70] eine ausführliche Studie dem Problem: Wie können Widerstände der Mitarbeiter gegen technologisch bedingte Änderungen der Organisation, der Tätigkeiten, der Verfahren und Methoden überwunden werden? Die Ergebnisse lauten: Der Produktionsrückgang bei der Einführung einer Neuerung beruht nicht etwa auf Motivationsproblemen. Die unterschiedliche Produktivität vor und nach einer Änderung beruht auch nicht auf unterschiedlichen Eigenschaften der Mitarbeiter, sondern das Problem geht zurück auf die Dynamik der Gruppe. Mitarbeitergruppen, die dem Management gegenüber negativ eingestellt sind, bemühen sich, die Produktion zu hemmen. Teams, die dagegen positiv gegenüber dem Management eingestellt sind, bemühen sich, die frühere Leistung wieder zu erreichen. Von großem Einfluss auf die Einstellung der Gruppe ist die Teilnahme der Mitglieder an der Planung der Tätigkeitsänderung. Die tatsächliche Teilnahme aller Teammitglieder an der gemeinsamen Planung der künftigen Änderung ergibt eine erhöhte, die Nicht-Teilnahme dagegen eine merklich verringerte Produktivität nach erfolgter Änderung. Zum Abbau des Widerstandes gegen Änderungen gehört nicht nur die geschlossene Teilnahme aller Betroffenen, sondern auch die größtmögliche Delegation der Verantwortung an die ausführenden Mitglieder. Das weiß man nun seit den 50er. Umso erstaunlicher, dass bis heute immer noch – und fast berechenbar – der Weg der bisherigen Machtinhaber ein anderer ist.

---

[69] FTD vom 22. März 2010

[70] Coch,L. , French, jr. J. Overcoming resistance to Change. Human Relations 1, 1948

Auf größere Organisationseinheiten übertragen heißt Partizipation, dass organisatorische Änderungen nicht von oben herab per E-Mail eingeführt werden dürfen, sondern mit allen betroffenen Abteilungen entwickelt, diskutiert und vereinbart werden müssen. Aus Sicht der Mächtigen scheint es oft am einfachsten, den subjektiv als richtig erkannten Weg gegen Widerstände durchzusetzen. Dahinter verbirgt sich jedoch eine doppelte Illusion, zum einen eine Illusion über die Güte des eigenen Wissens und zum anderen eine Kontroll- beziehungsweise Führungsillusion. Menschen in hohen Positionen tendieren dazu, ihr Wissen zu überschätzen. Sie meinen, ihre eigene Karriere und die erarbeitete Spitzenposition zeige doch ihre Überlegenheit.

Oberste Führungskräfte müssen sich vor allem in der OBO-Therapie um die Qualität der Diskussionskultur und um ehrliche Informationsprozesse kümmern. Es geht darum, partizipative Einflussnahme auf allen Ebenen zu fördern und autoritäre Machtausübung so gut wie möglich zu verhindern, so schwer es auch fällt.

Wenn die Mächtigen von heute glauben, mit den Rezepten von gestern ihre Organisation aus dem OBO ins Morgen führen zu können, dann werden sie nicht nur Zeit, Glaubwürdigkeit und Geld verlieren, sie werden alles verlieren!

7.2   Symptome werden kuriert, nicht aber die Ursachen

Es gibt Krankheiten, die vollständig therapierbar, aber nicht zu beseitigen sind. Die im Management verbreitete Schlafapnoe[71] beispielsweise gehört dazu; auch die Hypertonie[72] ist meistens nicht wirklich zu beseitigen, sondern nur durch Medikamente zu normalisieren.

Die Versuchung, für das Management einer vom OBO betroffenen Organisation nur die Symptome zu behandeln – nicht aber die Ursachen –, ist sehr groß. Insbesondere, da sich wohl die meisten Manager gar nicht bewusst sein können, dass sie unbewusst die Ursachen negieren und nur die sichtbaren, störenden Organisationsmängel durch Maßnahmen des Führungsalltags beseitigen wollen. Das Tagesgeschäft hält für die Führung stets ein Übermaß an Herausforderungen bereit, die es jetzt und sofort zu erledigen gilt. Dabei verliert sich im „Hamsterrad des Managements" der Blick für das Wesentliche.

Bei einer Organisation oder Institution im OBO gibt es vier Kategorien der Schwierigkeiten des professionellen Alltags, die zu unterscheiden in der Hetze des Tagesgeschäftes fast nicht möglich ist:

---

[71] Das Schlafapnoe-Syndrom ist ein Beschwerdebild, das durch Atemstillstände (Apnoen) während des Schlafs verursacht wird und in erster Linie durch eine ausgeprägte Tagesmüdigkeit bis hin zum Einschlafzwang (Sekundenschlaf) sowie eine Reihe weiterer Symptome und Folgeerkrankungen gekennzeichnet ist.

[72] Bluthochdruck: In 90 Prozent der Fälle kann der Arzt keine Ursachen für erhöhte Blutdruckwerte feststellen. Die meisten Menschen mit hohem Blutdruck haben sehr lange keine Beschwerden. Dies birgt die Gefahr, dass der erhöhte Druck überhaupt nicht bemerkt beziehungsweise festgestellt wird.

Tabelle 7.1   Definition sich verstärkender Problemkategorien

Tägliche Herausforderungen	Kann jeder in seiner Kompetenz anhand seiner Zielvorgaben lösen.
Organisatorische Probleme	Können Teams in ihrer Organisationseinheit mit eigenen Mitteln lösen.
Übergreifende OBO-Symptome	Kann das Management mit seinen Teams für die gesamte Organisation oder Institution durch Innovationen oder Reorganisation lösen.
Fundamentale OBO-Ursachen	Können die Eigentümer mit einer neuen Strategie und einem Reset von Prozess- und Aufbauorganisation, ggf. mit Personalveränderungen, lösen.

Zusätzlich können in allen vier Kategorien scheinbar einfache Tatbestände durchaus komplexe Ursachen haben oder scheinbar komplexe Tatbestände aus einer Reihe von einfachen Ursachen resultieren.

Wenn Sie als Führungskraft beispielsweise darauf hingewiesen werden, dass die Kundenreklamationen zunehmen, dann können viele komplexe Symptome oder Ursachen dazu geführt haben, es kann sich aber auch nur darum handeln, dass Ihre Firma den Logistikdienstleister gewechselt hat, der noch Schwierigkeiten im Aufbau seiner Strukturen hat.

Wie vermeiden Sie beim Versuch der Selbstheilung den verführerischen Fehler, nur an den Oberflächen zu arbeiten und nicht wirklich an den Ursachen? Ganz einfach: Sie sorgen dafür, dass Sie die Zeit haben oder bekommen, alle Herausforderungen des Tagesgeschäftes genau zu analysieren.

Diese Analyse nehmen Sie nach folgenden fünf Merkmalen vor:

- Wie stellt sich das Thema aus der Sicht unserer Kunden/Lieferanten dar?

- Welche Auswirkungen kann das Thema in der Zukunft haben?

- Wie würde sich eine Ursachenbeschreibung aus der Sicht des Chefs, der Kollegen und der Mitarbeiter lesen?

- Welcher Beitrag zur Zielerreichung wird gefährdet, wenn wir das Thema nicht anpacken?

- Wie sind der Aufwand und der Ertrag einer Lösung realistisch einzuschätzen?

Wenn Sie es schaffen, bei dieser Blitzanalyse eine Verharmlosung oder wohlgefällige Interpretation zu vermeiden, dann sollten Sie das jeweilige Thema gut einer der vier unterschiedlichen Kategorien der Herausforderungen (Siehe Tabelle 7.1) zuordnen können. Damit eröffnen Sie sich und Ihrer Firma einen Weg aus dem OBO. Sie dürften allerdings auch einen Eindruck davon gewonnen haben, wie schwierig es ist, nicht nur an den Symptomen zu kurieren.

7.3   Rettungsillusion und Reaktionsparadox des OBO: Zeit verloren, Mut verloren, alles verloren

Sie dürfen keine Zeit verlieren und Sie müssen sich doch die Zeit nehmen, die Sie brauchen, um sich gesichert davon zu überzeugen, ob Ihre Organisation oder Institution in einer OBO-Spirale steckt und in welcher Phase des OBO sich das Unternehmen befindet.

Warum ist die Zeit nach der Diagnosephase so wichtig? Zum einen – weiß nun jeder im Führungskreis und vermutlich auch alle Beschäftigten –, dass ein OBO-Syndrom vorliegt und alle erwarten nun schnelle und vertrauensbildende Maßnahmen und zeitnahe Kommunikation. Zum anderen stehen die Akteure im Zentrum des OBO unter dem Zwang, mit immer dichter werdenden Ereignissen der Unvorhersehbarkeit und der Eigendynamik der Organisation kämpfen zu müssen. Die Zeit bleibt leider nicht stehen. Die Kunden werden weiter immer anspruchsvoller, weil Ihre Organisation oder Institution weniger dynamisch wird. Der Markt liefert scheinbar immer schneller Innovationen, weil Ihr Innovationszyklus langsamer geworden ist. Die Teams in den operativen Einheiten beginnen bereits unabgestimmt neue Prozesse zu verabreden, weil sie vergeblich auf neue Anweisungen warten. Und dann kündigen auch noch verschiedene Leistungsträger, weil das Management versäumt hat, zugesagte Vereinbarungen einzuhalten. Die Welt dreht sich scheinbar immer schneller und die Zeit zerrinnt zwischen den Fingern.

Es ist das Reaktionsparadox des OBO. Je komplexer die OBO-Symptome im Verlauf der vier OBO-Phasen werden, desto schneller müsste reagiert werden, um schlimmere Konsequenzen zu verhindern. Aber tatsächlich wird die Reaktionszeit langsamer, weil die zunehmende Komplexität des OBO die Organisationsträgheit erhöht.

Die Zeit ist beim OBO nicht unser Freund. Abbildung 7.1 zeigt den prototypischen Verlauf auf der Zeitachse (X) mit seiner steigenden Intensität (Y) von latentem Zustand bis hin zum letalen Abschluss des OBO. Bis zur OBO-Akzeptanz ist der Verlauf des OBO notwendigerweise identisch, denn bis dahin verlief die Intensität im impliziten Rahmen. Dann aber wird mit einer Zeitverzögerung die Entscheidung getroffen, ob man sich selbst zu helfen versucht oder sich professioneller Hilfe bedient. Von nun an entwickelt sich das OBO unterschiedlich. Die akute Phase – und dann später die letale Phase – verlaufen im Vergleich zur latenten und chronischen Phase deutlich schneller ohne den Versuch der Selbsthilfe. Im Fall der Selbstheilung entsteht eine scheinbare Besserung, der akute Verlauf verlangsamt sich. Der Grund: Alle schöpfen Hoffnung und sehen bereits Besserungen, selbst wenn nur an den Symptomen kuriert wird. Umso größer ist dann die Enttäuschung, wenn sich diese Heilung als oberflächlich und trügerisch herausstellt, dann galoppiert der Verlauf des OBO in die Hoffnungslosigkeit. Es entsteht die Rettungsillusion der Eigentherapie. Die professionelle Hilfe im OBO wird leider nicht so schnell wirken, wie man hofft, dennoch kann zumindest die Steigerung des OBO aufgehalten werden.

Abbildung 7.1   Rettungsillusion bei Selbsthilfe

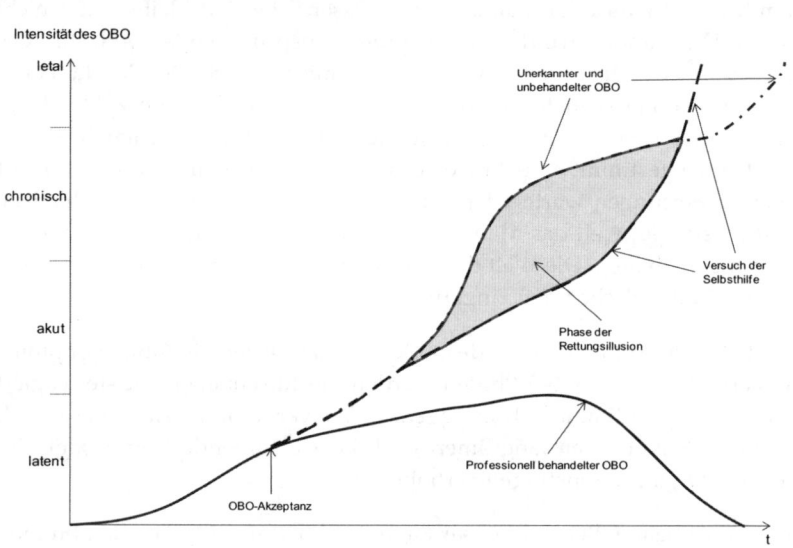

Alle Versuche der Selbstheilung müssen somit am Ende zu einem unerwünschten Ausgang führen. Wenn aber die Rettungsillusion zerplatzt, dann ist die Zeit verloren, das Vertrauen verloren und die Beteiligten glauben an nichts mehr. Das ist spätestens der Zeitpunkt, an dem der Aufsichtsrat oder der Eigentümer die Reißleine zieht und das bisherige Management überraschend auswechselt (vgl. Kapitel 4.13). Das Management ist fast immer der Überzeugung, doch alles getan zu haben, was zu tun geboten war, und empfindet seine Abberufung als ungerecht.

Damit stellt sich die Frage: Kann man den untauglichen Versuch der Selbstheilung nach der Akzeptanz und der Anamnese verhindern? Das ist schwer einzuschätzen. Ja, wenn die Führung der Organisation oder Institution von Beginn an professionelle Hilfe einsetzt und mit dieser Unterstützung gegen den Spontanreflex hektischer Selbsthilfe bewusst und kommunizierend angeht. Nein, wenn die Führung nicht nur professionell durch den Markt oder durch Geschäftskennzahlen unter Druck gesetzt wird, sondern der Druck direkt auf die Personen des Managements seitens der Eigentümer oder der Medien übergroß wird und die Führung subjektiv nicht mehr in der Lage ist, sich Zeit zu überlegter Aktion zu verschaffen. So wie ein Ertrinkender weiß, dass er nicht unter Wasser Luft holen darf und es doch tun muss, wird das Top-Management dem Spontanreflex sofortiger Selbstheilungsmaßnahmen nachgeben.

8 Therapie des Organizational Burnout

Je früher das OBO behandelt wird, desto schneller werden die negativen Wirkungen aufgehoben werden können. Im vorigen Kapitel allerdings wurde gezeigt, dass in der Regel – auch durch den Versuch der Eigentherapie – sehr spät mit der Akzeptanz und Anamnese und somit auch mit der Therapie begonnen wird. Wann ist es für eine Therapie „zu spät" und gibt es ein „zu früh"?

Wenn alle Symptome dafür sprechen, dass sich die Firma bereits in der letalen Phase des OBO befindet und der Kontrollverlust des Managements und vielleicht sogar allgemeine Hoffnungslosigkeit eingetreten sind, dürfte es für eine Therapie zu spät sein. Zu spät, weil das Management und vermutlich auch die Eigentümer nicht mehr reaktionsfähig sind und sich aus der Mannschaft vermutlich auch niemand mehr zu einem MBO[73] aufraffen würde. Das Vertrauenskapital des Marktes dürfte aufgebraucht und die Produktionsmittel abgenutzt sein. Ein Neubeginn ist dann einfach nicht mehr möglich. Was ist dann zu tun? Es sind die üblichen Rettungsmaßnahmen einer Unternehmenssanierung zur Abwendung der Insolvenz zu ergreifen, ein Interimsmanagement einzusetzen und neue Kapitalgeber zu finden.

Ist es denkbar, mit einer OBO-Therapie zu früh zu beginnen? Die Antwort ist leider – entgegen der Erwartung der Leser – ja! Ja, weil die Bereitschaft, in eine ernsthafte – und mit Aufwand und Zeit verbundene – Diagnose einzutreten nicht gegeben ist, wenn der Leidensdruck noch nicht ausgeprägt genug ist. Ein Patient ohne Leidensdruck wendet sich nicht an einen Arzt und alle Appelle hinsichtlich gesunder Ernährung oder Lebensführung verpuffen. Ein Berater, der einem Unternehmer ohne entsprechende

---

[73] Management-Buy-out (MBO) bezeichnet einen Eigentümerwechsel eines Unternehmens, bei dem das Management die Mehrheit des Kapitals von den bisherigen Eigentümern erwirbt.

Aufforderung die Analyse eines diagnostizierten OBO offenbart, wird auf krasse Ablehnung stoßen. Ohne Leidensdruck gibt es keine Diagnose- und Therapiebereitschaft und ohne diese Bereitschaft ist eine OBO-Therapie sinnlos.

Kann man sich eine schnelle, intensive oder gar eine Schocktherapie vorstellen? Das OBO ist nicht über Nacht entstanden und es wird nicht über Nacht geheilt. Es gibt keine Wunderheilung. Um die OBO-Therapie zu beginnen, darf man nicht auf ein Wunder warten, denn das Wunderbare schaffen die Betroffenen selbst. Es ist zu Beginn der Therapie die Hauptaufgabe des Coachs, das Management nicht in die Falle des Reaktionsparadox rennen zu lassen. Wer schnelle Rettung und sichere Heilung verlangt oder verspricht, ist auf dem Holzweg. Die Zeit ist ein wesentliches Element der Heilung und außerdem brauchen komplexe Situationen auch komplexe Maßnahmen. Man muss die Zeit wieder zu seinem Verbündeten machen und wirken lassen, sonst hat man weiterhin die Zeit zum Gegner und kämpft auf verlorenem Posten.

Es wäre eine Illusion zu glauben, dass später, nach dem „Ausheilen" des OBO, alles wieder so sein könnte wie früher. Tatsächlich wird sich das OBO in das organisationale Gedächtnis eingraben und man wird noch Jahre später von der „dunklen Zeit" sprechen. Das OBO wird auch seine Narben in der Aufbau- und Ablauforganisation hinterlassen. Noch lange wird die Organisation überempfindlich auf Anzeichen für Symptome des OBO reagieren. Am ehesten ist die Situation vergleichbar mit einem ehemaligen Alkoholkranken, der besonders sensibel für die Umstände und die Auswirkungen seiner Krankheit bleibt.

Die Therapie des OBO sollte so früh wie möglich nach der Diagnose, also möglichst noch in der latenten Phase, einsetzen, aber es darf dabei nicht der Anspruch erhoben werden, mit wenigen schnellen Maßnahmen könne man wieder zum Business as usual übergehen. Die Situation des OBO ist nicht über Nacht entstanden, es ist kein Unfall, der dem Unternehmen oder der Institution mal eben leider passiert ist, sondern hier fand ein schleichender Prozess statt, der nur langsam wieder ausheilen kann.

Das wesentlichste „Medikament" für die OBO-Therapie ist Vertrauen in die Führung und in das System. Die Stabilität des Vertrauens steigt oder sinkt mit den prägenden Erfahrungen. Dem Prozess des OBO gingen immer auch Enttäuschungen über nicht eingelöste Versprechungen voraus. Daraus entwickelte sich über die Zeit ein tiefverankertes Misstrauen. Diesen Mangel an Vertrauen gilt es nun zu heilen.

Ein zu strammes Therapietempo ist schon deshalb nicht möglich, weil es notwendig ist, sich mit den unvermeidlichen Therapiewiderständen auseinanderzusetzen. Zu Beginn der Therapie ist verbalisierter oder nonverbaler Widerstand unvermeidlich. Selbst bei großem Leidensdruck auf allen Ebenen des Managements und der rationalen Einsicht, nun notwendige Therapieschritte durchlaufen zu müssen, besteht weiterhin offener und verdeckter Widerstand. Dieser interne aktive oder passive Widerstand hat vielfältige Ursachen und enthält die verschiedensten Botschaften:

■ Emotionale, individuelle Ursachen

  – diffuse Angst vor negativen Konsequenzen
  – Sorge um den eigenen Arbeitsplatz
  – Verweigerung der Einsicht in die Realität

■ Kollektive, kulturelle Ursachen

  – Angst vor der unbekannten Zukunft
  – Bedenken gegen zu schnelle Lösungen ohne allgemeine Beteiligung
  – Zweifel an der positiven Wirkung der Therapie
  – Zweifel an der Nachhaltigkeit der Maßnahmen

■ Rationale Ursachen des Einzelnen

  – Notwendigkeit einer OBO-Therapie wird nicht verstanden
  – Anforderungen des Tagesgeschäftes steigen weiter
  – Misstrauen gegenüber Management und Berater

■ Externe Ursachen

  – ein übereifriger Berater setzt Mitarbeiter unter Erfolgsdruck
  – ein ungeduldiger Shareholder zwingt zu vorschnellen Maßnahmen
  – Medien berichten negativ über das Unternehmen

Der emotionale Widerstand zu Beginn der OBO-Therapie ist nicht nur negativ. Zum einen signalisiert der Widerstand das immer noch bestehende Engagement der Mitarbeiter, denn andernfalls wäre sie resignativ und gleichgültig gegenüber dem ob oder wie es weiterginge. Zum anderen gibt er den Initiatoren der OBO-Therapie die Gelegenheit, wichtige Fragen der Betroffenen zu beantworten und sie zu einem Teil der Lösung zu machen. Nicht der aufkommende Widerstand sollte jetzt Sorgen bereiten, sondern ggf. der fehlende Widerstand.

Welche Fragen gehen den Beschäftigten zu Beginn der OBO-Therapie mit Sicherheit durch den Kopf?

- Was sind die Ziele und was ist der Sinn der OBO-Therapie?

- Kann ich selbst das dazu beitragen, was von mir erwartet wird?

- Will ich diesen Beitrag leisten?

- Was sind meine Alternativen?

- Wie kann ich während der OBO-Therapie einen Vorteil für mich erlangen?

Diese persönlichen Fragen beantwortet jeder Mitarbeiter für sich, aber das Management der OBO-Therapie kann aktiv Antworten auf diese nicht öffentlich gestellten Fragen adressieren. Auch hier ist aktive Kommunikation gefordert.

Wer ist nun in der OBO-Therapie der Therapeut und wer ist der Patient? Patient ist die Organisation oder Institution und therapiert werden die Führungskultur, die Zukunftsstrategie und die Aufbau- und Ablauforganisation. Die Therapiemittel sind Konsequenz, Vertrauen und Kommunikation.

Therapeut sind zunächst der externe OBO-Coach und das OBO-Team der Organisation. Das OBO-Team besteht aus dem obersten Chef, der Interessenvertretung der Beschäftigten, Experten der funktionalen Bereiche und einer Teamassistenz. Später werden der Coach und der oberste Chef ausscheiden, aber zunächst ist es wesentlich, dass die Teammitglieder eine verlässliche Orientierung haben und es die klare Führungsbotschaft gibt, dass diese Therapie absolut ernst gemeint ist.

Kann man nicht einfach ein Handbuch oder einen Berater für Change-Management nehmen und danach vorgehen? Das ist vielleicht eine naheliegende Frage, die mir verschiedentlich nach der Diagnose gestellt wurde. Unter Veränderungsmanagement versteht man alle Aufgaben, Maßnahmen und Tätigkeiten, die eine umfassende, bereichsübergreifende und inhaltlich weit reichende Veränderung in einer Organisation oder Institution bewirken sollen. Dazu werden im Prinzip drei Stufen durchlaufen:

- Die Auftauphase (Unfreezing) meint bildlich das Auftauen des bestehenden Zustands.

- Die Veränderungsphase (Moving), der Status quo wird verlassen und es wird eine verändernde Bewegung zu einem neuen Zustand vollzogen.

- Die Einfrierphase (Refreezing), die Implementierung der gefundenen Problemlösungen.

Der Anlass für ein Change Management liegt in einer sich verändernden Umwelt des Unternehmenssystems. Der Sinn und Zweck der Organisation oder Institution steht dabei aber nicht prinzipiell in Frage, die Führung und das Management sind und bleiben handlungsfähig, die Kultur der Organisation oder Institution ist konfliktfähig und stabil und vor allem das gegenseitige Vertrauen von Eigentümern, Management und Beschäftigten ist vorhanden. Diese Rahmenbedingungen sind aber im OBO nicht mehr gegeben. Deshalb ist die Aufgabenstellung von Change Management und OBO-Therapie fundamental unterschiedlich. Das wird auch deutlich, wenn man sich die folgenden kulturellen Prinzipien der OBO-Therapie vor Augen hält:

- Gemeinsame ehrliche Anerkennung des wirklichen Therapiebedarfs

- Die Sinnfrage der Organisation wird offen diskutiert und gemeinsam neu beantwortet

- Sichtbarer und konsequenter Neustart durch die Führung

- Jeder wird tatsächlich Teil der Lösung, bleibt nicht Teil des Problems

- Der interne Wettbewerbsdruck wird beendet

- Im Umgang gilt nun Toleranz und Vertrauen

- Bewusst wird Licht statt Schatten gesehen

- Wir handeln professionell, verlässlich, diszipliniert und konsequent

- Wir praktizieren Zuversicht statt Zynismus

- Konzentration auf das jeweils Machbare; gut ist gut genug

- Stabilität ist wichtiger als Profitabilität

- Wir bleiben geduldig: Schritt für Schritt und mit ruhiger Hand

Diese neuen kulturellen Prinzipien sind die gemeinsame Basis für eine erfolgreiche OBO-Therapie. Sie lassen sich schnell vereinbaren (nicht verkünden), aber bis sie tatsächlich gelebt werden, sind noch viel Zeit und Disziplin notwendig.

Im Folgenden soll beschrieben werden, wo und mit welchen Mitteln die OBO-Therapie ansetzen kann. Dabei ist das beschriebene Vorgehen in der OBO-Therapie nicht als Rezeptbuch zu verstehen, nach dem nur genau und unfehlbar vorgegangen werden muss, um das OBO auszuheilen. So wie auch jede ärztliche Behandlung eine sehr individuelle Anpassung von Intensität und Dauer der Therapie erfordert, muss auch eine OBO-Therapie vom OBO-Coach sehr individuell eingestellt werden.

Es sind die folgenden sechs Systemelemente einer Organisation oder Institution, an denen die OBO-Therapie ansetzen muss:

- Kommunikation

- Führung

- Strategie

- Prozesse

- Organisation

- Kultur

Warum sind gerade diese Elemente die richtigen, um eine OBO-Therapie lohnend anzusetzen? Es sind eben die *internen* und nicht die externen Einflussfaktoren, um die es bei der OBO-Therapie geht. Wir können weder den Markt noch die Umfeldbedingungen verändern. Die meisten Stakeholder sind nicht am OBO beteiligt, so haben weder die Kunden noch die Lieferanten, weder die Banken noch die Medien oder gar unsere Gesellschaft Anteil an der erschöpften Lage der Firma. Betroffen vom OBO sind die Beschäftigten und das Management, ggf. die Eigentümer – indirekt die Aktionäre oder Investoren.

Es geht nicht darum, die Software, das Controlling, das Berichtswesen, die Logistik oder das Geschäftsmodell zu therapieren. Es geht darum, das OBO da zu therapieren, wo es entstanden ist. Natürlich hängen in einem Organisationssystem alle Systemelemente zusammen, aber die meisten Systemelemente sind in der Folge des OBO in ein Ungleichgewicht geraten und sind nicht die Ursache. Deshalb ist es klug, bei den eigentlichen Ursachen (vgl. Kapitel 2 und 3) anzusetzen.

8.1 Kommunikation: Nur was kommuniziert wird, findet auch statt!

Das Therapeutikum „Gute Kommunikation" wird hier zuerst behandelt, denn alle folgenden Therapieziele sind nur durch gute Kommunikation zu erreichen. Nie war die zeitgerechte, ehrliche, empfängerorientierte Kommunikation wichtiger als jetzt in der OBO-Therapie. Das Miteinanderreden und das Einanderverstehen wirken wie ein Antidepressivum. Ich möchte es bildlich mit einem Transmissionsriemen vergleichen, der die Energie weiterleitet und die Veränderung bewirkt. Das folgende Bild mag das illustrieren:

Abbildung 8.1   Kommunikation als Transmissionsriemen

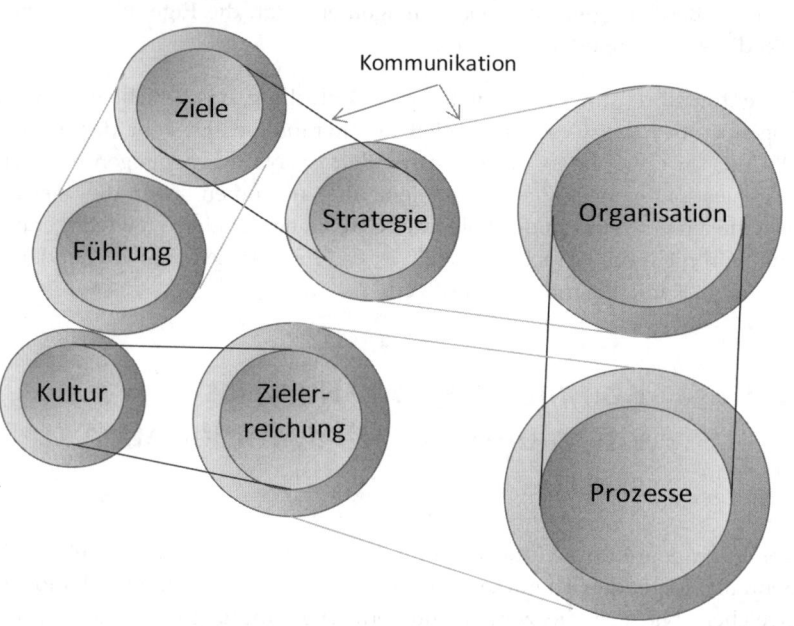

Die Führung muss in der Therapie durch Kommunikation Vertrauen schaffen. Nichts anderes kann der erste Schritt in der OBO–Therapie sein. Nur mit dem Mittel der Kommunikation kann sich die Führung gemeinsam mit den Mitarbeitern Klarheit zu den Zielen der Schritte in der Therapie verschaffen. Vermutlich wurden dazu bereits vor dem Einstieg in die Therapie in der Phase der gemeinsamen Diagnose erste Vereinbarungen getroffen, wie aus der gemeinsamen Zielklarheit mittels einer iterativen Kommunikation eine zündende Strategie werden kann.

Die Ziele sagen uns, *was* wir therapeutisch tun wollen, und die Strategie soll die Leitplanken dafür bilden, *wie* wir es tun werden. Dann wird es möglich, durch einen anhaltenden und das Vertrauen stärkenden Prozess der Kommunikation die notwendigen Revitalisierungen von Aufbau- und Ablauforganisation vorzunehmen. Die Mittel der Kommunikation werden zu nutzen sein, um die ersten Zielerreichungen zu vermitteln und die Kultur der Organisation oder Institution wieder zu stabilisieren. In der Folge stabilisiert sich auch die Führung und die OBO-Therapie beginnt mehr und mehr zu wirken.

Was nicht (von den Akteuren) kommuniziert wird, findet (in den Augen der nur tangential Beteiligten) auch nicht statt. Woher sollten es denn auch die Mitarbeiter – und deren Angehörige – oder die Eigentümer und Investoren wissen, wenn es ihnen nicht mitgeteilt würde? Wie sollten denn aus den Betroffenen Beteiligte werden, wenn nicht durch eine anhaltende Kommunikation?

Absolut entscheidend während der OBO-Therapie ist die intensive Kommunikation mit allen Beschäftigten, auch mit den Kunden, ggf. mit den Banken und Lieferanten und vor allem mit den Gewerkschaften und institutionellen Arbeitnehmervertretern. Aber zuerst und vor allem mit den Mitarbeitern aller Ebenen und zwar so direkt und ungefiltert wie machbar. Die Zeit des OBO war auch die Zeit der Fehlkommunikation, und sei es auch nur der nicht erfolgten Kommunikation. Fehlende Informationen und die fehlende Chance zur Kommunikation wurden von den Beschäftigten durch Gerüchte, Vermutungen und Spekulationen ersetzt. „Wo Informationen fehlen, wachsen die Gerüchte", sagt Alberto Moravia.[74]

Hier gelten die folgenden – oben genannten – kulturellen Prinzipien die OBO-Therapie:

- Gemeinsame ehrliche Anerkennung des wirklichen Therapiebedarfs

- Bewusst wird Licht statt Schatten gesehen

- Wir praktizieren Zuversicht statt Zynismus

Es gibt übrigens ein grundsätzliches Erfolgsrezept gelungener Kommunikation: die Empfängerorientierung oder Alterozentrierung. Darunter wird die Fähigkeit verstanden, sich selbst und seine Werturteile zurückzustellen und sich auf seinen Partner und die gemeinsam zu vereinbarende Sache zu

---

[74] Moravia, A. (* 28. November 1907 in Rom; † 26. September 1990 ebenda), italienischer Schriftsteller

konzentrieren. Empfängerorientiertes Kommunizieren setzt vor allem folgende Fähigkeiten voraus:

- ■ die Bereitschaft, die Sprachebene des Partners zu nutzen,

- ■ eine tatsächliche Toleranz gegenüber anderen Ansichten,

- ■ das ständige Bewusstsein der eigenen Fehlbarkeit,

- ■ ehrliche Reflexion der eigenen wie auch der fremden Persönlichkeit,

- ■ die faire Bereitschaft zu einem ausgeglichenen Argumentieren.

Kommunikation soll grundsätzlich authentisch, also wahrhaftig, sein. Das heißt aber auch zu sagen, wie es ist. Wahrhaftigkeit hat viel mit Wahrheit zu tun. Wenn Sie als Manager nicht wirklich überzeugt sind, dass beispielsweise die Gesellschafter noch zum Unternehmen stehen, dann sollten Sie Ihren Mitarbeitern das nicht vorgaukeln. Wenn Sie wissen, dass die Zukunftsziele des Unternehmens noch nicht fest definiert und die notwendigen Investitionsmittel noch nicht zugesagt sind, dann dürfen Sie nicht so tun, als ob bereits die Zukunft gesichert sei. Mir fällt in Gesprächen mit Führungskräften gelegentlich auf, dass authentisches Führungsverhalten damit gleichgesetzt wird, sich anderen ungefiltert zuzumuten. Die meisten Manager glauben, sie seien besonders authentisch, wenn sie dreist und rücksichtslos reden, „wie ihnen der Schnabel gewachsen ist". In den meisten Fällen ist das, was hier für authentische Führungskommunikation gehalten wird, nichts anderes als schlechte Erziehung oder persönliche Unsicherheit.

Was unterscheidet nun die Kommunikation während der OBO-Therapie von der Kommunikation vor dem OBO oder auch einfach von der Kommunikation im normalen Unternehmensalltag? Drei Unterschiede sind zu berücksichtigen:

Erstens: Jede Information und jede Kommunikation, sei sie formeller oder informeller Art, muss jetzt das Positive betonen und Licht dort sehen, wo bestimmt auch noch Schatten ist. Jetzt brauchen wir das berühmte halbvolle Glas; mit halbleeren Gläsern können wir jetzt wirklich nichts anfangen. Die positive Kommunikation beruht dabei auf den folgenden Prinzipien:

- Denke immer zuvor daran, welche Gefühle Deine Worte bei dem anderen auslösen könnten.

- Immer kommuniziere so, wie Du gern hättest, dass mit Dir kommuniziert wird.

- Menschen wollen Anerkennung und keine negativen Gefühle.

Worte sind ein machtvolles Werkzeug, vielleicht das wichtigste Werkzeug, das wir im Management zur Verfügung haben. Die Wahl unserer Worte wird durch unsere Emotionen beeinflusst und Worte beeinflussen unsere Gefühle. Wir wollen nichts über Stress und viel über Erfolg hören; wir wollen Wertschätzung für uns nicht nur hören, wir wollen sie durch die Wortwahl erfühlen.

Zweitens: Wer kommuniziert, muss jetzt wahrhaftig kommunizieren. Die Zeit der Notlügen muss vorbei sein. Sie sind als Führungskraft nun besonders herausgefordert, denn es ist nicht leicht, immer die Wahrheit zu sagen. Natürlich spreche ich weder vom Verrat von Betriebsgeheimnissen noch davon, sich unternehmensschädlich einem Kreditgeber hinsichtlich der baldigen Liquiditätsenge anzuvertrauen, sondern ich rede von der Kommunikation mit der höheren, der gleichen oder der nachrangigen Ebene über die Notwendigkeiten der OBO-Therapie. Wenn Sie als Mitarbeiter während der OBO-Therapie nach Ihrer Meinung gefragt werden, dann will man eben auch wirklich Ihre Meinung hören und keine – wie Sie glauben – sozial erwartete Antwort bekommen. Wenn Sie als Mitarbeiter beispielsweise zusagen, ab sofort daran mitzuwirken, die Firma wieder auf solide Füße zu stellen, dann darf das kein Lippenbekenntnis sein.

Drittens: Die Kommunikation darf und muss jetzt direkt sein und nicht nur die formal vorgeschriebenen Wege nutzen. Nur die direkte Kommunikation garantiert eine unverfälschte Information und ein ungefiltertes Feedback. Dabei muss man sich auch der informellen Kommunikationswege bedienen. Sei es externe Kommunikationskanäle zu nutzen, die nach innen wirken (wie z. B. eine positive Public Relations loszutreten, die zu lobender Berichterstattung führt), sei es den einen oder anderen befreundeten Kunden zu bitten, seine Zufriedenheit zum Ausdruck zu bringen. Der OBO-Coach wird bewusst auch die informellen Strukturen nutzen, d. h. die informellen Machtpromotoren einer Organisation oder Institution in die Meinungsbildung einbinden und deren Meinung beeinflussen.

Der Katalysator der OBO-Therapie ist somit die positive, wahrhaftige und direkte Information und Kommunikation. Die gute Kommunikation ist sowohl Ziel als auch Strategie in der OBO-Therapie.

8.2 Führung: Vertrauensvolle Führung führt zu Vertrauen!

Führung als Therapie? Man hat ja bereits viel mit Führung assoziiert, aber Führung als Therapeutikum? Und doch ist „Gute Führung" das beste Mittel gegen ein diagnostiziertes OBO.

Gute Führung bedeutet in der OBO-Therapie:

■ den Mut, die Sinnfrage des Unternehmens zu stellen und ergebnisoffen zu debattieren,

■ die Bereitschaft, auch an der Spitze einen sichtbaren Neustart vorzunehmen,

■ die Kraft, emotionale Zukunftsvisionen zu beschreiben und sich nicht vor der Beschreibung alarmierender Negativalternativen zu scheuen,

■ die Kreativität, realistische Ziele von der Zukunftsvision abzuleiten und dafür zu sorgen, dass diese Ziele auch die Ziele der Mitarbeiter werden,

■ das Geschick, die Ressourcen gemeinsam mit den Mitarbeitern zu organisieren, um die Ziele zu erreichen,

■ die Konsequenz, die Realisierung einzufordern,

■ den Willen, den Mitarbeitern über die Zielerreichung ein Feedback zu geben.

Gute Führung heißt aber vor allem, auch selbst Verantwortung zu übernehmen, Vertrauen zu geben und die Mitarbeiter in ihrer Individualität wertzuschätzen.

Bei dem Therapieziel „Führung" gelten die folgenden – oben genannten – kulturellen Prinzipien der OBO-Therapie:

■ Sichtbarer und konsequenter Neustart durch die Führung

■ Im Umgang gilt nun Toleranz und Vertrauen

■ Wir handeln professionell, verlässlich, diszipliniert und konsequent

■ Wir bleiben geduldig: Schritt für Schritt und mit ruhiger Hand

Nun findet man als OBO-Coach nicht mehr in allen Phasen des OBO eine starke oder auch nur eine funktionierende Führung vor und die Therapie startet nicht ohne Vorgeschichte. Wenn die Führung also geschwächt ist, muss sie zunächst stabilisiert und gestärkt werden. Das ist ein heikles Thema, denn es geht auch um personelle Konsequenzen, mindestens aber um die Revitalisierung der Führungsspitze.

Welche vier Möglichkeiten haben sich bewährt?

■ Revitalisierung der bisherigen Führung

Dieser Weg ist besonders herausfordernd, aber ohne Alternative, wenn die Firma eigentümergeführt ist. Zwar ist es denkbar, dem Eigentümer oder der Eigentümerfamilie zu empfehlen, sich selbst zurückzuziehen und die OBO-Therapie einem Fremdmanager zu überlassen, realistisch ist es aber nicht. Der Eigentümer würde einen Rücktritt subjektiv als persönliche und unverdiente Niederlage empfinden und gleichzeitig der festen Überzeugung sein, dass niemand außer ihm die Firma wieder auf den richtigen Weg bringen könne. Ferner dauere – nach seiner Ansicht – die Einarbeitung zu lange und überhaupt stünden Kosten und Nutzen in einem unakzeptablen Verhältnis.

Diese rational verpackten, emotionalen Motive sind nur zu verständlich, helfen aber leider nicht weiter, denn das Vertrauen der Mitarbeiter und ggf. der Gesellschafter ist verbraucht. Hier muss der OBO-Coach sensibel einschreiten und den Chef zu einem ausgedehnten Erholungsurlaub überreden. Es ist zwar genau das Gegenteil von dem, was der Eigentümer für notwendig hält, dennoch das einzig Richtige. Während dieses „Urlaubs" wird der OBO-Coach als „Urlaubsvertretung" und faktisch als Interimsmanager im Unternehmen die Geschäfte weiterführen und gleichzeitig als persönlicher Coach des Eigentümers die einzige Verbindung zwischen Unternehmer und Unternehmen sein. Damit kommt zunächst eine gewisse Ruhe in die Organisation und die zweite Ebene kann mit dem OBO-Coach die Therapiemaßnahmen durchplanen.

Während der formalen Abwesenheit des Eigentümers wird durch viele Gespräche zwischen dem Unternehmer und dem OBO-Coach eine persönliche Revitalisierung eingeleitet. Es werden alte und schädliche Rituale zerstört, es wird das Kommunikationsverhalten neu eingeübt und es wird vom Eigentümer die persönliche Zukunftsplanung besprochen. Nicht selten wird die Zukunft des eigenen Lebens mit einem gewissen Abstand vom Alltagsgeschäft anders gesehen als bisher. Manches relativiert sich, anderes wird wichtiger. Dann kann der Chef erneuert in seine Aufgabe zurückkehren, allerdings ohne in die alten Muster fallen zu dürfen. Das braucht Zeit.

■ Wechsel der Führung

Neue Besen kehren gut. Keine Altlasten, keine Seilschaften und keine Vorurteile. Aber auch keine Hintergrundkenntnisse, kein internes Netzwerk und wenig Zeit für eine geordnete Einarbeitung. Mit einer unbelasteten Spitze die OBO-Therapie zu starten ist am einfachsten, aber nicht ohne Risiken für die Organisation und nicht ohne Risiko für die neue Spitze selbst.

Das Risiko für die Organisation besteht darin, jemanden einzustellen, der sich in diesem Job beweisen will und genau den falschen Ton trifft. Das Risiko für den neuen Manager besteht darin, dass er zu viel zur gleichen Zeit lernen und entscheiden muss und dabei einfach Fehler machen muss, die er sich nicht gestatten will und die ihm nicht verziehen werden. Von dem neuen Manager erwarten alle nun die schnelle und heilsbringende Strategie und sofort wirksame Maßnahmen. An dieser Erwartung kann „der Neue" nur scheitern, es sei denn, er bringt noch zwei bis vier Führungskräfte seines Vertrauens mit (vor allem Personal und Controlling) und er versichert sich von Beginn an der Mitwirkung der zweiten und dritten Ebene.

Ein Austausch an der Spitze erzeugt fraglos Wirkung, lässt vielleicht sogar den Aktienkurs steigen, aber für das OBO ist es keine favorisierte Lösung; die Lernkurve ist zu lang, das Akzeptanzrisiko zu hoch. Ein gescheiterter Neuanfang wäre jetzt das Schlimmste.

■ Temporäre Erneuerung der Führung mittels operativem Aufsichtsrat oder Beirat

Eine gute Chance, die Vorteile eines neuen Managements mit den Vorteilen der bestehenden Vorkenntnisse des Unternehmens zu kombinieren, ist die Berufung eines Mitglieds des Aufsichts- oder Beirats in die Vorstandsorganschaft. Wenn die personellen Voraussetzungen für eine solche Übergangslösung – aus der ggf. eine dauerhafte Neubesetzung werden könnte – gegeben sind, sollte man diesen Weg ernsthaft in Erwägung ziehen. Dazu muss es natürlich eine passende Persönlichkeit geben und der Vorstand muss bereit sein, mit dieser neuen Besetzung zusammenzuarbeiten. Gerade auch bei öffentlichen Institutionen könnte jemand aus der Aufsichtsbehörde schnell eingesetzt werden; bei Non-Profit-Organisationen könnte aus dem entsprechenden Verband ein Experte einspringen.

Bei mittelständischen Unternehmen liegt die Situation in der Regel anders. Hier könnte möglicherweise aus der Eigentümerfamilie eine gute Lösung gefunden werden, vorausgesetzt derjenige wäre nah genug am Unternehmen, um eine schnelle Wirkung zu erzielen. Andernfalls müsste hier die Möglichkeit des Interim-Managements geprüft werden.

■ Interim-Management

Diese Alternative ist eine schnelle, und oft eine gute Lösung. Immer noch werden Interim-Manager am häufigsten zur Überbrückung von personellen Ausfällen eingesetzt, um ein Unternehmen zu sanieren. Interim-Manager werden oft als „Vollstrecker" für unliebsame Umstrukturierung oder auch für die Schließung und Abwicklung eines Unternehmens eingesetzt (dirty jobs). Das kommt für uns in der OBO-Therapie nicht in Frage. Gerade in einer OBO-Therapie bietet ein Interim-Management die umfassende Erfahrung mit vergleichbaren Situationen und kann so eine nützliche Unterstützung für das bisherige Management oder die Eigentümer sein. Der Vorteil liegt in der Erfahrung, der Konfliktfähigkeit, aber eben auch darin, dass die Tätigkeit von Beginn an – und für alle erkennbar – zeitlich befristet ist. Diese Befristung sollte allerdings nicht zu knapp, also nicht unter einem Jahr liegen, allerdings auch nicht länger als zwei Jahre betragen. Sobald sich das Interim-Management einem erfolgreichen Ende nähert wird nach einer dauerhaften Führung zu suchen sein. Jetzt aber steht dafür ausreichend Zeit zur Verfügung und es kann nach einer Persönlichkeit gesucht werden, die eine besondere Stärke im erfolgreichen Aufbau einer Organisation oder Institution hat.

Welche Alternative des sichtbaren Neustarts an der Spitze auch gewählt wird, es muss damit Folgendes erreicht werden:

■ Der Neustart ist glaubwürdig und wirkt nicht als Augenwischerei oder als ein Lippenbekenntnis.

■ Die neue Persönlichkeit an der Spitze ist nicht vorbelastet, sondern kann für sich einen Vertrauensvorschuss in Anspruch nehmen.

■ Die Story (der Background) des oder der Neuen ist passend, im besten Fall sogar begeisternd.

■ Die neue Persönlichkeit kann schnell Vertrauen gewinnen und über-zeugen, weil sie weiß, dass es um eine OBO-Therapie geht, und sie sich entsprechend darauf einstellen kann.

Der Neustart an der Spitze der Organisation oder Institution kann und darf nicht allein auf das Top-Management beschränkt bleiben, auch die zweite und ggf. die dritte Ebene bedürfen einer Veränderung. Hier allerdings ist es zu empfehlen, die Rotation zu nutzen, sei es durch Austausch zwischen den Ländern, den Niederlassungen oder den Bereichen. Das hilft nicht nur der Führung, sondern auch dem Mittelmanagement, denn der Wechsel der Position erlaubt auch den Wechsel der Sicht- und Handlungsweisen.

Was sind die ersten, wichtigsten Schritte für die neue Spitze? Je nachdem, in welcher Phase des OBO wir uns befinden, sind die folgenden Philoso-phien mit ersten vertrauensbildenden Maßnahmen zu implementieren:

■ Latente Phase:

   Philosophie: „Stabilisierung durch Wachstum"

   Wenn die Firma noch in der frühen Phase des OBO ist, wird es bereits ausreichen, die Kultur durch einen konsequenten Wachstumskurs zu stabilisieren. Die Betonung liegt auf „konsequent". Das Management muss hier alle internen Arbeits- und Projektgruppen zur Verbesserung von irgendwelchen Prozessen auflösen und jede Minute der Arbeitszeit auf die Marktbearbeitung verwenden.

Die Leitlinie für die Aufbau- und Ablauforganisation lautet: Einfach ist besser! Alles muss einfacher und damit schneller und günstiger werden. Und alles, was Umsatz bringt, ist gut – alles andere ist schlecht.

Die Kommunikation muss auf den Einzelnen zielen. Die Führungsansage lautet: „Wir schaffen es wieder an die Spitze, aber nicht ohne Dich!"

■ Akute Phase:

Philosophie: „*Vertrauen durch engagierte Offenheit"*

In dieser Phase des OBO brauchen alle dringend wieder Verlässlichkeit und Vertrauen. Die gemeinsame Anamnese und Diagnose sind wichtig, kleine Verbesserungen werden sofort und mit Rückendeckung des Managements vollzogen, auch wenn es dem Management mal weh tut. Das Wichtigste: Die Führung lebt vor, was sie fordert. „Vorleben, nicht vorbeten" heißt das Gebot der Stunde. In technisch geprägten Organisationen oder Institutionen sollte es eine – aber nur eine – Innovationsinitiative geben, in kaufmännisch geprägten Firmen könnte eine Vertriebswelle ausgelöst werden, bei der alle mitmachen – auch diejenigen, die sonst nicht im Vertrieb sind. Beispiel: Das mittlere Management macht Kundenbesuche, die Mitarbeiterinnen des Rechnungswesens rufen Bestandskunden an.

Die Kommunikation ist besonders intensiv, soll aber durchaus die Hierarchiestufen berücksichtigen. Es geht darum, dass sich die jeweiligen Hierarchiespitzen mit den neuen Zielen und Aktivitäten klar identifizieren, indem sie diese selbst verkünden.

Die Führungsbotschaft lautet: „Gemeinsam lassen wir die unsicheren Zeiten hinter uns. Es wird nicht einfach, aber wir können es, also machen wir es!"

■ Chronische Phase:

Philosophie: „*Harte Wende durch konsequenten Big Bang"*

Wenn es schon soweit ist, bleiben für Spaziergänge weder Zeit noch die Ressourcen. Jetzt gilt es! Deshalb dürfen die Mitarbeiter nicht im Unklaren darüber bleiben, dass nun eine harte Gangart bergauf notwendig ist. Jetzt müssen die erste und zweite Ebene – ggf. durch Rotation –

ausgetauscht werden. Mit allen Leistungsträgern sind Bleibegespräche zu führen und in der Organisation müssen die Stärken gestärkt werden. Dabei wird bewusst bodenständig, schnell und herausfordernd geführt, alte Zöpfe werden abgeschnitten. Die Widerstände der ängstlichen oder beharrenden Kräfte werden ernst genommen, adressiert und durch Einbindung neutralisiert.

Die Kommunikation ist klar, ehrlich und vollständig. Keine Stufenraketen-Kommunikation (erst sagen wir, dass vielleicht etwas geschieht, dann sagen wir, dass einiges passieren muss, schließlich sagen wir, es würde schlimmer…) Lieber hart und fair als verbindlich unverbindlich!

Die Führungsbotschaft lautet: „Wir sind jetzt alle Teil der Lösung, nicht Teil des Problems! Es lohnt sich zu kämpfen, denn wir werden nicht untergehen!"

■ Letale Phase:

Philosophie: *„Zeit verschaffen durch Entlastung"*

Wenn die OBO-Therapie erst in dieser Phase ansetzen muss, dann gelten andere Regeln. So wie bei einem Herzinfarkt von einem Moment zum anderen nichts mehr wichtig ist, was eben noch ganz wichtig war, so ist in der letalen Phase des OBO nur noch das Überleben wichtig. Jetzt gilt es, Kraft zu sammeln und die Organisation oder Institution quasi in ein „Heilkoma" zu führen. Zeit gewonnen ist jetzt viel gewonnen, denn es kommt allein darauf an, die Firma so weit zu stabilisieren, dass das letale OBO auf die (chronische) Vorstufe zurückgeführt werden kann. Das Ziel der neuen Führung in der letalen Phase des OBO ist, die Firma in die Lage zu versetzen, den Big Bang der chronischen Phase zu überstehen. Deshalb brauchen wir jetzt die milde, weise Führung, die vieles versteht, alles verzeiht und den noch verbleibenden Leistungsträgern das Selbstbewusstsein zurückgibt. Die Kommunikation ist jetzt verständnisvoll, ermutigend und wertschätzend.

Die Führungsbotschaft lautet: „Wir können hoffen und auf ein Wunder warten, wir können aber auch das Wunder sein. Wer sollte den Weg aus dem Tief kennen, wenn nicht wir? Also los, lasst uns durchatmen und aufbrechen".

In allen vier Phasen ist die Kommunikation das zentrale Instrument der Führung. Die Führung muss die Mitarbeiter motivieren, sich wirklich zu beteiligen, sich nicht aufzugeben und ernsthaft und ehrlich mitzukämpfen. Leider ist die Motivation von Mitarbeitern keine verlässliche oder berechenbare Basis. Es gibt eine interessante Untersuchung darüber, was die zehn verschiedenen Treiber für die Motivation von Führungskräften und Mitarbeiter sind.[75]

Tabelle 8.1   Motivationstreiber für Mitarbeiter und Führungskräfte

Führungskräfte (in der Reihenfolge der Bedeutung)	Mitarbeiter (in der Reihenfolge der Bedeutung)
Ausreichende Entscheidungsfreiheit	Ruf und soziale Verantwortung des Unternehmens
Lern- und Entwicklungsmöglichkeiten	Interesse der Unternehmensführung an Mitarbeitern
Investitionen in innovative Produkte	Aufstiegs- und Karrieremöglichkeiten
Ruf und soziale Verantwortung des Unternehmens	Ausreichende Entscheidungsfreiheit
Einfluss auf Produkt- und Servicequalität	Lern- und Entwicklungsmöglichkeiten
Interesse der Unternehmensführung an Mitarbeitern	Vorgesetzte wecken Begeisterung

---

[75] Global Workforce Study, Towers Watson, 2007

Führungskräfte (in der Reihenfolge der Bedeutung)	Mitarbeiter (in der Reihenfolge der Bedeutung)
Unternehmensführung als Vorbild im Sinne der Unternehmenswerte	Unternehmensführung als Vorbild im Sinne der Unternehmenswerte
Hohe persönliche Standards	Investitionen in innovative Produkte
Vorgesetzte wecken Begeisterung	Einfluss auf Produkt- und Servicequalität
Aufstiegs- und Karrieremöglichkeiten	Hohe persönliche Standards

Nach dieser Studie kommt es darauf an, die Führungskräfte durch die Gewährung persönlicher Entscheidungskompetenz einzubinden und dem Mitarbeiter das Interesse der Führung zu vermitteln. Es mag für Führungskräfte desillusionierend sein, aber die Mitarbeiter sind deutlich egozentrischer als man gemeinhin denkt. Den Beschäftigten ist das eigene Hemd am nächsten. Insoweit sind klugerweise auch die Führungskommunikation und die Erläuterung zu den notwendigen Maßnahmen empfängerorientiert anzupassen.

Führung bedeutet immer das Entscheiden unter Unsicherheit. Während der OBO-Therapie muss die Führung lernen, sich die Unsicherheit zum Freund zu machen, denn jetzt ist alles unsicher, auch das, was sonst noch als sicher gelten konnte. Wenn sicher ist, dass alles unsicher ist, dann ist die Unsicherheit sicher und somit kann die Führung in jedem Fall damit rechnen, dass es anders kommt als geplant, es länger dauert als zugesagt und die Versprechen nicht so eingehalten werden wie versprochen. Das ist nicht zynisch gemeint, sondern soll die Situation der Führung in einer OBO-Therapie beschreiben und somit auch die Situation des OBO-Coachs.

Wie lässt sich damit umgehen? Die Führung wird diese allgemeine Entscheidungsunsicherheit aktiv adressieren. Dabei wird sie betonen, wie sehr alle dafür kämpfen müssen, Sicherheit und Verlässlichkeit zu erreichen. Wer dann die Zusagen und Termine einhält, wird ausdrücklich anerkannt, wer es nicht schafft, wird gebeten, zeitgerecht um Hilfe zu rufen, und dann wird ihm geholfen. Wenn es dennoch nicht geschafft wird, ist das kein Drama, sondern wird gemeinsam lernend aufgearbeitet.

In der täglichen Führungsaufgabe ist – nach meiner Erfahrung und unabhängig von der jeweiligen OBO-Phase – die folgende Reihenfolge der Führungsaktivitäten zu empfehlen:

- Konkrete, gemeinsame Zielabsprachen,

- wo möglich, als Führungskraft selbst beginnen,

- so oft wie machbar verantwortlich delegieren,

- Erfolge gemeinsam feiern,

- Schnelligkeit in allen Prozessen vorleben und verlangen,

- öffentliche Anerkennung geben,

- für alle die ernsthafte Beteiligung sichtbar praktizieren,

- deutliche Klarheit gegen Verweigerer ausüben.

Unabhängig davon, ob die Führungsverantwortung in der OBO-Therapie vom OBO-Coach oder einem neuen oder dem bisherigen Management übernommen wird, und gleichgültig, in welcher Phase des OBO die Therapie ansetzt, die zentrale Aufgabe der Führung ist, durch Verlässlichkeit und Konsequenz Vertrauen zu schaffen. Das ist die Brücke in eine neue Zukunft.

8.3 Strategie: Zielklarheit gibt der Strategie Sinn und Kraft!

Auf dem Weg in das OBO wurde vom Management wiederholt eine neue Strategie verkündet und immer wieder forderte die Mannschaft eine neue Strategie ein. Strategie ist ein bedeutsames Wort. Jeder Mitarbeiter erweckt den Eindruck des „Machers und Durchblickers", wenn er fordert: „Ohne eine klare (fundierte, zukunftssichere, kundenorientierte, globale, ökologische usw.) Strategie muss es zu einer Fehlallokation der Ressourcen kommen". Das Management versuchte mit der jährlichen Strategieansage, sich und den Mitarbeitern Orientierung zu geben. Somit hat sich bereits vor einer OBO-Therapie das Thema Strategie weitgehend erschöpft.

In der OBO-Therapie geht es deshalb zunächst um eine „Gute Strategie" und das heißt zuerst, es geht um klare Ziele und dann um die Frage, wie wir gemeinsam diese Ziele erreichen und was dazu notwendig ist. In der OBO-Therapie ist nicht „der Weg das Ziel[76]", sondern das Ziel der Weg. Dabei erfolgt die Zielsetzung im Kern durch die Führung, muss aber durch intensive Kommunikation zu einer Zielsetzung der gesamten Mannschaft werden. Am Anfang steht eine gut durchdachte und gut zu verstehende Zielbotschaft.

Schlechtes Beispiel: „Wir werden in den nächsten Jahren durch synchrone Workflow-Lösungen und progressives Projektmanagement unsere temporäre Marktpositionierung überproportional verbessern, ohne dabei die Kostenstrukturen aus dem Blick zu verlieren".

Gutes Beispiel: „Wir hatten gemeinsam eine schwere Zeit. Nun sind von uns die Weichen neu gestellt, die Ziele sind klar und wir kennen den Weg zu neuem Erfolg. Das wird kein Spaziergang! Aber wir haben bewiesen, dass wir hart und professionell arbeiten können. Wir werden wertschätzend und ehrlich miteinander umgehen und uns ganz auf den Kunden konzentrieren. So werden wir wieder ganz stark – so wie wir es immer waren!"

Bei dem wichtigen Therapieziel „Strategie" gelten die folgenden – oben genannten – kulturellen Prinzipien der OBO-Therapie:

■ Die Sinnfrage der Organisation wird offen diskutiert und gemeinsam neu beantwortet

■ Stabilität ist wichtiger als Profitabilität

---

[76] Der Ursprung dieses geflügelten Wortes ist unklar, wird aber Konfuzius (um 551-479 v. Chr.) zugeschrieben.

Die Formulierung der Ziele muss ambitioniert, aber auch realistisch, emotional, aber auch herausfordernd, begeisternd und in gewisser Weise auch neu sein. Als gelernte Manager wissen wir, wie Ziele zu formulieren sind: SMART. Das ist das Akronym für „*Specific, Measurable, Achievable, Realistic, Timely*" und dient zur eindeutigen Definition von Zielen. Spezifisch, messbar, erreichbar, realistisch und zeitlich machbar: Darum geht es bei uns in der OBO-Therapie aber nicht! Wir müssen die Emotionen ansprechen und die Herzen erreichen. Rationale Zielsetzungen kennen die Mitarbeiter seit Jahren und sie wissen, dass hier nur die üblichen Rituale sinnlos abgefeiert würden.

„Nicht weil die Dinge unerreichbar sind, wagen wir sie nicht. Weil wir sie nicht wagen, bleiben sie unerreichbar".[77] Nicht selten gelingt es, die Emotionen zum Klingen zu bringen, wenn man dazu aufruft, sich auf seine eigentlichen Stärken zu besinnen, das zu tun, was man richtig gut kann, und zusätzlich dabei signalisiert, dass man keinen Zweifel am Erfolg hat.

Vorfragen der Zielformulierung können sein:

■ Wie werden wir vom Markt wahrgenommen, wofür werden wir erkannt?

■ Wann und worin sind oder waren wir wirklich stark?

■ Mit welchen Produkten-Services oder in welchen Phasen der Wertschöpfung waren wir richtig erfolgreich?

■ Wie bekommen wir wieder klare Sicht auf die Dinge, wie sie sind?

■ Wenn wir uns heute neu erfinden dürften, wie würden wir dann aussehen?

Auch in der OBO-Therapie kommen wir nicht darum herum, die Ziele auszuformulieren und zu definieren, denn sonst macht man uns zu Recht den Vorwurf, zu nebelhaft, zu unpräzise und somit zu gutgläubig zu for-

---

[77] Seneca, L. A., genannt Seneca der Jüngere (* etwa im Jahre 1 in Cordoba; † 65 n. Chr. in der Nähe Roms), römischer Philosoph, Dramatiker, Naturforscher, Staatsmann.

mulieren. Außerdem wollen wir ja ein Jahr später wissen, ob wir einen messbaren Fortschritt erzielt haben. Dazu empfiehlt sich der folgende Definitionsrahmen:

Abbildung 8.2 Tableau für die Zielvereinbarung in der OBO-Therapie

	Beschreibung	Messgröße	OBO-Nutzen	Verantwortung	OBO-Risiko
20.. werden wir folgende Ziele erreichen:	Welches Ergebnis wollen wir konkret hier erreichen?	Woran soll die Erreichung des Ergebnisses gemessen werden?	Welchen konkreten Nutzen erwarten wir aus dem angestrebten Ergebnis für die Bewältigung des OBO?	Wer ist für die Erreichung des Zieles verantwortlich?	Welches OBO-Risiko gehen wir ein, wenn wir das Ergebnis nicht erreichen?
Umsatz und Rentabilität					
Marktpositionierung und Marketing & Vertrieb					
Geschäftsmodell und Prozesse					
Innovationen					
Globalisierung oder Regionalisierung					
Qualitätsführerschaft					
Personalwirtschaft					
Kommunikation					

Auf der horizontalen Ebene kann es um folgende Kategorien gehen: Umsatz, Rendite (also globale Zielsetzung), auch um Marktpositionierung, vor allem aber um Ziele zur Bewältigung des OBO – wie Personalentwicklung, Kommunikation, Qualität oder Innovationen – eben um die Zielkategorien, die nun wichtig sind, um aus dem OBO wieder herauszukommen. Allein mit dieser Tabelle kann man – vor dem Hintergrund der Zielbotschaft des Topmanagements – intensive Diskussionen in Zielworkshops mit den verschiedenen Einheiten führen, und im Zeitverlauf kristallisieren sich gemeinsame Zielsetzungen heraus, die im Alltag Bestand haben werden.

In den Zielworkshops wollen die Mitarbeiter und Führungskräfte Ambitionen der Führung spüren und sie wollen daran glauben; sie wollen den Sinn der Ziele einsehen und die Strategie zur Zielerreichung verstehen. Es soll ihre Sache werden und die Kollegen wollen persönlich als Teil der Lösung angesprochen werden. Sie wollen ja dazu beitragen, dass das Organizational Burnout überwunden wird, aber sie wollen eben auch wieder das Gefühl entwickeln, dass es jetzt wirklich losgeht. Dazu braucht man auch eine Leitfigur, die persönlich für die neuen Ziele steht. Diese Leitfigur kann schwerlich im OBO eine Persönlichkeit des bisherigen Managements sein, dem die Verantwortung dafür zugerechnet wird, dass man sich jetzt im dunklen Tal des OBO befindet. Aus diesem Grund wurde zuvor für einen Neustart an der Spitze plädiert.

Im vorherigen Kapitel wurde erläutert, welche Phase des OBO mit welcher Grundphilosophie adressiert werden sollte. Was heißt das für die Zielklarheit und die jeweilige Umsetzungsstrategie? Nachfolgend einige Vorschläge als gedankliche Leitlinien. Sie mögen eine Anregung sein, können aber die individuellen Lösungen nicht ersetzen.

Latente Phase:

Philosophie:	„Stabilisierung durch Wachstum"
Ziele:	Stabiler Umsatz, moderate Erlöse, schlanke Prozesse!
Strategie:	Mehr Umsatz, mehr Stabilität. Einfach ist einfach besser!
Kommunikation:	Identität stiftend: Wir schaffen es, aber nicht ohne Dich!

Akute Phase:

Philosophie:	„Vertrauen durch engagierte Offenheit"
Ziele:	Positive Signale nach außen, Selbstvertrauen nach innen.
Strategie:	Wir zeigen Initiative und zeigen, was wir können!
Kommunikation:	Appellierend und intensiv: Wir können es, wir machen es!

Chronische Phase:

Philosophie:	„Harte Wende durch konsequenten Big Bang".
Ziele:	Befreiungsschlag, jetzt kommt es darauf an.
Strategie:	Mit harten Schnitten sichern wir die Zukunft.
Kommunikation:	Klar, ehrlich, motivierend: Wir sind die Lösung!

Letale Phase:

Philosophie:	„Zeit verschaffen durch Entlastung"
Ziele:	Gleichgewicht finden, Geschäftsmodell sichern.
Strategie:	Konzentration auf den Kern
Kommunikation:	In der Ruhe liegt die Kraft: Das Wunder sind wir.

In der OBO-Therapie darf man weder mit der Entscheidung zum Thema Führung noch mit den Formulierungen einer Zukunftsphilosophie, den Zielen und der Strategie einen Fehler machen. Umsicht ist geboten. Wir haben nicht die Chance für einen zweiten Start einer OBO-Therapie, hier gilt es, hier müssen wir das Richtige gleich richtig machen. Deshalb müssen jetzt verschiedene Tests vorgenommen werden, ob wir mit den Zukunftszielen und der Strategie richtig liegen.

Dazu sind die folgenden vier Tests wichtig:

■ Kulturtest

Philosophie, Ziele, Strategie und Kommunikation werden im Kulturtest anonym auf den Prüfstand gestellt. Zufällig ausgewählte fünf bis zehn Prozent der Mitarbeiter (je nach Firmengröße) erhalten drei bis vier Varianten möglicher Zukunftsbilder der Firma, wobei aber natürlich nur eines dem Zukunftsbild der gewählten Konstellation entspricht. Die Kollegen werden gebeten, ihren Favoriten auszuwählen, und gleichzeitig gebeten zu benennen, welches Zukunftsbild wohl die Mehrheit wählen wird.

■ Kommunikationstest

Zwei hierarchisch gemischte Vergleichsgruppen an Mitarbeitern erhalten die Aufgabe, die vorgesehene Kommunikationslinie mit eigenen Worten auszufüllen und dann schriftlich festzuhalten. Das schriftliche Ergebnis wird unter den beiden Gruppen ausgetauscht und gelesen. Dann werden die Empfänger gebeten, den Absendern aus dem Gedächtnis zu sagen, was sie verstanden haben und was sie besonders angesprochen hat. War die Kommunikationslinie richtig und passend, dürfte es beiden Gruppen gelungen sein, diese Linie mit Leben zu erfüllen; bleibt aber die Sender-Empfänger-Qualität gestört, trifft die Kommunikationslinie noch nicht den Nerv der Adressaten.

■ Kundentest

Hier ist die Führung gefragt. Es werden zwei Workshops mit Kunden (mittlere und große Kunden getrennt) zum Thema „Innovation – der Weg in die unsichere Zukunft" organisiert. Natürlich geht es in diesem Workshop nicht um eine OBO-Therapie, denn das müssen die Kunden nicht notwendig erfahren, sondern es geht – jedenfalls offiziell – um Zukunftsideen. Dabei werden in Arbeitsgruppen Zukunftsszenarien diskutiert. Ein Teil der Szenarien beschreibt auch den gewählten Zukunftsweg der Unternehmung aus dem OBO. Die Reflexion mit den Kunden wird dem Management zeigen, ob der Markt beispielsweise die Konzentration auf den starken Kern der Leistungsangebote begrüßen oder wenigstens tolerieren würde. Als Nebeneffekt dürfte das Management einige wichtige Hinweise der Kunden zu sonstigen Verbesserungspotenzialen erhalten.

■ Vollzugstest

Der OBO-Coach wird mit einem Team eine übersichtliche Sofortmaßnahme in Angriff nehmen. Dabei kann er beobachten, ob die Mitarbeiter bereit sind, lösungs- und empfängerorientiert zu arbeiten, oder noch in alten Verhaltensmustern verharren. Der OBO-Coach wird dann mit den Mitarbeitern die Gründe reflektieren und induktive Rückschlüsse auf die Tragfähigkeit der vorgesehenen Therapie-Philosophie anstellen können.

Diese vier Tests durchzuführen, ist für eine wirksame OBO-Therapie unabdingbar wichtig. Wenn wir jetzt mit der Therapie nur wenig danebenliegen würden, dann kämen wir am Ende weit ab vom Ziel der neu stabilisierten und erfolgreichen Organisation oder Institution an. Um ein Bild zu nutzen: Wenn in Cape Kennedy eine Rakete nur wenige Millimeter abweichend starten würde, bedeutet das am Ziel eine Abweichung von Hunderten von Kilometern. Deshalb lohnt sich der Testaufwand.

Was kann man falsch machen, was muss man richtig machen?

Die Zielsetzung für die OBO-Therapie ist simpel: Heilung und Stabilisierung der Organisation oder Institution. Deshalb ist in diesem Kapitel nicht geschildert worden, welche Ziele und Strategie *für* die Therapie gelten, sondern welche Ziele und Strategie *als* Therapie gelten müssen. Die vier OBO-Phasen sind fließend und somit sind auch die therapeutischen Wege individuell festzulegen. Wenn sich die Firma zu einer Therapie entschlossen hat, dürfen die Führung und der OBO-Coach ohne schädliche Konsequenzen keinen Fehler machen. Die Organisation ist durch die Anamnese und Diagnose in einem sensiblen und anfälligen Zustand. Deshalb muss die Analyse des Burnout-Zustandes sehr sorgfältig erfolgen, sind Philosophie, Ziele, Strategie und Kommunikationslinie sehr bedachtsam festzulegen und zu testen. Erst wenn man sich wirklich sicher sein kann, welche Therapierichtung einzuschlagen ist, darf man beginnen. Warum ist ein Fehler jetzt dramatisch? Weil man eine OBO- Therapie nicht ein wiederholtes Mal beginnen kann, denn nur einmal hat man das Vertrauen des „Patienten". Es ist schlicht nicht vorstellbar, dass der OBO-Coach etwa sagt: „Leute, der erste Versuch unserer Therapie hat jetzt mal nicht so wie vorgesehen funktioniert, aber das macht ja nichts, versuchen wir es eben anders".

8.4 Prozesse: Konzentration auf die Wertschöpfung und Ruhe bewahren!

Von den zwölf kulturellen Prinzipien der OBO-Therapie lassen wir uns bei dem Therapieziel „Prozesse" von den folgenden leiten:

■ Jeder wird tatsächlich Teil der Lösung, bleibt nicht Teil des Problems

■ Wir handeln professionell, verlässlich, diszipliniert und konsequent

■ Konzentration auf das jeweils Machbare; gut ist gut genug

■ Wir bleiben geduldig: Schritt für Schritt und mit ruhiger Hand

Die Therapieziele „Gute Führung" und „Gute Strategie" können und müssen nun ergänzt werden durch „Gute Prozesse". Hier kommt es darauf an, professionelle Ruhe zu bewahren und nicht mit dem Kopf durch die Wand rennen zu wollen – das ginge nicht gut aus. War es schon schwierig, die Führung neu aufzustellen und mental neu auszurichten, wird es nun nicht einfach, das „Gewohnte anders zu machen".

„Gute Prozesse" werden wir dann formulieren, wenn wir dazu die folgenden strategischen Leitideen nutzen:

- ◼ Wertschöpfung zählt! Wir brauchen nur Prozesse, die unmittelbar die Qualität, den Preis und die Schnelligkeit der Wertschöpfung beeinflussen. Auf alle anderen Prozesse werden wir verzichten.

- ◼ Einfach ist einfach gut! Jeder Prozess muss so gestaltet sein, dass er überschaubar und ergebnisorientiert ist.

- ◼ Der Kunde wird Teil der Wertschöpfung! Zuerst verbessern wir die Prozesse, die für den Kunden sichtbar sind, und wir laden unsere Kunden ein, Teil des Prozesses zu werden.

- ◼ Professionelle Prozesse sind gute Prozesse! Jeder Prozess kann an seinem Erfolg gemessen werden und hat eine eindeutige Ergebnisverantwortlichkeit.

Wenn die Mitarbeiter in der Diagnose bereits eine Produktivitätsinitiative durchgeführt haben (vgl. Kapitel 6.1), dürften jetzt zahlreiche Hinweise zu Prozessverbesserungen auf dem Tisch liegen; allerdings sind diese vermutlich nicht immer therapeutisch einzusetzen. Der Grund dafür besteht in der Neigung der fachlich sachverständigen Mitarbeiter – die in der Produktivitätsinitiative mitgewirkt haben – ihre Teilaufgabe in einem der Prozesse als besonders bedeutend eher zu komplizieren als wegzulassen oder zu vereinfachen.

Nicht alle Prozesse müssen oder sollten in der OBO– Therapie verändert werden, sondern nur die, welche die Gefahr in sich bergen, die Organisation tiefer in den Zustand der Erschöpfung hineintreiben zu können oder aber schnell zu einem spürbaren Markterfolg führen würden.

Welche Prozesse werden somit bei der OBO-Therapie prioritär bearbeitet?

■ Kommunikationsprozesse
(z. B. internes Berichtswesen, Kundenkommunikation, betriebliche Besprechungen)

■ Dispositive Prozesse
(z. B. Entscheidungsabläufe, Genehmigungs-, Budget-, Delegations-, Steuerungs-, Kontrollprozesse)

■ Operative Prozesse
(z.B. Vertriebs-, Dispositions-, Produktions-, Logistik-, Wartungsprozesse)

■ Supportprozesse
(z. B. IT-Support, Qualitäts-, Personalmanagement)

■ Innovationsprozesse
(z. B. kundenspezifische Innovationen, Produktions-, Systeminnovationen)

■ Informelle Prozesse
(z. B. betriebliche Rituale)

Die Prozesstherapie im OBO darf nicht ohne die betreffenden Mitarbeiter stattfinden, aber allein durch die Mitarbeiter ist eine Prozesstherapie nicht durchführbar. Hier ist der OBO-Coach aufgefordert, die Beteiligten streng dazu anzuleiten, die Prozesse vom Kunden aus bis zum ersten Schritt retrograd zu analysieren, Prozessänderungen bis zum Ende zu durchdenken, mit allen verbundenen Prozessen abzustimmen, die aktuellen informellen Regeln zu beachten und darüber nachzudenken, welche informellen Regeln neu aus dem veränderten Prozess entstehen könnten.

Die „Guten Prozesse" entstehen, wenn sich einerseits das Management darauf beschränkt festzulegen, *ob* etwas notwendig ist und welches Ziel erreicht werden soll, nicht aber vorgibt, wie es geschehen soll, und wenn andererseits die operative Ebene vorschlägt, *wie* es optimal ginge. Dabei muss sich das Management selbst verpflichten, die Prozessoptimierungen auch wirklich umzusetzen, selbst wenn dazu Tabus gestürzt oder Investitionen notwendig werden sollten. Wie in der Betrachtung der Ursachen und Folgen des OBO festgestellt, sind die überkomplexen und unabgestimmten Prozesse weniger die Ursachen und viel häufiger die Folge des OBO. Gerade in der ersten und zweiten Phase des OBO-Verlaufs wurde doch versucht – durch immer mehr und immer detailliertere Regelwerke – den Misserfolg im Markt zu kompensieren.

In den vier OBO-Phasen empfiehlt es sich, differenzierte Segmente für die Reformulierung der Prozessketten vorzugeben:

■ Latentes OBO

   Um die Ursachen oder Folgen des OBO durch Prozessvereinfachung und -entlastung zu mildern und zu beseitigen, sollten folgende Prozessarten in der Reihenfolge neu strukturiert werden:

   – Kommunikationsprozesse
   – Dispositive Prozesse
   – Operative Prozesse
   – Supportprozesse
   – Innovationsprozesse
   – Informelle Prozesse

   Ziele der Optimierung: Verbesserung von Aufwand und Nutzen; Stabilität und Zuverlässigkeit.

■ Akutes OBO

   Um im akuten Stadium des OBO eine spürbare Entlastung vom Druck des Tagesgeschäftes zu erfahren und um schnelle Erfolge zu erzielen, sollten nur die Wertschöpfungsprozesse auf den Prüfstand gestellt werden:

   – Kommunikationsprozesse
   – Dispositive Prozesse
   – Operative Prozesse

   Ziele der Optimierung: Vereinfachung und Entlastung schaffen.

■ Chronisches OBO

   Wenn das OBO im chronischen Stadium ist, wird es schwierig, aber noch nicht unmöglich, mit Prozessthemen in die OBO-Therapie einzusteigen. Deshalb sollten jetzt nur noch folgende Prozessarten neu disponiert werden:

- Kommunikationsprozesse
- Dispositive Prozesse

Ziele der Optimierung: Mit möglichst wenig Veränderungsenergie einen Befreiungsschlag zu inszenieren und klare Signale der Veränderung an die Spitze zu senden.

■ Letales OBO

In der letalen Phase muss die Restenergie auf das Überleben konzentriert werden. Deshalb ist es nicht ratsam, jetzt überhaupt in eine Prozessanalyse einzutreten. Das Management sollte signalisieren, dass nun Ruhe in die Prozesse einzukehren hat; das Bewährte gilt weiter!

Die Prozesse sind jeweils isoliert und dann integrativ zu beleuchten. Dabei muss immer von der externen Kunden- oder Marktsicht her begonnen werden.

Die Revitalisierung einer depressiv und apathisch gewordenen Organisation ist eine der schwierigsten Aufgaben im Management überhaupt. In solch einem Fall hat es wenig Sinn, Prozesse vorzugeben und dann auf die operativen Mitarbeiter einzureden – sie würden sich alles anhören und man könnte ihnen förmlich dabei zuschauen, wie sie traurig denken: „Es kommt ja doch wieder nichts dabei heraus!" Infolgedessen wäre es in solchen Fällen auch nicht möglich, die nötige Begeisterung für neue Prozesse zu mobilisieren – die Mitarbeiter verhielten sich passiv und schlichen nach der motivierenden Ansprache wie Schwerkranke aus dem Saal.

Der beste Weg zu „Guten Prozessen" ist, ein oder mehrere Teams mit den besten (und „unbelasteten") Experten und internen Kunden zusammenzustellen und sie mit der – für die Zukunft des Unternehmens entscheidenden – Aufgabenstellung der Prozessvereinfachung zu betrauen. Diese Teams müssen im engen Kontakt mit der Spitze arbeiten und ihnen ist größtmögliche Freiheit im Denken und Handeln einzuräumen; unter Umständen müssen sie sogar völlig aus der Linie herausgelöst werden. Sie sollen einerseits alles in Frage stellen dürfen, sich andererseits aber darum bemühen, schnellstmöglich erste Erfolge zu erzielen, denn in einem solch pessimistischen Umfeld des OBO überzeugen vor allem greifbare Resultate. Wenn diese Teams ihre Arbeit trotz aller internen Widerstände zu einem erfolgreichen Abschluss führen, bewirkt dies zugleich eine erste Trendwende im internen Klima – wenn auch noch lange nicht die endgültige „Heilung".

Bevor die neuen Prozesse die bisherigen ablösen, bedarf es einer Prüfung durch den OBO-Coachs und durch die Führungsspitze nach folgendem Raster:

- Bewirkt der neue Prozess direkt Wertschöpfung?

- Ist der neue Ablauf einfacher?

- Ist der neue Prozess von den operativ Verantwortlichen so gewollt?

- Ist der Erfolg messbar und ist die Verantwortung verankert?

- Ist der neue Prozess bis zu Ende durchdacht?

- Führt der neue Prozess zu ungewollten Inkonsequenzen?

- Lösen wir mit dem neuen Prozess nur eine Scheinaktivität aus, die später zu Frustrationen führen wird?

In der OBO-Therapie haben wir weder beliebig Zeit noch Ressourcen, allerdings haben wir die Pflicht, das Reaktionsparadox (vgl. Kapitel 7.3) unbedingt zu vermeiden. Deshalb gilt bei dem Therapieziel „Prozesse" immer: „Weniger ist mehr!" Gute Prozesse heißt jetzt: „Konzentration auf das Machbare!"

8.5 Organisation: Revitalisierung durch dynamische Kontinuität!

Die Versuchung ist groß, bei einer OBO-Therapie zunächst bei der Aufbauorganisation anzusetzen. Zum einen ist es einfach, per Federstrich einige Kästchen zu verschieben oder eine Ebene aufzulösen, zum anderen zeigt es für jeden – auch für den besorgten Aufsichtsrat oder Investoren – dass da jetzt etwas passiert. Leider fanden meistens vor der OBO-Therapie bereits mehrfach Reorganisationsmaßnahmen statt; sie waren vermutlich sogar ein Katalysator auf dem Weg in das OBO. Wir finden jetzt zu Beginn der Therapie eine erschöpfte Organisation vor, die ihre Kompetenzen abgeschliffen hat, weder Effektivität noch Effizienz unterstützt, inzwischen überkomplex bis bürokratisch eingerichtet ist und somit langsam, frustrierend und kontraproduktiv.

Eigentlich geht es bei der Aufbauorganisation nur darum, mittels einer hierarchischen Arbeitsteilung die jeweils optimalen Kompetenzkombinationen für eine Aufgabenstellung effektiv und effizient einzusetzen. Hier wird festgelegt, wer wem berichtspflichtig, wer wofür verantwortlich und wer an der Leistungserstellung mit welchem Ziel zu beteiligen ist. Für die OBO-Therapie ist es sekundär, ob es sich um eine Stab-Linien-, Matrix-, Sparten-, Regional-, Projekt- oder Prozessorganisation handelt. Die OBO-Therapie ist gut beraten, an der bestehenden Organisationsstruktur zunächst nicht zu rütteln. Wir müssen an den Inhalten, nicht an der Form arbeiten.

Wenn wir uns aber dem Therapieziel „Gute Organisation" nähern wollen, sind die folgenden kulturellen Prinzipien das OBO-Therapie zu beachten:

■ Jeder wird tatsächlich Teil der Lösung, bleibt nicht Teil des Problems

■ Konzentration auf das jeweils Machbare; gut ist gut genug

■ Stabilität ist wichtiger als Profitabilität

■ Wir bleiben geduldig: Schritt für Schritt und mit ruhiger Hand

Die Kunst das OBO-Therapie bei der Behandlung der Organisation besteht darin, durch Kontinuität der Aufbauorganisation Ruhe in die Gesellschaft zu bringen und gleichzeitig eine heilsame Dynamik zu erzeugen, die wieder die Aufbauorganisation in die Lage versetzt, wirksam und schnell ihre Aufgaben erledigen zu können. Wir müssen die Aufbauorganisation durch dynamische Kontinuität revitalisieren.

Unser Therapieziel ist die „Gute Organisation". Wie gehen wir dabei vor? Es ist klug, bei den funktionalen Organisationseinheiten anzusetzen, also bei Personalwesen, Qualitätsmanagement, Rechnungswesen, Controlling, Vertriebsinnendienst, Einkauf, Entwicklung und vor allem – falls vorhanden – beim strategischen Planungsstab. Es ist oft beim OBO zu beobachten, dass zwischen den Zentralbereichen – oder neuerdings Shared Services – und den operativen Divisionen ein bürokratischer Nervenkrieg geführt wird, über den heute keiner mehr sagen kann, warum es je soweit gekommen ist.

Zuerst zielen wir auf die Organisation der Führung. Wir wollen gemeinsam mit dem Top-Management erreichen, dass die Führungskräfte in der

zweiten oder dritten Ebene mehr und direkter Verantwortung übernehmen. Zu oft ist gerade das Selbstverständnis des mittleren Managements –
für ihre unmittelbare Leitungsspanne die abschließende Verantwortung zu
übernehmen – durch das fortschreitende OBO zerrieben worden; es fehlt
dann oft einfach an Selbstvertrauen und Selbstbewusstsein. Das obere
Management muss lernen, dass weniger Führung jetzt mehr Führung ist,
so wie ein Dirigent auch nicht jeden Takt durchschlagen sollte, wenn er es
sich mit seinem Orchester nicht verderben will. Eine Organisation der
engen Führung erstickt die OBO-Therapie auch in den Therapiezielen
Strategie, Prozesse und Kultur.

Als nächstes sollte sich die Veränderung der Organisation auf die funktionalen Einheiten richten. Im Kern geht es jetzt um das Dezentralisieren von
Verantwortung in die operativen Einheiten und das Zentralisieren von
Unterstützungsfunktionen. Der Sinn liegt in der Veränderung des Selbst-
verständnisses im Unternehmen. Die Zentralfunktionen müssen lernen,
dass sie dazu da sind, ihre internen Kunden zu befähigen, operativ Erfolge
zu haben. Nicht die zentralen Supportfunktionen verdienen das Geld,
sondern die operativen Divisionen.

Die OBO-Therapie muss den organisierten Kulturkampf zwischen der
Zentrale oder „denen da oben" und der operativen Einheiten oder „denen
da unten" beenden. Das ist durch zwei Schritte zu erreichen: zuerst durch
die Spiegelung des tatsächlichen Kulturkampfes durch den OBO-Coach.
Dazu sammelt der Coach eine Reihe von Aussagen des Tagesgeschäftes
und konfrontiert das Management und die operativen Kräfte damit in
einer gemeinsamen Besprechung. Erfahrungsgemäß sind sich die Akteure
– fast wie in einer „alten" Ehe – weder der Tonalität noch der Banalität
ihres Umganges miteinander bewusst. Anschließend kann man einen
Schritt weitergehen. Man unterstützt die Akteure dabei, sich selbst wie
eine interne Kunden-Lieferanten Beziehung zu organisieren, also so zu
organisieren, wie es jeweils aus Sicht des internen Kunden gut und sinnvoll ist, und nicht, wie es aus Lieferantensicht am besten wäre. Kriterien
der kritischen Reflexion sind dabei immer die folgenden Attribute: Qualität, Zeit und Kosten. Damit wird die Aufbauorganisation einfacher und
wohltuend für alle Beteiligten. Man arbeitet schließlich irgendwann wieder
miteinander und nicht mehr neben- oder gegeneinander.

Die Organisation wird mit einer konsequenten OBO-Therapie nachhaltig dynamisch, weil von nun an die Aufbauorganisation nicht mehr heilig und damit statisch ist, sondern sich fortwährend verändert, so wie sich die Welt des Unternehmens fortwährend verändert. Zugegeben: Die Revitalisierung der Aufbauorganisation muss in den vier Phasen des OBO unterschiedlich eingeleitet werden, aber im Ergebnis geht es um das bewusste Bekenntnis zu einer Organisation der dynamischen Kontinuität.

Wie wird die Revitalisierung der Aufbauorganisation in den verschiedenen Stadien des OBO eingeleitet?

Latente Phase:

Ziel:	Zentrale Funktionen streng am Geschäftsmodell ausrichten.
Maßnahmen:	Neuausrichtung auf die operativen Einheiten; Verschlankung der Führungsebene.
Kommunikation:	„Unsere Organisation ist von dynamischer Kontinuität."

Akute Phase:

Ziel:	Flexibilisierung der Organisation und Geschäftsmodell sichern.
Maßnahmen:	Konzentration der Organisation auf Kern der Wertschöpfung.
Kommunikation:	„Unsere professionelle Organisation ist schlagkräftig!"

Chronische Phase:

Ziel:	Radikale Vereinfachung und sprunghafte Optimierung.
Maßnahmen:	Strenge Ausrichtung auf den externen Kunden.
Kommunikation:	„Unsere Organisation ist das Mittel, unsere Kunden zu begeistern."

Letale Phase:

Ziel:	Input-Output-Relation gemeinsam verbessern.
Maßnahmen:	Keine Veränderung der Aufbauorganisation .
Kommunikation:	„Unsere Organisation ist und bleibt gut!"

Somit wird eine Revitalisierung der Aufbauorganisation vor allem dann gesicherten Erfolg haben, wenn die OBO-Therapie noch in einem der ersten beiden Stadien einsetzen kann. Je reifer das OBO bereits ist, desto zurückhaltender sollte man sein, in die bestehende Aufbauorganisation hineinzuschneiden. Chirurgische Schnitte an der Aufbauorganisation dürfen in jedem Fall nicht ohne begleitende Maßnahmen der Prozessinnovation und der Kommunikation vorgenommen werden. Eine Organisation oder Institution im OBO ist geschwächt und verträgt keine Radikalkuren!

8.6   Kultur: Mit professioneller Gelassenheit werden alle Teil der Lösung!

Der Corporate Spirit ist die Summe der Geschichten, die man sich erzählt: Dazu gehören Mythen und Geschichten, Klatsch und Tratsch, aber auch Dogmen und Tabus. Allerdings sind die meisten Führungskräfte so rational sozialisiert, dass sie ganz schlechte Erzähler sind. Vermutlich gibt es so viele Definitionen für Unternehmenskultur wie Manager. In Lehrbüchern liest man: *„Unternehmenskultur ist die Summe der Werte, Normen und Artefakte, die sichtbar oder unsichtbar, bewusst oder unbewusst in einer Firma gelebt werden".*[78] Das hilft nicht wirklich. Ich denke, der Geist des Unternehmens ist so etwas wie die mentale DNA eines Unternehmens. Wir erinnern uns an die zwei Ebenen in einem Unternehmen, sowohl die formale, somit sichtbare, als auch die informelle, nur spürbare, Ebene. Die formalen Teile sind die Prozesse, die Hierarchien, die Strukturen und die Produkte. Die spürbaren Teile umfassen die Rituale, die Geschichten und sogar den Flurfunk, aber auch die informellen Beziehungen, verdeckten Regeln, Dogmen und Tabus. Auf der sichtbaren Ebene wird Sicherheit geschaffen, auf der spürbaren Ebene entsteht Vertrauen. Es ist vielleicht ähnlich einem Eisberg, wo der sichtbare Teil den Eisberg als Eisberg erkennen lässt, aber der unsichtbare Teil dem Eisberg die Stabilität gibt. Wegen der Bedeutung für das Gelingen der Therapie ist bewusst das Therapieziel „Gute Kultur" ans Ende des Therapiekapitels gestellt.

---

[78] Unter anderen: Franken, S. (2007) Verhaltensorientierte Führung, Wiesbaden

Das Therapieziel „Kultur" sollte unter der Beachtung der folgenden kulturellen Leitideen der OBO-Therapie bearbeitet werden:

■ Jeder wird tatsächlich Teil der Lösung, bleibt nicht Teil des Problems

■ Der interne Wettbewerbsdruck wird beendet

■ Im Umgang gilt nun Toleranz und Vertrauen

■ Bewusst wird Licht statt Schatten gesehen

■ Wir handeln professionell, verlässlich, diszipliniert und konsequent

■ Wir praktizieren Zuversicht statt Zynismus

Aufbauorganisationen sind leicht zu verändern, Unternehmenskulturen aber sind tief verwurzelte Verhaltensweisen, deren Veränderung nur langsam möglich ist. Die Unternehmenskultur ist die Summe aus Erfahrung, Erfolgen und Ritualen. Sie selbst sind frei von Ritualen? Falten Sie die Hände zum Gebet. Nun aber wechseln Sie die Position der Daumen, sodass sich der andere Daumen oben befindet. Haben Sie jetzt ein unangenehmes Gefühl? So fühlt es sich an, wenn sich Unternehmenskulturen verändern und ganz besonders, wenn man es nicht freiwillig, sondern gezwungenermaßen geschieht.

Eine Untersuchung von Jost[79] in 650 Organisationen stellte die Frage: „Wenn Sie könnten, würden Sie gerne etwas an Ihrer Unternehmenskultur ändern?" 71 Prozent der 1.224 Befragten antworteten mit „Ja!" und nur 18 Prozent verneinten die Frage. Somit scheint es durchaus an der Basis die Bereitschaft für eine Kulturänderung zu geben, die Frage ist dann nur, welche Kultur hätten sie denn gern?

Die gemeinsame Team-, Abteilungs- oder Firmenkultur mit all ihren Erfahrungen, Erfolgen und Ritualen gibt uns Selbstsicherheit. Die vielen kleinen und schnellen Entscheidungen des Arbeitsalltags treffen wir ohne nachzudenken aus den kulturellen Gewohnheitsritualen heraus. Wer seinen Arbeitsritualen nachgeht, leistet mehr, ist weniger stressanfällig und findet seine Bestätigung in den gewohnt erfolgreichen Abläufen seiner Aufga-

---

[79] Jost, H. R., (2003) Unternehmenskultur – Wie weiche Faktoren zu harten Fakten werden, Zürich

benerfüllung. Das Gehirn schüttet eine nette Portion Dopamin aus und wir sind gelassen und selbstsicher. Rituale geben uns also Sicherheit.

Als Vorreiter in der Ritualforschung gilt der Sonderforschungsbereich 619 „Ritualdynamik" der Universität Heidelberg. Leider ist eine Vernetzung der Wirtschaftswissenschaft mit der Ritualforschung noch nicht gut entwickelt. Dabei sind Rituale in einer Organisation oder Institution ubiquitär und von bedeutendem Einfluss für die informelle Organisation und die Prozesse des Tagesgeschäftes.

Rituale schaffen Vertrauen, geben Stabilität entlasten das Gehirns und führen zu Schwarmverhalten. Rituale haben eine besonders starke soziale Kohäsionswirkung wenn das Ritual erregend, emotionalisierend, kompliziert, schmerzhaft, aufwendig und geheim stattfindet. Es könnte somit zu überlegen sein, ob in der OBO-Therapie Ritualisierungen eine wirksame Methode sein könnte. Würde diese Frage positiv beantwortet, muss man sich die vier Merkmale eines Rituals ansehen:

- ■ *Verkörperung:* Rituale prägen sich besonders tief durch automatisierte, körperliche Abläufe ein. Werden mehrere Kanäle zeitgleich angesprochen – Gesang mit Text, Musik und rhythmischer Bewegung – ist die Verankerung besonders tief.

- ■ *Förmlichkeit:* Rituale haben ein festgeschriebenes Regelwerk, nach dem die Rituale tatsächlich immer ziemlich gleich ablaufen. Form ist Inhalt. Dazu gehört auch der gemeinsame Beschluss zur Durchführung des Rituals, ggf. auf besondere Einladung und nur für besondere Teilnehmer (intentio solemnis).

- ■ *Modus:* Rituale halten einen bestimmten Modus ein, ohne dass dieser hinterfragt wird. Überhöhte Zwecke stehen im Mittelpunkt. Es werden Herrschaftszeichen genutzt – oft in Form der Autorität einer Organisation, einer Person oder einer Tradition.

- ■ *Transformation:* Rituale wirken, d. h. sie bewirken einen Wechsel von Status oder Kompetenz. Man ist danach wie ausgewechselt. Rituale stiften Identität, auch aus dem Gruppendruck heraus. Auch deshalb haben Rituale eine gewisse Komplexität, denn bei einem Ritual soll gewissermaßen der „Autopilot" eingeschaltet werden.

Wenn möglicherweise bestehende Firmenrituale ein Teil des OBO-Problems sind, muss diese ritualisierte Kultur verändert werden. Muss das sein? Als ich vor einigen Jahren eine IT-Servicefirma in München das erste Mal betrat, erwartete der Aufsichtsrat (der Alleinvorstand war gerade in Untersuchungshaft) für das kommende Quartal einen Auftragsrückgang von 25 Prozent, einen DB I von minus 8 Prozent, aber alle machten so weiter wie bisher.

Leider haben die konservativen Bewahrer zunächst recht, denn man kann nie wissen, wie es wird, wenn man es anders macht als bislang. Niemand kann in die Zukunft sehen. Erst wenn die Einsicht überwiegt, dass alles Neue nur besser sein kann als das bisherige, gibt es eine Chance für einen ersten – rationalen – Schritt in die kulturelle Zukunft. Aber das allein allerdings reicht noch nicht. Nicht im Kopf, sondern im Herzen muss die Änderung gewollt sein. Wie ist das zu bewerkstelligen?

Der Lösungsweg in der OBO-Therapie geht über stufenweise Neuritualisierung und immaterielle Belohnung sowie über die kreative Neupositionierung der Führung durch positive Geschichten.

Lösen Sie zunächst die bisher üblichen Kommunikations- und Besprechungsrituale auf. Andere Zeiten und andere Teilnehmer, andere Berichtswege und die Einbeziehung der operativen Ebene. Oft reicht es auch schon, die Sitzordnung zu verändern. Sie kennen es vielleicht: Sie sind in einem festen Kreis neu und fragen nach der Sitzordnung. Die Antwort lautet, dass es keine gäbe. Irrtum, wie Sie bei Sitzungsbeginn feststellen, denn jeder sitzt dort, wo er immer sitzt und wehe, Sie besetzen einen Sessel, der bereits virtuell reserviert ist. Sie verstehen sicher, was ich meine.

Positive Geschichten können die Kultur langsam verändern, nicht aber die Ansage des CEO: „Wir haben einen tollen Corporate Spirit und sind einfach immer gut drauf" oder – weniger salopp – aus der „Phrasendreschmaschine" für Spitzenmanager: „Wir stabilisieren unsere Unternehmenskultur durch differenzierte Leitsätze und tiefes Verständnis, um damit auch die Eigendynamik der spezifischen Motivationsfaktoren zu intensivieren".

Damit gute, positive Geschichten erzählt werden, die von den Mitarbeitern in ihr Herz aufgenommen werden, muss sich die Führung als der „Corporate Storyteller" verstehen. Das Management muss sich in der OBO-Therapie überlegen, welche Geschichten dafür besonders geeignet sind, welche verstärkt werden sollen und mit welchen Stories wir uns jetzt nicht beschäftigen werden.

Die meiste Zeit verbringen wir doch mit Geschichten über negative Ergebnisse oder Fehler der anderen. Wir erzählen oder lassen uns erzählen, was nicht funktioniert, wo das Verhalten unakzeptabel war oder wo das Management mal wieder versagt hat. Das ist jetzt in der OBO-Therapie schädlich, muss abgestellt werden und zwar durch das Vorleben einer „Guten Kultur". Wir müssen jetzt den Blick auf das richten, was gut funktioniert. Dort liegen die guten Geschichten, die den Beschäftigten helfen, ihr Verhalten zu steuern und ihre Ziele zu erreichen.

Die beste Geschichte in jeder Organisation oder Institution ist der Erfolg, einer der stärksten Treiber von Unternehmenskultur, der gemeinsame „Team spirit". Wir brauchen jetzt Geschichten über Erfolge, über neue Vertriebspartnerschaften, über erfolgreiche Kollegen und über unerwartete Aufträge – vielleicht auch frei erfundene, emotionale Geschichten.

In einer Werbeagentur ging es um die Frage, wie man im Wettbewerb mehr Präsentationen gewinnen könne, denn man wusste, dass man seit Jahren eigentlich immer Ähnliches vortrug und irgendwie der Funke nicht mehr überspringen wollte. Ich fragte nach: „Was macht denn Ihre Leistung so besonders?", und die Antworten waren ziemlich müde. Ich bohrte weiter: „Wenn Sie mir jetzt einfach mal mit Ihren Worten eine Geschichte über Ihre professionelle Einstellung erzählen sollten und dabei ein Bild aus dem Sport verwenden dürften, was würde ich hören?" Nach und nach formulierte man gute Geschichten und wir beschlossen, statt einer traditionellen Vorstellung des Unternehmens, zu Beginn eine emotionale Geschichte zu erzählen. Bereits die nächste Präsentation wurde gewonnen. Es kommt beim Kulturthema in der OBO-Therapie nicht auf Genialität und Rationalität, sondern vornehmlich auf Emotionalität und Identifikation an.

Das ist jetzt der Job des Managements! Jetzt müssen die Führungskräfte weg von ihren Schreibtischen und hin zu den operativen Kollegen, um durch „walk to talk" gute Geschichten zu verbreiten und die Unternehmenskultur neu und positiv zu prägen. Zu viele Manager wollen das nicht, weil sie es als weichen Faktor abtun und nicht als „Weichei" gelten wollen. Stattdessen wird versucht, die Unternehmenskultur durch viele große Poster mit neuen Leitbildern zu prägen. Entsprechend beliebig sind diese Leitsätze und sie holen niemanden hinter dem Ofen hervor.

Noch ein Hinweis: Widerstehen Sie der Versuchung, zu schnell zu viel zu wollen. Wenn es ein Grundgesetz des allgemeinen Managements gibt, dann dass die Realisierung immer länger dauert, als man diese realistisch plant. Dieses Grundgesetz gilt auch – und erst recht – in der OBO-Therapie. Deshalb bleiben Sie geduldig: Schritt für Schritt und mit ruhiger Hand; dabei allerdings auch mit klarer Konsequenz, wenn Zusagen nicht eingehalten werden.

Während der OBO-Therapie müssen sich die Führung, der OBO-Coach und die weiteren Initiatoren der Therapie die folgenden Zusammenhänge vor Augen halten:

Abbildung 8.3   Aus Vision wird Leistung

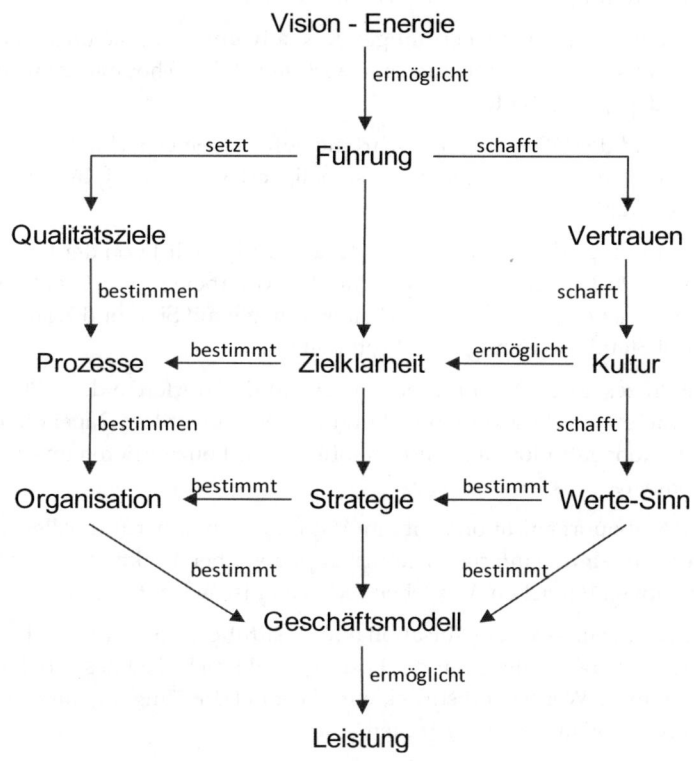

Wenn aus einer Vision letztlich Leistung wird und wenn aus einer ermüdeten und ausgebrannten Organisation wieder ein vitaler, selbstbewusster und erfolgreicher Phönix entstehen soll, dann muss an der Stabilisierung von Vertrauen, Kultur und somit dem Sinn der Organisation oder Institution gearbeitet werden. Führung, Zielklarheit, Strategie und das Geschäftsmodell sind wichtig, aber doch letztlich nur Mittel zum Zweck. Die Qualitätsziele, die Prozesse und die Aufbauorganisation nehmen wir zwar ernst, aber auch hier besiegen wir nicht das OBO, sondern schaffen nur die begleitenden Rahmenbedingungen für die Heilung.

Zusammenfassend ist Folgendes zur OBO-Therapie festzuhalten:

1. Die Voraussetzung für eine OBO-Therapie ist die gemeinsame ehrliche Anerkennung des wirklichen Therapiebedarfs.

2. Die Kommunikation ist ermutigend, positiv und zuversichtlich. Sie ist der Transmissionsriemen für eine wirksame OBO-Therapie. Zynismus wird dagegen geächtet.

3. Während der OBO-Therapie wird die Führung einen sichtbaren Neustart vorleben. Sie handelt professionell, verlässlich, diszipliniert und konsequent.

4. Die Sinnfrage der Organisation oder Institution wird von der Führung offen diskutiert und gemeinsam mit den Mitarbeitern neu beantwortet. Damit entsteht Zielklarheit und eine Strategie mit Sinn und Kraft. Dabei ist Stabilität wichtiger als Profitabilität.

5. Die Prozesse der Organisation oder Institution dürfen in der OBO-Therapie vorsichtig vereinfacht und verbessert werden. Dabei gilt die volle Konzentration der Wertschöpfung. Wir konzentrieren uns auf das Machbare.

6. Die Aufbauorganisation bleibt im Wesentlichen unberührt. Allerdings beenden wir den internen Kulturkampf zwischen funktionalen und operativen Bereichen. Wir leben die dynamische Kontinuität.

7. Die Kultur unserer Organisation oder Institution macht wieder Freude. Jeder wird tatsächlich Teil der Lösung, bleibt nicht Teil des Problems. Der interne Wettbewerbsdruck wird beendet. Im Umgang miteinander gilt nun Toleranz und Vertrauen.

Noch einmal: Die OBO-Therapie braucht Zeit. Zeit, damit die neue Selbstwahrnehmung wirksam werden kann, und Zeit zum Vergessen, wie sehr das OBO alle belastet hat. Erwarten Sie die Wirkung der OBO-Therapie nicht vor einem Jahr. Es ist fast wie ein Trauerjahr, das man benötigt, um sich der guten Dinge zu erinnern und die bösen Dinge zu vergessen. Wenn es in Ihrer Organisation oder Institution dann heißt: „Wenn man bedenkt, wo wir vor einem Jahr gestanden haben, dann sind wir jetzt wirklich in einer viel besseren Situation. Das wird uns auch die Kraft für den weiteren Weg geben!", dann haben Sie es fast geschafft. Dann sind Sie nach der Therapie in der Rehabilitationsphase.

9 Rehabilitation nach einem Organizational Burnout

Noch haben Sie es nicht ganz geschafft! Dank der Anamnese und Diagnose wurde allen klar, wie es um die Organisation oder Institution steht. Durch die Maßnahmen der Therapie wissen nun alle, was notwendig ist, um wieder in eine stabile und erfolgreiche Zukunft zu steuern. Aber noch sind Sie nicht am Ziel. Sie müssen nun trainieren, realisieren, korrigieren und vitalisieren. Es ist der Sinn der Rehabilitation, drohende oder bereits manifestierte Behinderungen oder Rückschläge auf dem Weg zu alter Stärke durch die zeitgerechte Einleitung geeigneter, rehabilitierender Maßnahmen zu mindern oder zu verhindern. Der „Rehabilitand" soll befähigt werden, seine Stellung im Markt – oder seine Funktionen als öffentliche Institution – möglichst in der Art und dem Ausmaß wieder auszuüben, die für diese Organisation oder Institution als „normal" zu erachten sind.

Die Ziele der Rehabilitation müssen zwischen dem OBO-Coach, der Führung und der Belegschaft individuell abgestimmt und festgelegt werden – gemeinsam und ausgerichtet an den verbliebenden Beeinträchtigungen und dem wirtschaftlich-sozialen Kontext. Auf organisatorischer Ebene stehen häufig Prozessanpassungen, Qualitätsdefizite oder Organisationskomplexitäten im Vordergrund. Auf emotionaler Ebene können Kommunikationsfehler, Defizite der Wertschätzung oder Kulturschwächen von Bedeutung sein. Die Ziele der Rehabilitation orientieren sich allein an den noch bestehenden individuellen Beeinträchtigungen der Organisation oder Institution. Chronische Erkrankungen führen häufig zu einer Beeinträchtigung von Aktivitäten. Wurde ein latentes OBO behandelt, so können die Rehabilitationszeiten kürzer kalkuliert werden; wurde ein chronisches OBO therapiert, muss mit langen Rehabilitationszeiten gerechnet werden.

Gehen wir einmal von Folgendem aus: Ihre Organisation oder Institution hat sich einer erfolgreichen OBO-Therapie unterzogen. Einige Kollegen sind zwar nicht mehr dabei, aber möglicherweise würden sie ohnehin nicht mehr zu dem revitalisierten Corporate Spirit passen. Die Aufbauorganisation wurde nur wenig angepasst, die Prozesse sind heute sehr viel einfacher und vor allem ist das professionelle Miteinander zwischen den funktionalen Servicebereichen und den operativen Divisionalbereichen wieder selbstverständlich. Die wichtigste Veränderung ist allerdings die intensive und einbeziehende Kommunikation.

In einem Fall, der mir noch sehr präsent ist, schien es nach der gemeinsamen Anamnese allerdings so, als wenn sich die alten Beziehungsmuster zu tief eingegraben hätten. So kam zum Beispiel die Mitteilung des CEO, die zweite Ebene um 50 Prozent zu reduzieren, per E-Mail und irgendwie blieben viele Fragen dazu offen und konnten naturgemäß auch nicht gestellt werden; Nachfragen wurden einsilbig damit beschieden, dass man nicht bereit sei, unternehmerische Entscheidungen basisdemokratisch diskutieren zu lassen. Nun musste allerdings der CEO schmerzlich erfahren, welche Konsequenzen autokratisches Verhalten hat, wenn eine OBO-Therapie erst einmal vollzogen wurde. Es waren nun die leitenden Angestellten, die dem Alleinvorstand in einer Mitarbeiterversammlung erklärten, dass er in der Gefahr stehe, sich in die Situation des „Organisationsverschuldens" zu begeben, und sie ihm nur raten könnten, derartige Entscheidungen partizipatorisch einzuleiten und juristisch abzusichern. Sonst hätte er ein Problem mit der gesamtschuldnerischen Haftung für die pflichtgemäße Erfüllung der Organisationspflichten – speziell im Risikomanagement- und controlling – und man fügte nebenbei hinzu, Organisationsverschulden könne rechtmäßig zu einer Nichtentlastung des Vorstandes auf der Hauptversammlung führen. Vielleicht lagen die leitenden Angestellten damit nicht ganz richtig und übertrieben ihre Argumentation, aber die Argumentation verfehlte ihre Wirkung nicht. Leider fällt es niemandem leicht, die alten Kulturmuster abzustreifen und sich der therapeutischen Zukunftskultur zu öffnen.

Nach der OBO-Therapie sind die Ziele klar definiert, die Strategie ist durchformuliert und jeder weiß, was, warum und durch wen zu erledigen ist. Eigentlich fragte man sich, warum man das alles nicht hätte längst so haben können. Vor allem darf neuerdings jeder – wenn es nötig ist – die anderen darauf hinweisen, dass man gemeinsam nunmehr zu neuen Zielen unterwegs sei und deshalb konsequent zu agieren habe. Es macht wieder Freude im Unternehmen gemeinsam zu arbeiten.

9.1   Erfolg gibt recht

Erfolge kommen von selbst, wenn die sechs Therapieelemente ernsthaft neu ausgesteuert wurden. Durch die OBO-Therapie haben wir jetzt eine gute Kommunikation, eine gute Führung, eine gute Strategie, gute Prozesse, eine gute Organisation und eine gute Kultur. Wir haben alle sechs Elemente mit neuem Sinn und neuen Zielen aufgeladen. Vor allem haben wir in neuer Professionalität, die für jeden und gegen jeden gilt, alle Pseudoaktivitäten abgeschafft und arbeiten wieder effektiv und effizient zusammen. Wenn nicht, dann dürfen wir uns gegenseitig dazu ermahnen.

Die neue Energie teilt sich nicht nur intern mit, sondern auch die Lieferanten und vor allem die Kunden spüren die neue Kraft, die wieder von unserer „post-OBO"- Organisation oder Institution ausgeht.

In welchen Bereichen werden die ersten Erfolge erkennbar? Nach meiner Erfahrung zuerst im Personalbereich, denn wir haben keine unerwünschten Abgänge mehr. Die Fluktuation schwächt uns nicht mehr, im Gegenteil: Wir haben wieder interessante aktive Bewerbungen. Des Weiteren ist es aus der wertschätzenden Kommunikation von oben nach unten und seitwärts abzulesen, dass sich etwas verändert hat. Da die nachgeordneten Bereiche oftmals nicht ganz so intensiv in die Therapiemaßnahmen einbezogen waren, stellt sich dort die positive Gemeinschaftskommunikation verzögert ein. Darauf folgend spüren wir eine sich verbessernde Teamsynergie. Vereinbarungen werden präzise eingehalten– allerdings wird auch erwartet, dass die Resultate konsequent abgefragt und umgesetzt werden. Es verbreitet sich eine gewisse – zunächst noch unsichere – Kultur des Frohsinns und des anerkennenden Respekts, es wird gelacht und gescherzt. Daraus entstehen neue, auch überraschende Markterfolge. Jetzt kämpfen wir wieder und wir wollen wieder gewinnen. Im Vergleich zu früher ist die Erfolgsscheu verschwunden, wir sind wieder stolz auf die Erfolge und wir reden darüber.

Misserfolge – auch die gibt es weiterhin – werden als das gesehen, was sie sind, nämlich der Ansporn, besser zu werden, aber sie sind keine Katastrophen mehr. Erfolge sind nun Teamerfolge. So werden sie erlebt, kommuniziert und empfunden. Die Kunden fassen wieder Vertrauen, die Banken sehen bessere Zahlen und es melden sich neue Interessenten für spannende

Kooperationen. Die einfachen Prozesse sind jetzt transparent, tragfähig und flexibel, die letzten Nischen der Arbeitssimulation haben sich aufgelöst, jeder hilft jedem und jeder erinnert jeden daran, dass es nun darauf ankommt. Der Erfolg treibt den Erfolg. Die Medien berichten positiv, die Mitarbeiter sind wieder stolz auf ihre Firma und die Eigentümer finden die Kraft für langfristige Strategieüberlegungen.

Könnte nach der OBO-Therapie der Erfolg auch ausbleiben? Im Prinzip nicht, es sei denn, man habe das OBO falsch diagnostiziert und ihn beispielsweise in die akute Phase verortet, obwohl sich die Firma bereits in der letalen Phase befand. Wenn aber der OBO-Coach – gemeinsam mit den Akteuren der Unternehmung – weder in der Diagnose noch in der Therapie eklatanten Fehler beging, dann wird die Therapie greifen und die Erfolge werden sich einstellen.

9.2   Weg vom Tropf der externen Beratung

Erfahrungsgemäß hat man sich zu lange dagegen gewehrt, einen OBO-Coach zu engagieren, und anfangs dauerte es eine gewisse Zeit, bis man ihm vertraute. Dann aber wurden gerade seine Erfahrungen und die integrierende Persönlichkeit zum wichtigsten Dreh- und Angelpunkt für Diagnose und Therapie. Jetzt muss man sich davon lösen, so wie es irgendwann notwendig ist, sich von einem Medikament zu befreien, das zu nehmen zwar immer noch beruhigend, aber nicht mehr therapeutisch, wirkt. Dabei empfiehlt es sich, das OBO-Coaching nicht schleichend auslaufen zu lassen, sondern laut und vernehmlich zu beenden. Auch die damit verbundene Signalwirkung: „Der Lotse geht von Board!", trägt zur Stabilisierung bei. Denn nun ist die Selbstverantwortung eindeutig wieder hergestellt. Die Kommunikationsbotschaft heißt: „Wir haben Hilfe gebraucht, wir haben Hilfe geholt, aber nun brauchen wir keine Hilfe mehr, jetzt sind wir wieder stark!"

Der externe OBO-Coach blieb ja immer im Hintergrund. Er war der weise Ratgeber, er war derjenige, der den Weg verkürzt hat und der auch eingesprungen ist, wenn es schwierige Bank- oder Mietverhandlungen gab, eine

Liquiditätsplanung aufzustellen oder ein Salestraining zu organisieren war. Der OBO-Coach war „Guru" und „Mädchen für alles", aber nun darf und muss man das – von Beginn an auf Endlichkeit ausgerichtete – Engagement beenden.

Wann ist der passende Moment für den Ausstieg des OBO-Coachs gekommen? Der Coach sollte von Bord, bevor die ihm angetragenen Aufgaben zu operativ werden. Beispielsweise ist es passend, die Einrichtung eines Vertriebsinnendienstes mit zu organisieren; nicht passend ist es, den Telefonleitfaden für telefonische Terminvereinbarungen zu entwickeln. Der Coach sollte wissen, dass seine Zeit gekommen ist, wenn es ihm nicht mehr gelingt, immer auf Ballhöhe des Tagesgeschäfts zu bleiben, weil vom Betrieb wieder Tempo aufgenommen wurde. Bevor sich die Arbeit des externen Coachs ritualisiert und er immer die gleichen, aber immer weniger relevanten Punkte abfragt, sollte seine Arbeit ein glückliches Ende nehmen.

Der Abschied des OBO-Coachs soll eindeutig, aber nicht undankbar sein. Es gibt durchaus die Neigung von Managern, die Person vergleichsweise lautlos abzuservieren, die ihn schwach erlebt hat. Gerade schwache Manager wollen Stärke zeigen und wollen nicht an ihre Schwäche erinnert werden. Dennoch sollte der Coach in Dank entlassen werden, denn so wie man ihn behandelt, so wissen die Führungskräfte, wird man auch einmal sie behandeln, wenn man ihrer nicht mehr bedarf. Zudem weiß man ja nicht, wie und wann man ihn wiedertrifft. Insofern die klare Empfehlung: Verabschieden Sie ihren Coach, aber gewinnen Sie gleichzeitig einen Verbündeten. Vielleicht haben Sie einen Aufsichts- oder Beirat? Vielleicht kann er ein beratender Partner im Vertrieb sein? Vielleicht laden Sie ihn zu künftigen Events ein? Vielleicht lohnt sich auch einmal im Quartal ein Spaziergang, um das eine oder andere mit ihm zu reflektieren? Es gibt kaum jemanden, der mehr über Sie und Ihre Firma weiß und der gleichzeitig weder von Ihnen abhängig ist noch eigene, interne Interessen verfolgt; somit der ideale, neutrale Ratgeber bleiben kann.

9.3   Geschwindigkeit stabilisiert

Es ist an der Zeit, wieder Tempo aufzunehmen. Man hat sich lange – heute scheint es zu lange – mit sich selbst beschäftigt. In den Meetings hatte man kaum noch von dem Markt oder den Kunden gesprochen, sondern nur noch von den Schritten der OBO-Therapie. Jetzt ist es Zeit, wieder „Gas zu geben". Wie bei jeder Rehabilitation muss sich die Belastung langsam, aber kontinuierlich steigern. „Keep the people busy" ist ein alter, aber weiser Managementgrundsatz, denn wo wenig zu tun ist, wird nichts getan. Während der Therapie war es absolut geboten, das Tempo herunterzufahren, um in Ruhe das Notwendige zu tun; jetzt aber braucht es wieder die zunehmende Herausforderung. Wer zu lange Ruhe hat, wird nur mit Mühe seinen Organismus wieder in Gang bringen, und eine Organisation oder Institution, die sich nach zu langer Ruhephase nicht wieder den Ansprüchen des Wettbewerbs stellt, wird zunehmend ängstlich und verzagt. Wenn wir jetzt nicht gemeinsam beginnen, wieder schneller zu laufen, bleiben wir am Ende der OBO-Therapie stehen und stecken.

Die Nabelschau der OBO-Therapie ist tempi passati, vielmehr muss das Management jetzt das Arbeits- und Kommunikationstempo von Adagio auf Allegro und dann auf Presto anziehen. Leider arbeitet niemand schneller, als er muss. Auch Projektarbeit dauert immer genau so lange, wie Zeit zur Verfügung steht. Auch Leistungssportler bleiben unterhalb ihrer Möglichkeiten ohne ihren anspornenden Trainer. Deshalb sind jetzt die erste und zweite Führungsebene gefordert, im Rahmen der Rehabilitation Leistungsdruck aufzubauen. Die Zeitvorgaben werden verkürzt, das Nachfassen erfolgt früher, die Meetings werden kürzer.

Haben wir bislang darauf geachtet, dass die Prozesse einfacher und damit stabiler und effektiver sind, muss nun auf Schnelligkeit Wert gelegt werden. Dabei wollen wir aber nicht in die früheren Muster zurückfallen und einseitig Vorgaben festlegen, um dann deren Einhaltung nicht konsequent einzufordern. Vielmehr werden wir jetzt die Teams mitnehmen. Deshalb werden wir Geschwindigkeit nicht als Selbstzweck verkünden – denn darum geht es im Kern auch nicht –, sondern wir wollen unser Team für einen Tempo-Wettbewerb mit uns selbst, mit der Konkurrenz oder mit einem anderen Bereich gewinnen. Beispiel: Wir wollen schneller sein als die anderen, wir wollen zwischen Bestellung und Auslieferung die Zeit halbieren, wir wollen den Quartalsabschluss bereits am 5. und nicht am 10. des Monats schaffen usw.

Unsere Kommunikationsbotschaft ist sinngemäß: „Wir sind schnell, weil wir gut sind, und weil wir gut sind, können wir schneller sein!" Wenn keiner mehr an das eben überstandenen OBO denkt, dann ist das Tempo richtig.

Das Management muss dabei immer dicht am Team arbeiten. Lob und Ermutigung sind jetzt ganz wichtig; Tadel und Kritik wenig hilfreich. Die Erfahrung zeigt immer wieder, zu welcher Hochform Teams auflaufen können, wenn sie inhaltlich – aber auch zeitlich – herausgefordert sind. „Geschwindigkeit stabilisiert" ist mein liebster Managementgrundsatz, drückt er doch so treffend die gyroskopischen Stabilisierungseffekte eines schnell arbeitenden Teams aus. Ich sehe dann immer das Bild eines Fahrrades vor mir, das ab 21 km/h allein in stabiler Position läuft. Verantwortlich dafür sind Kreiselkräfte der rotierenden Reifen, die dem Kippen entgegenwirken. Der sogenannte gyroskopische Effekt[80] sorgt dafür, dass die Radachse, die bei Störungen ausgelenkt wird, immer wieder in die Ausgangslage zurückwandert. Jeder kennt das Phänomen der Teamstabilität unter Zeitdruck und das machen wir uns in der Phase der Rehabilitation zunutze.

Wir sorgen mit der Teambeschleunigung für die folgenden vier Effekte:

- Der einzelne Mitarbeiter ist gezwungen, seine Zeit extrem zu priorisieren und es bleibt ihm keine Zeit zur selbstkritischen Reflexion.

- Es werden mehr Aufgaben bewältigt, als sich die Mannschaft selbst zugetraut hat, was positiv auf das angeschlagene Selbstbewusstsein wirkt.

---

[80] Unter einem gyroskopischen Effekt versteht man einen Selbststeuerungseffekt, der einem System aufgrund der Drehbewegung einzelner Elemente oder des gesamten Systems innewohnt; das drehende Teil heißt auch Kreisel. Dabei handelt es sich nicht nur um eine Stabilisierung aufgrund des Trägheitsmoments, sondern auch um dynamische Vorgänge, die das System auch bei Störungen in einen stabilen Zustand zurückführen können.

■ Die Organisation oder Institution erzeugt schneller Resultate, die den externen Kunden die neue Leistungsfähigkeit demonstrieren.

■ Die sich anschließende Erfolgskommunikation ermutigt andere und motiviert das Team.

Diese Rehabilitationseffekte rechtfertigen das geringe Risiko der Überlastung oder Überforderung. Das Risiko ist deshalb gering, weil das Management diese „speedy" Prozesse eng begleitet und stets für den „Druckausgleich" sorgt. Es gibt dazu auch keine Alternative, denn eine Organisation oder Institution die nach der OBO-Therapie nicht wieder auf „Betriebstemperatur" gebracht wird, kann sich nicht wieder ernsthaft dem Wettbewerb stellen. Wir wollen aber wieder mit voller Kraft fahren und deshalb müssen wir die „Maschine" wieder auf Touren bringen.

9.4　　Vergessen, was war (die dunkle Zeit war damals)

Vergessen kann man nicht anordnen, vergessen geschieht. Unsere Ziele in der OBO-Rehabilitation sollten einerseits das kollektive Vergessen der „dunklen Zeit" der gemeinsamen Tiefenerschöpfung und andererseits das Verbreiten bewusst optimistischer Zukunftsfreude sein. Wir dürfen nicht das Gefühl des eigenen Versagens wie einen Treibanker mit in die Zukunft schleppen. Es wäre weder rational nützlich noch emotional befriedigend. Nun stellt sich die Frage, wie wir das Vergessen organisieren.

Dazu müssen wir uns vor Augen führen, was das kollektive Gedächtnis ausmacht. In einem Vortrag von Dietmar J. Wetzel[81] finden wir dazu die Antwort. Die Bestimmungsfaktoren des kollektiven Gedächtnisses sind demnach:

---

[81] „Maurice Halbwachs – kollektives Gedächtnis und Vergessen", Vortrag von Dr. Dietmar J. Wetzel, Institut für Soziologie, Universität Bern, Kolloquium Theorie, 21.10.2009

- die Sprache,

- die Zeit,

- der Raum und

- die Erfahrung.

Zunächst die Sprache: In jeder Organisation oder Institution gibt es bestimmte Begriffe und bestimmte Wortprägungen, die sich aus der Historie herleiten und die ein neuer Mitarbeiter erst lernen muss. Als Management sind wir gut beraten, dafür zu sorgen, dass Begrifflichkeiten aus der Zeit des OBO langsam verschwinden. Ich traf auf Begrifflichkeiten wie „Lucky shot" für gewonnene Aufträge, „Verlustschere" für die Tatsache, dass man mit jedem neuen Auftrag den Verlust vergrößere, oder „Fluchtlücke" für die nicht nachbesetzten Positionen, die durch Fluktuation frei geworden waren. Vermutlich gibt es in Ihrer Organisation oder Institution auch zynische Begrifflichkeiten, eine Art „OBO-Sprech", die der Vergangenheit angehören müssen.

Die Zeit heilt alle Wunden, so sagt der Volksmund. Im Verlauf der Zeit vergessen wir, weil die aktuellen Erinnerungen unseres Kurzzeitgedächtnisses im Hippocampus nach und nach die älteren Erinnerungen des Langzeitgedächtnisses im Präfrontalen Cortex des Gehirns verdrängen. Es ist die Aufgabe des Managements, für viele neue, positive Eindrücke zu sorgen, um das kollektive Vergessen zu erreichen. Die Methoden dazu sind so alt wie bewährt. Zum einen kann mit sehr intensiven Erlebnissen das Kurzzeitgedächtnis stark aufgeladen werden, zum anderen kann durch starke Belastung die Konzentration auf das Hier und Jetzt so extrem stimuliert werden, dass die früheren Erinnerungen in den Hintergrund treten. Beispielsweise in Klöstern, beim Militär, im Hochleistungssport oder auch im medizinischen Bereich werden Rituale des Schlafentzugs, des schnellen Aufgabenwechsels, des intensiven Trainings oder der Manipulation eingesetzt, um die Zielgruppe mental neu auszurichten. Es geht in der OBO-Rehabilitation nicht um kollektive Gehirnwäsche. Es geht – im Gegenteil – um das Schaffen gemeinsamer Flow-Erlebnisse, sodass die dunkle Vergangenheit des OBO weit zurücktritt. Der Flow[82] ist die Chance für das Vergessen. Das kollektive Gedächtnis ist kein starres, unveränderliches Erinnerungsprogramm. Gedächtnisinhalte werden regelmäßig reaktiviert und auf ihre aktuelle Relevanz hin überprüft, bevor sie erneut gespeichert werden. Während dieses „Updates" lassen sich Erinnerungen verändern.

Mit Raum ist sowohl der spirituelle, religiöse als auch der konkrete Ort gemeint. Wir kennen das Phänomen des „spiritus loci". Wenn wir zum Beispiel nach sehr langer Zeit an einen Ort zurückkehren, an dem wir ein einschneidend gutes oder schlechtes Erlebnis hatten, welches sich tief im Langzeitgedächtnis verborgen hält und plötzlich wieder präsent wird. Beispielsweise, wenn wir nach Jahrzehnten unsere Schule, unsere Universität oder unser Heimatdorf besuchen. So bleiben auch für das kollektive Gedächtnis Räume mit Erinnerungen und Erinnerungen mit Räumen verbunden. Sollte das Management deshalb mit der Firmenzentrale umziehen? Nicht zwingend, aber ein Umzug hat sehr viele Vorteile in der post-OBO-Phase. So werden räumliche und zeitliche Rituale mit einem Umzug unterbrochen, es können Prozesse oder Bereiche tatsächlich auch räumlich zusammengeführt werden und das Management kann möglicherweise durch das Verlassen des „Olymps" kulturell positive Signale senden.

Die Erfahrung als Träger des kollektiven Gedächtnisses sollten wir aus drei Winkeln betrachten; dem Winkel der allgemeinen Lebenserfahrung, also dem im Laufe eines Lebens gewonnenen, erprobten und bewährten Wissen, und dem Winkel der Berufserfahrung, also dem aus dem professionellen Umfeld erworbenen und erprobten Wissen. Ferner aus dem Winkel des Austauschs von Erfahrungen, also dem gegenseitigen Lernen und Bestätigen. In jedem Fall geht es um das gemeinsam in der Vergangenheit Erlebte und die daraus kollektiv abgeleiteten Interpretationen für die Zukunft. Die kollektive Erfahrung mit dem OBO ist in allen der drei Erfahrungsebenen gebunden. Sowohl beim Austausch mit Kollegen, als auch bei den Gesprächen im privaten Umfeld, als auch in der ganz persönlichen Erfahrung bleiben die Spuren des erlittenen OBO haften. Damit muss das Manage-

---

[82] Flow (engl. fließen, rinnen, strömen) bedeutet das Gefühl des völligen Aufgehens in einer Tätigkeit. Mihaly Csikszentmihalyi hatte die Flow-Theorie im Hinblick auf Risikosportarten entwickelt.

ment bewusst und offen umgehen, indem die Mitarbeiter immer wieder in der Rehabilitationsphase auf diese gemeinsamen Erfahrungen positiv angesprochen werden („Wir haben es gemeinsam durchgestanden und nun …".) oder diese gemeinsamen Erfahrungen instrumentalisiert werden („Wir haben doch bereits gemeinsam erlebt, dass dieser Weg in einen OBO führt, deshalb …").

Das Vergessen ist – neben den neuen Erfolgen, der neuen Unabhängigkeit von externer Hilfe und der stabilisierenden neuen Geschwindigkeit – das stärkste Mittel für eine nachhaltige Rehabilitation nach dem überstandenen OBO.

10   Prävention gegen Rückfall

Das Organizational Burnout ist nun überstanden! Das Organizational Burnout ist nun überstanden? Vieles ist passiert, seitdem die gemeinsame Diagnose eindeutig war, die therapeutischen Maßnahmen durchgeführt wurden und die Rehabilitation erfolgreich überstanden war. Wenn alles gut gegangen ist, haben wir jetzt eine revitalisierte Organisation, in der es allen Freude bereitet zu arbeiten. Am deutlichsten kann man es von den Erträgen ablesen, die Verlustrückstellungen sind aufgebraucht und – ja – wir müssen wieder Ertragssteuern zahlen! Die neuen Kollegen haben sich gut eingearbeitet, die Kunden sind nicht mehr alle die früheren, umso besser kann man wieder optimistisch in die Zukunft sehen. Nun gut, die letzte Service-Innovation brauchte vielleicht etwas länger, bis der Markt sie akzeptierte, aber es war ja auch mutig, die Kunden so konsequent in den Serviceprozess einzubeziehen. Auch das Kundenbindungsprogramm scheint noch nicht ganz zu wirken; sind das nicht genau die Sorgen, nach denen wir uns so lange gesehnt haben?

Achtung! Jetzt kein „Business as usual" einreißen lassen! Die Gefahr des Rückfalls ist immer gegeben. Warum?

Die Situation des Organizational Burnout war auch ein süßes Gift, denn der Einzelne (ob im Management oder in der Belegschaft) hatte gute Vorwände, nicht das zu leisten, was eigentlich von ihm erwartete wurde, denn die Organisation ließ ja – aus der Sicht der Mitarbeiter – eine gute Leistung nicht zu oder hätte sie ohnehin nicht gewürdigt. So hatten sich viele lange in einer gewissen kollektiven Nachlässigkeit und Larmoyanz eingerichtet. Dazu kommt, dass nicht selten im Verlauf des Organizational Burnout durch die hohe Fluktuation Mitarbeiter an Macht und in Verantwortung kamen, die sie normalerweise nicht erreicht hätten und die sie nun nicht wieder verlieren möchten. Ferner genügte im Organizational Burnout eine vergleichsweise geringe Anstrengung, um relativ große Anerkennung zu bekommen. Damit gerieten Kollegen in eine positive Aufmerksamkeit ihrer Vorgesetzten, die sonst eher unbemerkt geblieben wären. Dieser Zustand war insgesamt nicht unangenehm. Nun aber muss man sich wieder anstrengen und klar auf Leistung setzen. Das strengt an.

Ein kurzer Blick auf Belohnungsmechanismen und Rückfallgefahren: Das Verhalten von Menschen (und Tieren) wird bestimmt von Belohnungen; Belohnungen für Handlungen oder Verhalten. Damit wir etwas als (be)lohnend empfinden, muss die Belohnung befriedigend, positiv erregend oder lustvoll empfunden werden. Unser Gehirn entscheidet, ob es sich lohnt, eine Handlung auszuführen. Es verfügt über einen Botenstoff, das Dopamin, das dem Körper signalisiert, aktiv zu werden. Das Gehirn setzt als Belohnung Endorphine frei: nämlich Serotonin und Opiate. Diese Vorgänge verlaufen im Wesentlichen unbewusst und sind nicht willentlich beeinflussbar. Dies Dopaminsystem ist im limbischen System, dem Sitz der Gefühle, angesiedelt. Dieses System ist entwicklungsgeschichtlich sehr alt. Es stellt sicher, dass sinnvolle und lebenserhaltende Handlungen beibehalten werden. Wenn allerdings eigenes Verhalten nicht als erfolgreich und emotional befriedigend erlebt wird, fehlt der Ausstoß von Dopaminen und Serotoninen und es entsteht ein Mangel an Glücksgefühlen.

Wenn dem einen oder anderen Kollegen in der dunklen Phase des Organizational Burnout unverdient die Sonne (der Anerkennung und Belohnung) schien, dann steht er jetzt nicht gern im Hellen, wo jeder sieht, was seine Leistungen wirklich bedeuten. Deshalb: Achtsam bleiben! Das Organizational Burnout schlummert noch unter der Oberfläche, wenngleich er im Verlauf der Jahre ungefährlicher wird.

Was sind typische Rückfall-Situationen?

- ◼ Neue, einsame Entscheidungen der Spitze nach Gutsherrenart. Das neu aufgestellte Team reagiert überallergisch gegen diesen Rückfall des Managements, weil es überdeutlich signalisiert, wie unernst es der Führung mit dem Neubeginn war und ist.

- ◼ Das erneute Gefühl der Einsamkeit an der Führungsspitze. Während der Therapie und der Rehabilitation war der Dialog zwischen dem Management und den Mitarbeitern der zweiten und dritten Ebene besonders intensiv und die Führung erhielt immer wieder auch positives Feedback aus dem Team. Nun, in der Zeit der Normalisierung, entfallen diese Dialoge auf Augenhöhe und die Einsamkeit kehrt zurück. Damit fühlt sich die Spitze genötigt, Entscheidungen zu treffen oder zu veranlassen, die unbewusst die alten Muster nutzen und so den Rückfall provozieren.

■ Misserfolge werden auch jetzt nicht ausbleiben. Sollten sie in dichter Folge kommen, werden sofort die Erfahrungserinnerungen wach und unwillkürlich – fast wie ein pawlowscher Reflex – treten die früheren Verhaltensweisen zutage.

■ Es kann zu unerwünschten Spätfluktuationen kommen, d. h., Leistungsträger, die sich noch wegbeworben hatten, als das Organizational Burnout auf dem Höhepunkt war, gehen jetzt zu ihrem neuen Arbeitgeber, vielleicht sogar zum stärksten Wettbewerber. Die Wirkung aber signalisiert, dass die Organisation oder Institution einfach nicht zur Ruhe kommt.

■ Nach dem Organizational Burnout sind in der Regel die Erwartungen an die kollektive Performance stark gewachsen, weil man nun mit neuen Prozessen, neuen Kollegen und neuem Selbstverständnis hervorragend gerüstet ist. Leider gehen diese Wünsche nicht sofort mit der Wirklichkeit einher. Es kommt zu Frustration und Vorwürfen: Das Organizational Burnout lauert bereits auf sein Opfer.

Auch nach dem OBO müssen wir hoch wachsam bleiben. In jedem Fall muss die jetzt übliche, intensive und wertschätzende Kommunikation beibehalten werden. Noch sind wir alle, als Symptomträger des Organizational Burnout, nicht wirklich stabil. Wir alle stehen gemeinsam vor der Aufgabe, Vertrauen zu den Vorgesetzten und Kollegen zu haben, Respekt zu zeigen und auch Toleranz zu gewähren, wenn nicht immer und sofort jede Erwartung erfüllt wird. In der Zeit der Post-Organizational-Burnout-Phase kommt es darauf an, etwas zu geben; es ist nicht die Zeit des Rechts, etwas zu bekommen.

10.1 Vertrauen, Respekt und Toleranz: Das Klima ist prima

Was hat unserer Organisation oder Institution wieder die Stabilität zurückgegeben? Die Rückbesinnung auf die eigenen Stärken und auf die bewährten Tugenden, vor allem aber die Erkenntnis, gemeinsam in die Spirale des Organizational Burnout geraten zu sein, und anschließend die Bereitschaft, den Weg aus dem Organizational Burnout als gemeinsame

Herausforderung zu begreifen. Der Rückfall in die „dunkle Zeit" wird nicht stattfinden, wenn wir weiter entschlossen ein Klima des Vertrauens, des Respekts und der Toleranz pflegen. Der Corporate Spirit hat uns vielleicht gerettet, die Corporate Beliefs werden uns stabilisieren.

Vielleicht zweifeln Sie als erfahrener Manager an der Kraft der Corporate Beliefs, weil das eben „softe" Themen sind, die sich einer Aufwand-Nutzen-Kalkulation entziehen. Aber nicht auf die Kraft der gemeinsamen Ziele zu vertrauen, nicht daran zu glauben, wofür Sie arbeiten, das käme Ihnen auch nicht in den Sinn. Wie also erreichen Sie ein Klima des Vertrauens, des Respekts und der Toleranz?

Dazu gibt es vier Elemente:

■ Wertschöpfende Beteiligungsprozesse

Sie erreichen durch tatsächliche Beteiligung Ihrer Mitarbeiter an den unternehmerischen Entscheidungen, die für die Unternehmenskultur von Bedeutung sind, einen interessanten Zuwachs der Wertschöpfung auch in den Kerngeschäften Ihres Unternehmens. Sie erzielen mit der ernsthaften Einbeziehung aller Beschäftigten in die kulturrelevanten Fragestellungen – und nur in diese – tatsächlich eine mentale Bindung zum Gesamtunternehmen. Wer mitsprechen kann, als wenn es das eigene Unternehmen wäre, der handelt auch in allen Aufgaben so, als wäre es das eigene Unternehmen; wobei die Mitarbeiter nie vergessen werden, dass ihnen das Unternehmen nicht wirklich gehört. Entscheidungsbeteiligung – und hier sind nicht die gesetzlichen Rechte des Betriebsverfassungsgesetztes auf Information, Mitwirkung oder Mitbestimmung gemeint – ist ein kostengünstiges und hochwirksames Mittel zur Mitarbeiterbindung und Wertschöpfungssteigerung.

■ Achtsame Fehlertoleranz

Alle Menschen machen Fehler, die Fehler des Managements sind zusätzlich teuer und von hoher Bedeutung. Gerade aber das Management ist nach aller Erfahrung bei den eigenen Fehlern sehr tolerant, bei den Fehlern der Mitarbeiter aber unnachsichtig und kleinlich. Sie wollen eine neue Vertrauenskultur nachhaltig festigen? Dann praktizieren Sie – ohne es laut zu verkünden – eine achtsame Fehlertoleranz. Damit ist gemeint, bei unbeabsichtigten, nachvollziehbaren Fehlern hilfreich zu sein, sie auszugleichen bzw. nachsichtig dem Mitarbeiter die Chance zu geben, das selbst wieder in Ordnung zu bringen; jedenfalls keine Grundsatzfrage daraus zu machen. Damit ist aber auch gemeint, mit Mitarbeitern, die aus Lässigkeit, Faulheit oder Dummheit wiederholt Fehler machen, unnachsichtig, grenzziehend und streng umzugehen. Das sind Sie auch den anderen schuldig, die selten Fehler machen.

■ Ermutigende Kompetenzübertragung

Trauen Sie Ihren Mitarbeitern mehr zu. Sie beurteilen die Fähigkeiten Ihrer Mitarbeiter nach den Möglichkeiten, die Sie von ihnen kennen. Nicht selten wachsen die Mitarbeiter weit über sich hinaus, wenn sie vor einer Aufgabe stehen, die sie für sich selbst als herausfordernd begreifen. Ermutigen Sie Ihre Mitarbeiter nicht nur durch wertschätzende Würdigung der gegenwärtigen Leistungen, sondern übertragen Sie wirkliche Entscheidungskompetenzen in dem gebotenen Rahmen. Selbst einfache Tätigkeiten – ich denke an Aufgaben in der Hausdruckerei, in der Lagerlogistik oder Botendienste – sind einem Job Enrichment zugänglich. Ich konnte es immer wieder sehen, wie die Mitarbeiter auflebten, wenn sie die Anerkennung spürten, die mit der Übertragung erweiterter Kompetenzen zum Ausdruck kam.

■ Ausnahmslose Wertschätzung

Selbst wenn ein Mitarbeiter oder ein Kollege eine schwere Zeit durchmacht und nicht zufriedenstellend arbeitet, bleibt er ein Mensch und Kollege, der Wertschätzung verdient. Nicht jeder ist für alles begabt, nicht jeder kann alles und dennoch ist er ein wichtiger und wertvoller Teil Ihrer Organisation oder Institution. Jeder verdient Anerkennung und Wertschätzung, selbst wenn Sie gezwungen sein sollten, sich von ihm betriebsbedingt oder sogar personenbedingt zu trennen. Das verlangt einfach der Respekt dem Menschen gegenüber. Es ist vor allem auch das Signal an alle anderen, dass Ihre Wertschätzung für den Menschen, der seine Lebenszeit in das Unternehmen eingebracht hat, nie aufhören wird.

Woran erkennen Sie, ob Sie auf dem richtigen Weg sind? Wenn Sie als Vorgesetzter Kritik aussprechen müssen, dann werden Sie nicht mehr Ausreden hören, sondern entweder werden die Fehler eingeräumt und deren Beseitigung vereinbart oder die Gründe, die für das kritisierte Verhalten gegeben werden, sind nachvollziehbar. Sie sind auf dem richtigen Weg, wenn das Klima konfliktstabiler geworden ist.

Es gibt kein Denunziantentum mehr. Früher wurden Ihnen immer wieder Hinweise gegeben, wer was nicht richtig macht oder schuld sei. Heute sind Sie auf dem richtigen Weg, wenn nicht mehr die Schuld bei anderen gesucht wird, sondern die Lösung bei sich selbst.

Sie erhalten immer mehr – zum Teil unspektakuläre – Verbesserungsvorschläge, die durchdacht und sinnvoll sind. Die Mitarbeiter haben Ideen und glauben daran, dass es sich wieder lohnt, diese Ideen zu adressieren.

Die Fluktuation ist sogar niedriger als vor dem Organizational Burnout, denn die Mitarbeiter, die jetzt an Bord sind, haben sich entschlossen, mit dem Unternehmen in die Zukunft zu gehen; die anderen sind sowieso schon lange weg. Die aber, die jetzt dabei sind, setzen ihr Vertrauen in das Management und das Management ist gut beraten, dieses Vertrauen zu rechtfertigen.

Auch die Krankheitsquote fällt unter den langjährigen Durchschnitt und sogar die Zahl der Überstunden geht zurück. Der Betriebsrat berät sich offen mit dem Management und verzichtet in der Regel darauf, sich zuvor mit Anwälten oder der Gewerkschaft zu beraten.

Es handelt sich demnach um eine Reihe von positiven Indikatoren, die Ihnen in der Summe signalisieren, nun auf dem rechten Weg zu sein.

10.2   Kontrollierte Stabilität und Dynamik der Prozesse

Angenommen, das Organizational Burnout ist nun zwei oder drei Jahre her und seitdem hat sich unsere Organisation oder Institution nachhaltig stabilisiert. Angenommen, wir haben seitdem wirklich gute Markterfolge errungen und die Mannschaft arbeitet reibungslos zusammen. Angenommen, wir haben den Versuchungen widerstanden, zu schnell zu viel zu wollen, und es ist auch gelungen, das Arbeitstempo spürbar zu steigern, ohne eine erneute Bugwelle des internen Wettbewerbs und des gegenseitigen Hyperanspruchs aufzubauen. Dann stehen das Management und die Mitarbeiter vor der Herausforderung, die internen Prozesse in gebotener Dynamik fortwährend an die Veränderungen der Marktsituation anzupassen und gleichzeitig die organisationale Stabilität zu kontrollieren. Dieser letztlich kybernetische Vorgang ist eigentlich das Tagesgeschäft des wirksamen Managements, deshalb aber nicht weniger herausfordernd vor dem Hintergrund der immerwährenden Sensibilität Ihrer Organisation gegen neue Anzeichen eines Organizational Burnout.

Die Aufmerksamkeit des Managements darf nie nachlassen. Es darf die Zentrifugalkraft einer unkontrollierten Dynamik nicht unterschätzen. Diese Balance zu halten zwischen einerseits Gelassenheit gegenüber außergewöhnlichem Wachstum oder auch unerwarteten Misserfolgen und andererseits Dynamik gegenüber dem normalen Trägheitsmoment einer eingeschwungenen Organisation zu entwickeln, ist die immerwährende Herausforderung für das Management nach einem Organizational Burnout.

Sie sollten bestimmtes Managementverhalten praktizieren, um diesen Drahtseilakt mit einiger Sicherheit immer wieder zu schaffen.

- Seien Sie betont anspruchsvoll, auch in Kleinigkeiten, aber bleiben Sie fair und tolerant.

- Seien Sie schnell und verlangen Sie Schnelligkeit, aber seien Sie nie unüberlegt.

- Seien Sie kommunikativ, aber vor allem vergessen Sie das Zuhören nicht.

- Seien Sie innovativ und ermutigen Sie zu Innovationen, aber bleiben Sie realistisch.

- Seien Sie immer auf dem neuesten Stand der Kennzahlen, aber reagieren Sie angemessen, wenn die Ist-Daten vom Plan abweichen.

- Seien Sie bereit zu investieren, aber immer nur dicht am Markt.

Welches Steuerungsinstrument ist in dieser Situation empfehlenswert?

Für die partizipative Steuerung des Businessalltags hat sich für mich die
Nutzwertanalyse bewährt. Sie ist ideal für die Rationalisierung von Ent-
scheidungen in emotional noch nicht ganz gefestigten Situationen. Im
Folgenden nur eine kurze Beschreibung der Funktion, da man ausführliche
Anleitungen leicht im Internet finden kann:

1. Bestimmung der Zielkriterien

    Bestimmen Sie mit dem Team die zu erreichenden Ziele. Daraus erfolgt
    die Bildung von klar formulierten Zielkriterien. Es sollten keine inhalt-
    lichen Überschneidungen zwischen den Kriterien bestehen.

2. Gewichtung der Zielkriterien

    Nun folgt die Bildung von Zielhierarchien und die Gewichtung bzw.
    Quantifizierung derselben, z. B. durch Verteilung von 100 Prozent-
    punkten auf alle Ziele.

3. Teilnutzenbestimmung

    Bewertung der Zielerfüllung der Lösungsvarianten auf einer einheitli-
    chen, normierten Skala, z. B. 5 = sehr gut, 3 = mittelmäßig, 1 = schlecht,
    0 = gar nicht.

4. Nutzwertermittlung

    Zuerst wird die Gewichtung der Teilnutzen, z. B. durch Multiplikation
    des Teilnutzens mit dem Gewicht der Zielkriterien, vorgenommen. Da-
    nach erfolgt die Ermittlung des Gesamtnutzens einer Entscheidungsva-
    riante, z. B. durch Aufsummierung des gewichteten Teilnutzens.

5. Beurteilung der Vorteilhaftigkeit

    Vergleich der errechneten Gesamtnutzen und vorläufige Entscheidung
    für die Variante mit dem höchsten Gesamtnutzen.

6. Reflexion des Vorgehens

    Wurden alle relevanten Kriterien berücksichtigt? Sind die Gewichtun-
    gen und Einschätzungen tatsächlich unumstritten? Führen geringe
    Veränderungen bei der Gewichtung einzelner Kriterien oder bei der
    Bewertung von Varianten zu anderen Resultaten in der Rangfolge?

Abbildung 10.1   Nutzwertanalyse

Nutzwertanalyse		Variate 1		Variante 2		Variante 3	
	Gewichtung	Wert	gewichteter Wert	Wert	gewichteter Wert	Wert	gewichteter Wert
Zielkriterium A	0,5	1	0,5	0	0	3	1,5
Zielkriterium B	0,2	2	0,4	4	0,8	3	0,6
Zielkriterium C	0,3	5	1,5	1	0,3	3	0,9
Summe	1 = 100 %		2,4		1,1		3
Rang			2		3		1

Die Nutzwertanalyse ist für die meisten Entscheidungsprobleme geeignet; man kann nicht Vergleichbares durch die Auswahl der Kriterien vergleichbar darstellen, eine Vielzahl von Kriterien kann einbezogen werden, es ist die Berücksichtigung qualitativer Kriterien möglich und vor allem ist die Einbeziehung der Sichtweisen unterschiedlicher Akteure gut möglich. Allerdings schafft man manchmal nur den Anschein einer objektiven Lösung und das Vorgehen ist deutlich zeitintensiver als bei Alleinentscheidungen (im Vergleich zu anderen partizipativen Verfahren ist es aber weniger aufwändig).

Insgesamt gilt: Stabilisierung vor Wachstum und Professionalität vor Dynamik. Das zahlt sich mit Sicherheit aus, wenn nicht sofort, dann in jedem Fall auf mittlere Sicht.

10.3   Mut zur Normalität, aber professionell unnachgiebig bleiben

Nicht nachlassen! Sie sind wieder in der Normalität des Alltags angekommen, aber was ist schon „normal"? Die Herausforderungen des Managements enden nie, und selbst wenn Sie glauben, es könne eine Zeit der Besinnung und des Kräftesammelns nach dem Organizational Burnout geben, dann ist es besser, wenn Sie sich bereits jetzt auf das Gegenteil einstellen.

Aber als Spitzenmanager wartet nach dem Organizational Burnout eine wichtige Aufgabe auf Sie, nämlich die Normalität als Normalität anzunehmen und mit normalen Mitteln die Organisation oder Institution wieder mit innerer Ruhe zu steuern. Oft habe ich es erlebt, dass die Führung nicht aufhören konnte, bis ins Detail weiter „durch zu regieren", oder sich ständig in hoher Dichte berichten zu lassen, oder immer wieder in die Entscheidungen der zweiten Ebene hineinzureden. Dies geschah einfach aus der Angst, wenn sie loslassen würden, könne alles wieder von vorn beginnen.

Karajan hat gesagt: „Auch ein Top-Dirigent muss wissen, wann er sein Orchester nicht stören darf". Es braucht tatsächlich Mut zur Normalität. Mut in dem Sinn, etwas geschehen lassen zu können, ohne dem Reflex des sofortigen Eingriffs zu folgen. Wir sprachen über Vertrauen, Respekt und Toleranz; oft habe ich es miterlebt, wie diese oder ähnliche Eckpunkte als Corporate Belief verkündet wurden, und schon bei der ersten Problemlage (das große Angebot schien nicht zeitgerecht abgesandt; ein Auftrag schien an den Konditionen zu scheitern) war es vergessen und der frühere „Wenn man nicht alles selber macht"-Manager war wieder da.

Was wird Ihnen helfen, sich vor zu schnellen oder zu vielen Aktionen zu schützen? Drei Prinzipien haben sich bewährt:

- ■ Seien Sie als Führungskraft immer wachsam, ob Ihre beabsichtigte Intervention auf einem Reaktionsreflex oder auf der zielgerichteten Anleitung beruht. Wenn Sie fühlen, ahnen, spüren, dass hier gleich etwas schiefgehen wird, dann bleiben Sie konsequent auf der Vertrauensschiene. Oft werden Sie recht haben und ebenso oft unrecht. Unterdrücken Sie den Reaktionsreflex und leiten Sie die Energie auf eine andere Bahn, nämlich auf die Bahn der unterstützenden Hilfe oder hilfreichen Frage.

- ■ Kultivieren Sie die vertrauensvolle Delegation. Wenn Sie delegiert haben, dann geben Sie Ihren Mitarbeitern auch die Chance, die Aufgabe zu erledigen. Verbinden Sie die Delegation mit der eindeutigen Anweisung, selbst eine proaktive Meldung zu geben, wenn bei der Abwicklung der Aufgabe nicht alles sach- oder zeitgerecht laufen sollte. Bestrafen Sie später nicht einen Misserfolg, sehr wohl aber konsequent die nicht zeitgerechte Problemmeldung. Die Mitarbeiter müssen wissen, dass sie nie im Stich gelassen werden, aber sie müssen auch wissen, dass sie es immer selbst verantworten, wenn sie nicht um Hilfe rufen.

■ Bestehen Sie immer auf der Selbstorganisation Ihrer Führungskräfte, Mitarbeiter und aller beteiligten Systeme. Ihre Organisation oder Institution wird nur dann wieder ruhig und erfolgreich laufen, wenn Sie immer wieder eine Selbstregulation des Systems abverlangen. Wir erinnern uns: In der *Systemtheorie* und *Kybernetik* bezeichnet Selbstregulation die Fähigkeit eines *Systems*, sich durch *Rückkopplung* selbst innerhalb gewisser Grenzen in einem stabilen Zustand zu halten. Sie als Führungskraft sagen allenfalls, was Sie wollen, nie aber, wie es zu erledigen ist. An diesem Punkt bleiben Sie professionell unnachgiebig.

Als hilfreiche Methode setze ich hier gerne die „Kartesischen Koordinaten" nach René Decartes (1596-1650) ein. Im Prinzip stelle ich immer die Fragen: „Was passiert, wenn ich jetzt interveniere, und was passiert, wenn ich nicht interveniere?" Diese Fragen sind eine gute Hilfe bei einer Chancen- und Risikoabwägung auf dem Weg in die Normalität nach dem Organizational Burnout. Die folgende Grafik zeigt diese Koordinatentafel:

Abbildung 10.2   Kartesische Koordinaten

	JA	NEIN
NEIN	Wenn ich interveniere, dann wird Folgendes *nicht* passieren.	Wenn ich *nicht* interveniere, dann wird Folgendes *nicht* passieren.
JA	Wenn ich interveniere, dann wird Folgendes passieren.	Wenn ich *nicht* interveniere, dann wird Folgendes passieren.

Sie können die Entscheidungsthemen beliebig wählen. Es hilft Ihnen, immer wieder die Konsequenzen der spontanen Reaktion nach allen Seiten abzuwägen.

Die schlechte Nachricht: Insgesamt bleibt die Prävention eine Daueraufgabe für das Management. Die gute Nachricht: Die Kernelemente der Prävention, wie vertrauensvolles Klima, kontrollierte Stabilität und professionelle Unnachgiebigkeit, sind zu allen Zeiten und für alle Organisationen oder Institutionen eine gute Basis und lohnende Investition in die Erfolge der Zukunft.

Literaturverzeichnis

BRIDGES, W. (1998): Der Charakter von Organisationen, Göttingen

DÖRFEL, L. UND HINSEN, U. (2009): Führungskommunikation, Berlin

DOPPLER,K., LAUTERBURG,C. (1994): Change Management, Frankfurt

DUECK, G. (2008): Abschied vom Homo Oeconomicus, Frankfurt

ESPOSITO, E. (2002): Soziales Vergessen, Frankfurt

GOMMES, P. UND PROBST, G. (1995): Die Praxis des ganzheitlichen Problem-
lösens, Bern

GROCHLA, E. (1972): Unternehmensorganisation, Reinbek

LUHMANN, N. (1964): Lob der Routine, Stuttgart

LUHMANN, N. (1973): Macht, Stuttgart

SCHEIN, E. (1980): Organisationspsychologie, Wiesbaden

SCHEIN, E. (1995): Unternehmenskultur, Frankfurt/M./New York

SCHREYÖGG, G. (2003): Organisation, Wiesbaden

STAEHLE, W. (1999): Management, München

VON ROSENSTIEHL, L. (2003): Grundlagen der Organisationspsychologie,
Stuttgart

ZIRKLER, M. (2006): Burnout in der Arbeitswelt – Machen Unternehmen
krank?, Vortrag an der Universität Basel

ZIRKLER, M. (2007): Die erschöpfte Organisation, Vortrag bei Konferenz:
„X-Organisationen", Berlin

Stichwortverzeichnis

Der Autor

Gustav Greve, Jahrgang 1951, studierte in Berlin Betriebswirtschaft nach einer Ausbildung als Buchhändler. Er war zehn Jahre im politischen Umfeld tätig, zuerst als wissenschaftlicher Mitarbeiter der CDU-Fraktion des Berliner Abgeordnetenhauses, dann als Leiter des Senatorenbüros des Wirtschaftssenators in Berlin und schließlich sechs Jahre Investitionsberater bei der Wirtschaftsförderungsgesellschaft Berlin.

1990 wurde er Consultant – später Vice President International – bei Arthur D. Little. Dort beriet er öffentliche und private Unternehmen, viele Bundesministerien sowie die Regierungen in den meisten Bundesländern bei der Restrukturierung ihrer Organisationen. Ferner war er Mitglied des Leitungs-Ausschusses der Treuhand-Gesellschaft. Hier ging es um die schnelle und zuverlässige Feststellung der Sanierungsfähigkeit und– würdigkeit ostdeutscher Unternehmen.

2001 wechselte er dann nach Basel und leitete die Prognos AG. Von nun an stand die Frage für ihn im Zentrum: „Was passiert in der Zukunft, wenn nichts passiert– und wie können wir dafür sorgen, dass das nicht passiert?"

Seit 2004 ist Herr Greve selbstständig. Seine Kunden sind Unternehmer, die den strategisch, ganzheitlichen Denkansatz von Gustav Greve schätzen. Er sorgt dafür, dass die Unternehmen seiner Kunden schnell spürbar erfolgreicher werden. Gerade in den letzten Jahren begleitete er als OBO-Coach Organisationen durch und aus dem Organizational Burnout.

Aktuelle Informationen unter www.organizational-burnout.de

Mehr Erfolg und weniger Stress

↗

Leicht umzusetzende Praxistipps
eines erfahrenen Coaches

Stress gehört zum Berufs- und Privatleben der meisten Menschen dazu. Immer mehr Menschen bekommen jedoch durch Stress gesundheitliche Probleme. Das wiederum führt zu vermehrten Ausfallzeiten in den Unternehmen und stellt somit zunehmend auch eine volkswirtschaftlich interessante Komponente dar.

Peter Buchenau
Der Anti-Stress-Trainer
10 humorvolle Soforttipps für mehr Gelassenheit
2010. 158 S. mit 34 Abb.
Br. EUR 14,90
ISBN 978-3-8349-1808-6

Der Weg zu mehr Mut,
Entschlossenheit, Erfolg

Mut ist die fundamentale Antriebskraft, damit wir im Leben das erreichen, was wir wirklich wollen. Um mutig und erfolgreich handeln zu können, benötigen wir Metaphern einer mutigen Selbsterzählung. Denn in jedem Augenblick unseres Lebens handeln wir nach Geschichten, die wir uns selbst erzählen – so der Managementberater und Coach Kai Hoffmann. Mithilfe der Metapher des Boxens wirft der Autor einen überraschenden Blick auf unser Verhalten im Alltag. Eindringliche Praxisfälle belegen seine einzigartige und bewährte Coachingmethode, die auf neuesten Erkenntnissen der Gehirnforschung basiert. Um seine Selbstführung im täglichen Leben wirksam durchzuboxen, muss der Leser nicht in den Ring steigen.

Kai Hoffmann
Dein Mutmacher bist du selbst!
Faustregeln zur Selbstführung
2009. 204 S.
Geb. EUR 29,90
ISBN 978-3-8349-1664-8

Schneller und effektiver durch
professionelle Langsamkeit

Dieses Buch ist kein klassischer Ratgeber, sondern vielmehr ein „Tatgeber". Die Schilderung unterschiedlichster Alltagssituationen führt immer wieder zu der Erkenntnis: Die Zukunft im (Wirtschafts)leben gehört den „ProLas", den professionellen Langsamen. Diese wissen genau, bei welchen Tätigkeiten sie bremsen müssen, um dadurch Höchstgeschwindigkeit zu erreichen. Wer künftig deutlich schneller sein will, muss gezielt langsamer werden!

Oliver Alexander Kellner
Speed Control
Die neue Dimension im Zeitmanagement
2010. 215 S.
Geb. EUR 24,90
ISBN 978-3-8349-1826-0

Änderungen vorbehalten. Stand: Februar 2010.
Erhältlich im Buchhandel oder beim Verlag

Gabler Verlag . Abraham-Lincoln-Str. 46 . 65189 Wiesbaden . www.gabler.de

GABLER

Mitarbeiter erfolgreich führen

↗

Von der Natur für die Führungspraxis lernen

Mit Erkenntnissen der Evolutionsbiologie die „weichen" Verhaltensfaktoren wie Sympathie, persönliches Kennen und gegenseitiges Vertrauen mit den „harten" sozialen Regeln des Handelns erfolgbringend verschränken.

Klaus Dehner

Die Bindungsformel

Wie Sie die Naturgesetze des gemeinsamen Handelns erfolgreich anwenden
2010. 192 S.
Geb. EUR 39,90
ISBN 978-3-8349-1393-7

Mit verändertem Denken Leistungsniveau steigern

Ein Praxisratgeber, der Führungskräfte pragmatisch dabei unterstützt, Talent-Management, also Personalführung und –entwicklung, professionell in ihren Alltag zu integrieren. Durch die sehr praxisorientierte Herangehensweise, die auf über 10 Jahren Coaching-Erfahrung mit Führungskräften beruht, sowie eine Reihe realer Praxisfälle erhält der Leser erprobte Ansätze, wie er seine eigenen Denk- und Verhaltensmuster verändern kann, um seiner Verantwortung als Talent-Manager besser gerecht zu werden und seine Attraktivität als Arbeitgeber ebenso wie das Leistungsniveau in seinem Bereich zu steigern.

Jochen Gabrisch

Die Besten managen

Erfolgreiches Talent-Management im Führungsalltag
Mit zahlreichen Beispielen aus der Coaching-Praxis
2010. 237 S. mit 32 Abb.
Br. EUR 34,95
ISBN 978-3-8349-1872-7

Worauf es beim Führen wirklich ankommt

Was zeichnet gute Führung aus? Welche Führungsansätze sind wichtig und praxisnah? Daniel F. Pinnow, Geschäftsführer der renommierten Akademie für Führungskräfte, zeigt in diesem Kompendium, worauf es wirklich ankommt.

Daniel F. Pinnow

Führen

Worauf es wirklich ankommt
4. Aufl. 2009. 321 S.
Geb. EUR 42,00
ISBN 978-3-8349-1753-9

Änderungen vorbehalten. Stand: Februar 2010.
Erhältlich im Buchhandel oder beim Verlag

Gabler Verlag . Abraham-Lincoln-Str. 46 . 65189 Wiesbaden . www.gabler.de

GABLER

Managementwissen:
kompetent, kritisch, kreativ
↗

Lebendigkeit im Unternehmen freisetzen und nutzen

Lebendigkeit ist der fundamentalste Wettbewerbsvorteil eines Unternehmens. Denn durch einen hohen Grad an Lebendigkeit entsteht alles andere: Spitzenleistung, Innovationskraft, Veränderungsbereitschaft, Dynamik und Tempo. Dieses Buch zeigt, wie diese hohe Lebendigkeit in Unternehmen erreicht werden kann.

Matthias zur Bonsen
Leading with Life
Lebendigkeit im Unternehmen
freisetzen und nutzen
2009. 273 S.
Geb. EUR 39,90
ISBN 978-3-8349-1353-1

Authentisch führen - worauf es dabei ankommt

Führungskräfte lernen ihren Führungsjob, während sie ihn betreiben. Dabei gibt es drei entscheidende Kompetenzbereiche, die entwickelt werden müssen: die Orientierung in der Rolle, die persönliche Selbstreflexion und die Empathiefähigkeit.

Adolf Lorenz
Die Führungsaufgabe
Ein Navigationskonzept für
Führungskräfte
2009. 192 S. mit 6 Abb. und
Zusatzprodukt: Mindmap. Geb.
EUR 39,90
ISBN 978-3-8349-1029-5

Nachhaltige Führung durch intelligente Verknüpfung von Ökonomie, Ökologie und Ethik

In Zeiten der Globalisierung und zunehmender Dynamik der Märkte stellt sich immer häufiger die Frage nach der Vereinbarkeit von ökonomischem Handeln mit Umweltmanagement, Ethik und Nachhaltigkeit. In diesem Buch werden neun Bausteine für die Entwicklung eines integrierten Führungssystems der Nachhaltigkeit beschrieben. Die Kompatibilität der Bausteine und die Schlüssigkeit des Gesamtansatzes stehen dabei im Vordergrund.

Jörg Rabe von Pappenheim
Das Prinzip Verantwortung
Die 9 Bausteine nachhaltiger
Unternehmensführung
2009. 176 S. mit 22 Abb. Br.
EUR 29,90
ISBN 978-3-8349-1431-6

Änderungen vorbehalten. Stand: Februar 2010.
Erhältlich im Buchhandel oder beim Verlag

Gabler Verlag . Abraham-Lincoln-Str. 46 . 65189 Wiesbaden . www.gabler.de